XIAODUJI
PEIFANG YU ZHIBEI DAQUAN

消毒剂

配方与制备大全

李东光　主编

化学工业出版社
·北京·

内容简介

本书中收录了近年来消毒剂的新产品、新配方403种，按民用消毒剂、医用消毒剂、空气消毒剂、农牧养殖业消毒剂分为四大类，详细介绍原料配比、制备方法、产品特性等。本书实用性强，适用于消毒剂生产单位及使用单位的科技人员作为参考读物。

图书在版编目（CIP）数据

消毒剂配方与制备大全/李东光主编．—北京：化学工业出版社，2021.4

ISBN 978-7-122-38506-2

Ⅰ.①消…　Ⅱ.①李…　Ⅲ.①消毒剂-配方②消毒剂-制备　Ⅳ.①TQ421.9

中国版本图书馆CIP数据核字（2021）第028343号

责任编辑：张　艳　　文字编辑：林　丹　段曰超

责任校对：王素芹　　装帧设计：王晓宇

出版发行：化学工业出版社（北京市东城区青年湖南街13号　邮政编码100011）

印　　装：北京盛通商印快线网络科技有限公司

710mm×1000mm　1/16　印张 $19\frac{3}{4}$　字数380千字　2021年5月北京第1版第1次印刷

购书咨询：010-64518888　　售后服务：010-64518899

网　　址：http://www.cip.com.cn

凡购买本书，如有缺损质量问题，本社销售中心负责调换。

定　　价：98.00元

前言

我们生活的环境中存在大量的有害微生物，它们能通过多种途径传染给人体，危害人类的健康。如果不重视对环境的消毒，各种传染病一旦发生，就会迅速蔓延开来。近年来，非典型性肺炎（严重急性呼吸综合征）、禽流感、埃博拉、新型冠状病毒肺炎等疫情引起了人们对消毒知识的广泛关注。

预防传染病，最有效的办法就是杀灭病源并控制其传播途径。消毒剂是指用于杀灭传播媒介上病原微生物，使其达到无害化要求的制剂。它不同于抗生素，它的主要作用是将病原微生物消灭于人体之外，切断传染病的传播途径，达到控制传染病的目的。

消毒剂分为物理消毒剂、化学消毒剂和生物消毒剂。其中，化学消毒剂以其快速、高效、简便、经济的特点，应用最为广泛。化学消毒剂作用核心就是以适宜的形式对病原微生物进行杀灭，从而阻断微生物繁殖及疾病传播途径。随着经济的不断发展，适合微生物生长的新环境不断出现，大量的货物流通又为其扩散创造了条件，因此这些都要求人们不断地调整和改进消毒策略。正确选择和使用消毒剂才能有效地杀灭有害微生物，达到消毒效果，起到预防疾病的作用。

随着人们生活水平的提高，消毒剂的应用越来越受重视，尤其在医疗行业、食品行业、农业及畜牧饲养业应用非常广泛，家庭使用也在日益增多。消毒剂的应用不仅是预防疾病的主要措施，也是改善人们生活环境、提高人们生活水平的重要手段。

为了满足有关单位技术人员的需要，我们编写了这本《消毒剂配方与制备大全》，书中收录了近年的新产品、新配方，详细介绍了原料配比、制备方法、产品特性等，可供从事消毒剂科研、生产、销售的人员参考。

需要请读者们注意的是，笔者没有也不可能对每个配方进行逐一验证，本书仅向读者提供相关配方思路。在参考本书进行试验验证时，应根据自己的实际情况本着先小试后中试再放大的原则，小试产品合格后才能往下一步进行，以免造成不必要的损失。

本书由李东光主编，参加编写的还有翟怀凤、李桂芝、吴宪民、吴慧芳、邢胜利、蒋永波、李嘉等。由于编者水平所限，书中疏漏和不妥之处在所难免，敬请广大读者提出宝贵意见。作者邮箱为 ldguang@163. com。

编者

2021 年 2 月

目录

一、民用消毒剂 / 001

二、医用消毒剂　/ 080

三、空气消毒剂 / 139

四、农牧养殖业消毒剂　/ 168

一、民用消毒剂

配方 1 具有消毒和降解农药功能的消毒剂

原料配比

原料		配比(质量份)			
		1#	2#	3#	4#
消毒活性成分	聚六亚甲基双胍	0.5	—	0.5	—
	双癸基二甲基溴化铵	—	0.2	—	0.2
降解农药活性成分	丁二酮肟	0.5	0.1	0.1	0.5
	丁二酮一肟单钾盐	2.0	4.0	5	5
	丁二酮二肟二钠盐	1.0	0.5	2	2
助剂	马来酸-丙烯酸共聚物钠盐	—	—	5	—
	阳离子纤维素	0.5	0.5	—	—
	氯化胆碱	—	1.0	—	—
去离子水		加至 100	加至 100	加至 100	加至 100

制备方法 将各组分原料混合均匀即可。

产品应用 本品是一种既可以降解农药残留又可以用于杀菌消毒的不含表面活性剂的消毒剂。

产品特性

(1) 本品同时兼顾了消毒和去除农药残留功能。本品配方中虽未添加表面活性剂，但也能够实现消毒和去除农药残留，并且能够很好地实现清洗的功能。

(2) 本品对人畜无害，清洗用途广泛，可作为日常生活中理想的消毒清洗剂，可用于水果、蔬菜清洗。

配方 2 便携式餐具消毒剂

原料配比

原料	配比(质量份)	原料	配比(质量份)
柠檬酸	10	氯化钠	2
双氧水	4	去离子水	35
乙醇	50		

制备方法 先将上述各原料按原料配比混合，室温下充分搅拌均匀，将上述混合物装入至气雾罐体积的 1/2，再往气雾罐中充入压缩气体，使罐内压力在室温下保持在 0.2～0.5MPa，即得。

产品应用 本品是一种便携式餐具消毒剂。

使用时，配套一去离子水喷雾瓶，将本品喷于待消毒餐具后，等待 1～2min，然后用去离子水喷雾瓶将餐具冲洗干净即可。

产品特性

(1) 本品不含任何有害化学物质，使用方便，可作为经常外出用餐人员的餐具消毒剂。

(2) 本品配方简单，原料易得，所有成分均为安全环保、对身体无害的试剂，且消毒后冲洗方便，无异味，不用担心化学消毒剂的溶剂残留，是一种绿色环保的便携式餐具消毒剂。

配方 3 具有消毒和清洗功效的餐具消毒剂

原料配比

原料	配比(质量份)		
	1#	2#	3#
苯甲酸钠	1	3	2
柠檬酸	4	6	5
聚氧乙烯醚	3	7	5
月桂基硫酸钠	2	6	4
十二烷基苯磺酸钠	3.5	8	6
醋酸氯己定	2	4	3
香精	3	5	4
精碘	3.6	7	4.5
碘化钾	3	7	5
烷基甘油醚磺酸盐	4	8	6
甲硝唑	3	5	4
百里香油	4	6	5
满山香提取液	6	10	8
苍术挥发油	3.5	6	4.5
香叶油	1.3	4	2.7
防风	2	5	4
薄荷油	4	9	7
水	加至100	加至100	加至100

制备方法 将各组分原料混合均匀即可。

产品应用 本品用于餐具消毒。

产品特性 本品在消毒的同时还能够清洗顽固污渍，并且对皮肤的腐蚀性小。

配方 4 含有中药成分的餐具消毒剂

原料配比

原料	配比(质量份)		
	1#	2#	3#
黄芩	100	125	150
连翘	200	250	300
苦皮藤	120	135	150
紫草	50	70	100
乙二胺四乙酸二钠	3	4	5
柠檬酸	20(体积)	25(体积)	30(体积)
十二烷基磺酸钠	1	2	3
艾草	300	350	400

续表

原料	配比(质量份)		
	1#	2#	3#
玫瑰花	100	150	200
丁香	150	165	180
羧甲基纤维素钠	3	5	7
40%～60%乙醇	适量	适量	适量
脂肪酸	适量	适量	适量

制备方法

(1) 取黄芩、连翘、苦皮藤及紫草放入烘箱中 20～40min，温度设定为 50～60℃，然后将其放入粉碎机中粉碎成 50～80 目颗粒物；

(2) 将上述所得的颗粒放入容器中，向其中加入混合液淹没颗粒 5～8cm，所述的混合液为质量分数为 40%～60%乙醇与脂肪酸按照体积比 2∶1 混合而成，搅拌加热 1～3h，温度设定为 70～80℃，然后趁热过滤，收集过滤液，冷却至室温；

(3) 将上述所得的过滤液放入回流装置中，温度设定为 90～100℃，回流 1～2h 后，收集剩余液，将其放入容器中，冷却至室温，再向容器中分别加入乙二胺四乙酸二钠、柠檬酸和十二烷基磺酸钠，搅拌均匀，温度设定为 35～40℃，静置 2～4h 得混合液备用；

(4) 取艾草、玫瑰花及丁香混合均匀，放在烤炉上，在其上方设置一气体收集器，以文火烘烤，待有烟气出现后，收集气体，直至有黑色烟气出现后，停止收集气体，将气体收集器放入冰水浴中，降温至 20～25℃；

(5) 将步骤 (3) 中所得的混合液放入密封容器中，再向其中加入羧甲基纤维素钠，搅拌均匀，再将步骤 (4) 气体收集器所收集的气体充入密封容器中，搅拌 50～80min，温度设定为 70～80℃，待搅拌完成后冷却至室温，过滤，收集过滤液，即得到含有中药成分的餐具消毒剂。

产品应用 本品是一种餐具消毒剂。

使用方法：将本品与水按体积比 1∶50 混合均匀，得消毒液，然后将餐具置于消毒液中，消毒液淹没餐具 5～7cm 为宜，浸泡 10～15min，用清水冲洗 1～2 次，风干即可。

产品特性

(1) 本品是一种安全、环保、使用后易冲洗的餐具消毒剂，在环境中易降解，无残留，消毒杀菌效果好。

(2) 冲洗后的餐具表面光洁、无油渍、无异味，餐具上烷基磺酸钠残留量低于 $0.08mg/100m^2$，大肠杆菌群低于 5 个$/m^3$，无致病菌存在，安全、无毒，消毒杀菌效果好。

配方 5 餐具消毒剂

原料配比

原料	配比(质量份)		
	1#	2#	3#
去离子水	90	90	90
90%三氯异氰脲酸	6	6.5	7
53%二溴海因	4	3.5	3

制备方法

(1) 将配方量的去离子水送入搅拌罐，将温度升高至 40～45℃，边搅拌边加入配方量的 90%三氯异氰脲酸，搅拌至混合均匀。

(2) 降温至常温，加入配方量的 53%二溴海因，搅拌均匀后即得成品。

产品应用 本品用于餐具消毒。

产品特性 本品生产工艺简单、投资小，产品的生产和使用对人体无害，可充分满足餐具消毒的需要，能杀灭多种细菌、病毒，消毒效果好且成本低。

配方 6 厨房消毒剂

原料配比

原料	配比(质量份)	原料	配比(质量份)
稀释草酸	30	洗必泰	10
亚氯酸盐	30	冰醋酸	10
乙醇	20		

制备方法 将各组分原料混合均匀即可。

产品应用 本品主要用于厨房消毒。

产品特性 消毒彻底，持久耐用。

配方 7 厨房用消毒剂

原料配比

原料	配比(质量份)		
	1#	2#	3#
羧甲基纤维素	8	15	11
丙二醇醚	5	9	7
乙酸	4	8	6
薰衣草精油	3	7	5
薄荷	2	6	4
黄柏	1	5	3
橘皮	1.5	3.5	2.5
失水山梨醇倍半油酸酯	2	4	3
贯叶连翘	2	7	3
佩兰	3	5	4
厚朴	4	8	6
硫酸锌	2.2	4.8	3.5
三异丙醇胺	5	9	7
炉甘石	2	5	3.5

制备方法 将各组分原料混合均匀即可。

产品应用 本品主要用于厨房消毒。

产品特性 本品的消毒液含有多种中药成分，无毒无害，并且能够快速杀毒杀菌，应用范围广，具有显著的环保效果。

配方 8　果蔬消毒剂

原料配比

原料	配比(质量份)		
	1#	2#	3#
扇贝壳粉	30	50	40
麦饭石粉	20	30	26
竹炭	2	6	4
植酸酶	4	8	6
酿酒酵母菌冻干菌粉末	3	5	4
自来水	1000	1000	1000

制备方法　将扇贝壳粉、麦饭石粉、竹炭、植酸酶和酿酒酵母菌冻干菌粉末与自来水混合即得。

原料介绍

所述的酿酒酵母菌冻干菌粉末中的活菌数＞50cfu/g。

所述的扇贝壳粉是将扇贝壳经粉碎机粉碎至粗颗粒后，在900～950℃的高温下煅烧2～2.5h，冷却，磨成细粉末，过300目筛网而得。

产品应用　本品是一种果蔬消毒剂。使用时，先配成消毒剂，然后放入待清洗果蔬，浸泡20～30min，用清水洗净即可。清洗过程在超声清洗仪内进行，可以更进一步提高消毒效果。

产品特性　本品主料扇贝壳粉和麦饭石粉吸附能力强、净化能力强，易析出矿物质，可以吸附出果蔬中的农药残留等有害物质，协同植酸酶与酿酒酵母菌，提高单一组分的去除率，而且可以在室温下长时间存放，不会失活，可以有效地解决果蔬农药残留超标问题，对果蔬有机磷农药残留的去除率最高为98%以上。

配方 9　环保餐具消毒剂

原料配比

原料	配比(质量份)		
	1#	2#	3#
次氯酸钠	6	9	12
石英砂	4	5	6
乙醇	4	5	6
三乙醇胺油酸盐	2	3	4
过氧醋酸	9	10.5	12
三氧化铬	5	5.5	6
氯化钠	1	1.5	2
水	40	45	50

制备方法　将各组分原料混合均匀即可。

产品应用　本品是一种环保餐具消毒剂。

产品特性　本品安全环保，消毒效果明显，且不会附着在餐具上，满足了人们的消毒需求。

配方 10 环保餐具杀菌消毒剂

原料配比

原料	配比(质量份)			
	1#	2#	3#	4#
水	60	66	70	80
石英砂	40	45	50	60
柠檬酸	30	35	40	50
苯甲酸钠	20	25	30	40
十二烷基硫酸钠	20	25	30	40
次氯酸钠	1	20	25	30
三乙醇胺油酸盐	10	13	16	20
乙醇	10	13	16	20
过氧醋酸	5	7	8	10
氯化钠	1	2	3	5

制备方法 将上述配比的石英砂、柠檬酸、苯甲酸钠、十二烷基硫酸钠、次氯酸钠、三乙醇胺油酸盐、乙醇、过氧醋酸、氯化钠加入水中，并在40℃的条件下搅拌均匀，然后升温至70～90℃，1～2h后自然冷却后出料。

产品应用 本品是一种环保餐具消毒剂。

产品特性 本品不仅具有良好的消毒效果，能够大大提升细菌和微生物的消毒率，并且不会对人体皮肤造成伤害，而且不会附着在餐具上，消毒后也不会产生对环境有影响的有害物质。

配方 11 农药残留消毒剂

原料配比

原料	配比(质量份)				
	1#	2#	3#	4#	5#
椰油酰胺丙基甜菜碱	9	10	11	13	16
甲壳素	10	11	12	15	20
纳米贝壳粉	18	20	21	23	30
β-环糊精	23	25	26	30	40
柠檬酸	7	8	9	10	10
氯化钠	7	8	9	10	13
赤藓糖醇	6	7	8	9	10
牡蛎肽(分子量5000)	4	5	6	7	10
聚乙二醇	2.5	3	3.5	4	5
去离子水	96	100	103	110	123

制备方法

(1) 按照配方，称取各个组分备用；

(2) 将椰油酰胺丙基甜菜碱、β-环糊精、聚乙二醇加入去离子水中，搅拌后溶解，得到预混液一；

(3) 将甲壳素、纳米贝壳粉、牡蛎肽混合均匀后研磨，过200目筛，得到粉状混合物；

(4) 将步骤(2)得到的预混液一加热到40～80℃，缓慢加入步骤(3)得到的粉状混合物，超声分散，得到预混液二，超声分散时间为120～150min。

(5) 向步骤 (4) 得到的预混液二中依次加入氯化钠、赤藓糖醇、柠檬酸，混合均匀得到混合溶液；

(6) 将步骤 (5) 得到的混合溶液灌装后，得到成品农药残留消毒剂。

原料介绍 所述纳米贝壳粉采用贝壳经1000℃高温煅烧膨化后纳米粉碎而成。

产品应用 本品主要用于去除蔬菜、水果、肉类、食用菌类等的农药残留，也可用于清洗厨具、餐具等。

产品特性

(1) 本品可以有效地洗涤掉果蔬表面的残留农药，去污能力强，有效降解农药残留，对果蔬中农药残留的去除率高达99.22%，不破坏果蔬的营养物质，且清洗后的废水中不含农药残留成分，能够有效解决食品安全问题，稳定性好，微生物指标符合标准，安全、无毒、无害，适合推广使用。

(2) 本品配方中各组分生物降解性好，无毒、无味，对环境不造成污染，对人体健康也没有危害。

配方12 沙糖橘消毒剂

原料配比

原料	配比(质量份)			原料	配比(质量份)		
	1#	2#	3#		1#	2#	3#
沙糖橘	15	20	25	丁香	8	10	12
丹皮	10	15	20	胡麻花	5	7	9
红背酸藤	10	13	16	金钱草	5	7	9
马尾连	7	10	13	伴蛇莲	4	6	8
功劳木	4	7	10	荆芥	3	4	5
吹火筒	8	10	12	桉叶	3	4	5
大黄	3	6	9	乙醇	适量	适量	适量
红花	6	7	8	水	适量	适量	适量

制备方法

(1) 将沙糖橘洗净，去皮，并将橘皮冷藏备用；

(2) 将沙糖橘果肉切丁，置入发酵罐，加入果肉质量相等的黑糖、果肉质量5倍的水，搅拌均匀，密封发酵，每3天搅拌一次，放置40～60天后过滤，得混合液A；

(3) 将沙糖橘皮、丹皮、红背酸藤、马尾连、功劳木、吹火筒、大黄、红花、丁香、胡麻花、金钱草、伴蛇莲、荆芥、桉叶，分别粉碎并混合均匀，加入10倍量的水煎煮2次，每次60～90min，合并滤液，浓缩至相对密度为1.2～1.3，加入乙醇，使乙醇浓度为60%～70%，醇沉24h，取上清液回收乙醇，使其含生药1.5～2.5g/mL，得混合液B；

(4) 将混合液A和混合液B混合搅匀，经300～400目滤网过滤，即为沙糖橘消毒剂。

产品应用 本品是一种沙糖橘消毒剂。

产品特性 本品气味清新，消毒效果好，杀菌能力强；同时，刺激性小，对人体无不良反应，适合各种场所使用。

配方 13 天然高效餐具消毒剂

原料配比

原料	配比(质量份)		
	1#	2#	3#
丁香	36	38	39
白芍	26	27	28
连翘	23	24	24
没药	12	14	16
麻黄	10	12	13
46%乙醇	适量	适量	适量
30%磷酸	适量	适量	适量
活性白土	适量	适量	适量

制备方法

(1) 按质量份计，取丁香、白芍、连翘、没药及麻黄，混合均匀，放入干燥箱中，设定温度为50～55℃，干燥2～3h，随后放入碾磨机中进行碾磨，过200目筛，收集过筛颗粒，按固液比1∶3，将过筛颗粒与质量分数为46%的乙醇溶液混合均匀，得混合物；

(2) 将上述混合物放入蒸锅中，使用含水量为32%的纱布遮盖蒸锅口，遮盖厚度为4～6mm，随后对蒸锅进行加热，加热至80～90℃，保持温度3～5h，在加热过程中，保持纱布湿度为32%，再自然冷却至室温，用纱布对蒸锅中混合物进行过滤，用纱布包裹滤渣，同时收集滤液；

(3) 将上述包裹滤渣的纱布放入羊肠衣内，并放入发酵罐中，再加入上述收集的滤液淹没羊肠衣2～3cm，使用质量分数为30%的磷酸溶液调节pH 5.0～5.5，随后加入滤液体积5%～10%的发酵床菌液，控制温度为28～36℃，以120r/min搅拌发酵1～2天；

(4) 在上述发酵结束后，将发酵罐中的发酵混合物放入挤压机中，以3～6MPa进行挤压直至无液体流出，收集挤出液，并放入离心机中，以4000r/min离心10～15min，收集上清液，按固液比1∶4，将活性白土与上清液混合均匀，静置20～30min，再进行过滤，收集滤液，并真空浓缩至原体积的45%～55%，收集浓缩液，并杀菌消毒，即可得天然高效餐具消毒剂。

产品应用 本品主要用于餐具消毒。

使用方法：将本品与水按体积比1∶50混合均匀，得消毒液，将其倒入餐具中，使其没过餐具3～5cm为宜，浸泡12～15min，用清水冲洗1～2次，风干即可。冲洗后的餐具表面光洁，无油渍，无异味，测得餐具上无致病菌存在；该消毒剂安全、无毒、无残留，消毒、杀菌效果好。

产品特性

(1) 本品制备简单，所得产品安全环保。

(2) 易冲洗，在环境中易降解。

配方 14 饮食用具灭菌消毒剂

原料配比

原料	配比(质量份)			原料	配比(质量份)		
	1#	2#	3#		1#	2#	3#
白芷	10	15	20	薄荷	40	50	60
肉桂	6	7	8	高良姜	2	5	2～8
菊花	4	5	6	食用乙醇	1	2	3
八角茴香	2	3	4	桉叶油素	4	5	6
丁香	3	4	5	蒜油	2	3	4
藿香	30	35	40	去离子水	10	15	20

制备方法 将各组分原料混合均匀，放入搅拌容器中，煮沸 20min，用脱脂棉过滤，制成消毒液。

产品应用 本品主要用于饮食用具灭菌、消毒。

产品特性 本品制作简单，采用的生产原料无毒性，消毒剂的使用效果好，环保，对人体无害，无不良反应，对多种细菌具有杀灭作用。

配方 15 多功能抗菌净手消毒剂

原料配比

原料	配比(质量份)		
	1#	2#	3#
乙醇	40	60	80
戊二醇	10	15	20
乙酸丁酯	10	15	20
丁醇	10	15	20
丙烯酸钠	10	15	20
苯二甲酸二辛酯	8	10	12
丙三醇	8	12	16
异丙醇	4	8	12
三乙醇胺	8	14	20
维生素 E	2	3	4
氢氧化钠	8～10	9	10
聚丙烯酸	4	6	8
去离子水	60	70	80

制备方法 将各组分原料混合放入搅拌容器中，煮沸 30min，用脱脂棉过滤，制成消毒液。

产品应用 本品多功能：抗菌、净手、消毒。

产品特性 本品制作简单，生产原料无毒性，消毒剂的使用效果好，环保，对人体无害，无不良反应，具有很好的杀菌作用，且对皮肤有滋润和保湿作用。

配方 16　环保型泡沫状的中药洁手消毒剂

原料配比

原料		配比(质量份)				
		1#	2#	3#	4#	5#
中药提取液	防风	24	24	25	20	20
	怀牛膝	18	18	20	15	15
	白鲜皮	16	16	12	24	12
	降马	12	12	10	13	20
	白芷	11	11	10	10	16
	地肤子	8	8	10	5	6
	土茯苓	6	6	5	8	5
	黄柏	5	5	8	5	6
植物表面活性剂	烷基糖苷	10	10	9	14.4	12
氨基酸表面活性剂	椰油酰基甘氨酸钠	5	—	—	—	—
	椰油酰基甘氨酸钾	—	6	—	—	—
	椰油酰基谷氨酸钠	—	—	3	2.5	—
	椰油酰基丙氨酸钠	—	—	—	—	2
	月桂酰基谷氨酸钠	—	—	3	—	2
	月桂酰肌氨酸钠	5	—	—	—	—
	月桂酰基甘氨酸钠	—	—	—	1.1	—
中药提取液		40	50	45	42	48
甘油		1.5	1.5	1	2	1.5
檀香精油		0.8	0.8	1	0.5	0.8
消毒药剂	葡萄糖酸氯己定	1.5	1.5	1	2	1.5
无水乙醇		1.5	1.5	2	1	1.5
去离子水		34.7	28.7	35	34.5	30.7

制备方法

(1) 中药提取液的制备：首先将药材清洗干净，然后将药材置于10倍量的去离子水中恒温泡制24h，再置于95℃的水中煎3h，升温至100℃浓缩至5倍量的混合液，再降温，过滤，即得到所述抗皮肤敏感及过敏的中药提取液。

(2) 将植物表面活性剂和氨基酸表面活性剂置于反应釜中，加热至70～80℃，搅拌均匀后加入抗皮肤敏感及过敏的中药提取液和甘油，搅拌均匀后降温至50℃，再加入檀香精油，搅拌均匀后得到组分A。

(3) 将消毒药剂、无水乙醇及去离子水加热至40～50℃，搅拌溶解，得到组分B。

(4) 将组分B加入组分A中，搅拌20～30min后，静置至室温。

(5) 采用带超微泡沫泵头的医药级塑料包装瓶灌装，得到所述的环保型泡沫状的中药洁手消毒剂。

产品应用　本品主要用作治疗皮肤敏感及过敏，具有修复皮肤屏障功能，为使用方便的环保型泡沫状的中药洁手消毒剂，可应用于一般人群、尤其敏感性皮肤人群的抑菌抗菌消毒。

产品特性　本品有效解决了以往使用了治疗敏感性皮肤及过敏性皮肤的洁手用品容易复发、历久难治且容易感染其他皮肤病的问题。本品以天然中药、植物及氨基酸表面活性剂为主要成分，不含激素，表面活性剂对人体温和，生物降解性好，适用于敏感性和过敏性体质皮肤的消毒、辅助治疗和清洁，而且环保无污染。本品对人体无害，直接涂抹于手脚，可起到抑菌、抗菌、消毒和护肤作用，且可不用水冲洗，使用方便，药性持久。

配方 17　环保型中药复方手消毒剂

原料配比

原料		配比(质量份)		
		1#	2#	3#
表面活性剂	脂肪醇聚氧乙烯醚羧酸钠	15	—	—
	植物油酸豆油酸	—	25	—
	烷基聚葡萄糖	—	—	22
中药提取液		50	60	54
甘油		0.5	1.5	1.5
苯甲酸钠		0.2	0.5	0.5
香精	鲜橙香精	0.5	—	—
	薄荷香精	—	1	0.8
氯化钠		1.5	2	1.8
去离子水		20	25	22
中药提取液	艾叶	15	25	22
	蒲公英	15	25	25
	线叶菊	10	20	15
	黄芩	15	25	20
	防风	10	20	18
	乌梅	8	15	12
	桔梗	8	15	15
	鱼腥草	10	20	15
	五味子	5	8	6
	山楂	5	8	8
	冰片	3	5	5
	水	适量	适量	适量

制备方法

(1) 按原料配比称取艾叶、蒲公英、线叶菊、黄芩、防风、乌梅、桔梗、鱼腥草、五味子、山楂、冰片。

(2) 将步骤 (1) 中称取的艾叶、蒲公英、线叶菊、黄芩、防风、乌梅、桔梗、鱼腥草、五味子、山楂混合均匀，加入相当于其总质量 12～20 倍的去离子水，60～85℃回流提取 1～3h，过滤，收集第一次滤液；滤渣加入相当于其总质量 6～10 倍的去离子水，60～85℃回流提取 1～3h，过滤，收集第二次滤液；合并两次滤液，浓缩成常温下相对密度为 1.05～1.15 的溶液，备用。

(3) 将步骤 (2) 中得到的浓缩液加入大孔树脂吸附柱中进行吸附洗脱，洗脱剂为质量分数 5%～10%的乙醇溶液，洗脱流速为 1mL/min，收集洗脱液，备用。

(4) 将步骤 (3) 中得到的洗脱液浓缩至 1mg/mL，再将步骤 (1) 中称取的冰片研磨成极细粉，加入浓缩后的洗脱液中，搅拌均匀，得中药提取液。

(5) 按原料配比称取表面活性剂、中药提取液、甘油、苯甲酸钠、香精、氯化钠、去离子水，备用。

(6) 将步骤 (5) 中称取的表面活性剂加热至 70℃熔融，降至 40℃后再与甘油、苯甲酸钠、香精、氯化钠及去离子水混合均匀，加入步骤（4）中得到的中药提取液，搅拌均匀，即得环保型中药复方手消毒剂。

产品应用 本品是一种环保型中药复方手消毒剂。

产品特性

（1）本品使用的表面活性剂为绿色环保型表面活性剂，对人体肌肤无刺激，不易产生过敏，且生物降解性高；

（2）本品消毒剂不含乙醇等有机溶剂，适用于对乙醇等有机溶剂过敏的人群；

（3）本品安全无刺激，且具有很好的抑菌杀菌作用。

配方 18 皮肤、手消毒剂

原料配比

原料	配比(质量份)		
	1#	2#	3#
聚六亚甲基双胍	0.15	0.1	0.2
乙醇	50	45	55
润肤剂	0.05	0.04	0.07
香味剂	0.01	0.009	0.011
去离子水	50	55	45

制备方法

（1）在不锈钢反应釜中按上述配比，将乙醇缓慢加入去离子水中，开启反应釜搅拌，以90r/min的搅拌速度混料1h；

（2）在反应釜配制好的乙醇水溶液中加入定量的聚六亚甲基双胍，常温搅拌2h，待聚六亚甲基双胍充分混合均匀后，加入相应比例的辅料（润肤剂、香味剂），常温搅拌3h；

（3）用柠檬酸或柠檬酸钠调节pH=4.8±1.0；

（4）充分搅拌0.5h，再进行过滤、灌装、打包成成品；

（5）检验合格后入库。

产品应用 本品是一种皮肤、手消毒剂。

产品特性 本品原料中的环保型高分子聚合物杀菌消毒剂——聚六亚甲基胍具有杀菌广谱、有效浓度低、作用速度快、性质稳定、易溶于水的优良性能；可在常温下使用，长期抑菌；无不良反应；无腐蚀性；无色、无臭、无毒；不燃、不爆、使用安全。

配方 19 手部消毒剂

原料配比

原料	配比(质量份)			
	1#	2#	3#	4#
甘油	100	100	100	100
乙醇	20	10	13	17
贯叶连翘提取物	1	3	2	2
黄芩提取物	7	2	3	5
肉桂提取物	3	9	7	4

续表

原料	配比(质量份)			
	1#	2#	3#	4#
佩兰提取物	6	1	5	2
蛇床子提取物	3	5	4	4
黄连提取物	4	1	3	2

制备方法 将各组分原料混合均匀即可。

产品应用 本品主要用于手部消毒。

产品特性 本品能够直接用于手部消毒，消毒效果好且对人体无不良反应。

配方 20 手用消毒剂

原料配比

原料	配比(质量份)			原料	配比(质量份)		
	1#	2#	3#		1#	2#	3#
苹果酸	4	6	8	戊二醇	4	5	6
酒石酸	2	3	4	乙酸丁酯	4	5	6
乙醇	20	30	40	丁醇	4	5	6
琼脂	6	9	12	丙烯酸钠	4	5	6
乙二醇	6	7	8	异丙醇	4	8	12
六氯双酚	4	6	8	三乙醇胺	8	14	20
焦亚硫酸钠	10	13	16	聚丙烯酸	4	6	8
苯甲酸钠	8	10	12	去离子水	80	90	100
甘油	4	6	8				

制备方法 将各组分原料混合均匀放入搅拌容器中，煮沸 30min，用脱脂棉过滤，制成消毒液。

产品应用 本品主要用于手用消毒。

产品特性 本品制作简单，采用的生产原料无毒性，消毒剂的使用效果好，环保，对人体无害，无不良反应，具有很好的杀菌作用，且对皮肤有滋润和保湿作用。

配方 21 厕所净味消毒剂

原料配比

原料	配比(质量份)		
	1#	2#	3#
薰衣草精油	7	4	10
茉莉花精油	7	10	4
十二烷基硫酸钠	22	20	26
碳酸氢钠	38	42	35
铝酸钠	9	7	11
表面活性剂	8	12	5
三氯羟基二苯醚	7	4	9
乙醇	100	120	80
碘	0.15	0.1	0.2
乙二醇硬脂酸酯	55	65	40
去离子水	1000	1000	1000

制备方法 将各组分原料混合均匀即可。

原料介绍

所述的薰衣草精油是将薰衣草干体经粉碎、水提取、浓缩而获得。

所述的茉莉花精油是将茉莉花干体经粉碎、水提取、浓缩而获得。

产品应用 本品用于厕所净味消毒。

产品特性 本品起到洁净作用的同时，消毒效果好，并且芳香味持久。

配方 22 卫生间消毒剂

原料配比

原料	配比(质量份)		原料	配比(质量份)	
	1#	2#		1#	2#
脂肪醇聚氧乙烯醚	12	15	铝酸钠	5	7
苯甲酸钠	3	5	阴离子或非离子表面活性剂	6	8
乙二醇硬脂酸酯	6	11	莫西沙星	5	8
柠檬酸	5	6	三氯羟基二苯醚	2	3
十二烷基硫酸钠	9	21	月桂酸	3	5
碳酸钠	22	23	水	100	500

制备方法 将各组分原料混合均匀即可。

产品应用 本品主要用于卫生间消毒。

产品特性 本品具有优异的杀菌性，安全、环保、无刺激。

配方 23 卫生杀菌消毒剂

原料配比

原料	配比(质量份)		
	1#	2#	3#
三氯异氰尿酸	50	60	70
二硫苏糖醇	8	10	12
尿酸	10	15	20
乙醇	4	6	8
戊二醇	16	24	32
乙酸丁酯	10	15	20
丁醇	10	15	20
丙烯酸钠	10	15	20
苯二甲酸二辛酯	8	10	12
丙三醇	8	12	16
异丙醇	4	8	12
三乙醇胺	8	14	20
维生素 E	2	3	4
聚丙烯酸	4	4～8	8
去离子水	60～80	70	80

制备方法 将各组分原料混合均匀，放入搅拌容器中，煮沸 30min，用脱脂棉过滤，制成消毒液。

产品应用 本品是一种卫生杀菌消毒剂。

产品特性 本品制作简单，采用的生产原料无毒性，消毒剂的使用效果好，环保，对人体无害，无不良反应，具有很好的杀菌作用，且对皮肤有滋润和保湿作用。

配方 24 马桶消毒剂

原料配比

原料	配比(质量份)				
	1#	2#	3#	4#	5#
三聚磷酸钠	20	25	26	28	30
硅酸钠	5	6	8	9	10
十二烷基磺酸钠	3	4	5	6	8
十二烷基二甲基氧化胺	1	2	3	4	5
乙二胺四乙酸钠	0.5	0.6	0.7	0.8	1
脂肪醇聚氧乙烯醚	2	4	5	7	8
去离子水	50	56	58	59	60

制备方法 将去离子水加热到50～60℃，加入其他各组分，搅拌均匀即得。

产品应用 本品主要用于马桶消毒。

使用时取本品，将马桶内部进行清洗后盖上马桶盖静置10～15min后冲洗干净即可。

产品特性 本品杀菌效果明显，对大肠杆菌、沙门氏菌、金黄色葡萄球菌杀菌效果达到了98%以上，并且能够在7～10天内有效抑制该类菌的滋生。

配方 25 新型卫生间消毒剂

原料配比

原料	配比(质量份)		原料	配比(质量份)	
	1#	2#		1#	2#
苯甲酸钠	5	3	阴离子或非离子表面活性剂	20	10
乙二醇硬脂酸酯	12	7	三氯羟基二苯醚	5	5
柠檬酸	14	12	月桂酸	8	6
碳酸钠	22	16	乙醇	150	100
铝酸钠	10	6	水	650	550

制备方法 将各组分原料混合均匀即可。

产品应用 本品是一种新型卫生间消毒剂，用于卫生间消毒。

产品特性 本品具有绿色环保、多重消毒性能，其制备方法简单，制成的产品使用性好、稳定性好。

配方 26 用于厕所的消毒剂

原料配比

原料	配比(质量份)		原料	配比(质量份)	
	1#	2#		1#	2#
乙二醇硬脂酸酯	55	65	三氯羟基二苯醚	10	10
十二烷基硫酸钠	15	20	乙醇	100	110
碳酸氢钠	25	40	碘	0.1	0.2
铝酸钠	5	15	去离子水	950	1250
表面活性剂	20	50			

制备方法 将各组分原料混合均匀即可。

产品应用 本品主要用于厕所消毒。

产品特性 本品制作简单，杀菌消毒效果好。

配方 27 含巴西兰梅提取物的织物杀菌消毒剂

原料配比

原料	配比(质量份)		原料	配比(质量份)	
	1#	2#		1#	2#
巴西兰梅提取物	0.8	1.5	银杏提取物	2.5	6.5
烷基酚聚氧乙烯醚	1	2.2	表面柔滑剂	3.5	5
决明子提取物	0.8	1.6	柠檬酸盐	1	1.55
椰油酸二乙醇酰胺	—	0.45	枸杞提取物	0.2	0.3
脂肪醇聚氧乙烯醚硫酸钠	—	4.2	水	24	30.4
羧甲基纤维素钠	0.1	0.3			

制备方法 将各组分原料混合均匀即可。

产品应用 本品是一种含巴西兰梅提取物的织物杀菌消毒剂。

产品特性

(1) 本品添加纯天然的巴西兰梅提取物，既环保又能保护织物的纤维不受损害，该杀菌消毒剂具有良好的去污力，并且其杀菌抗菌效果好，能够把潜藏在纤维中的细菌杀灭，使织物具有抗菌的作用。

(2) 用本品杀菌消毒剂清洗织物后，能把织物上的污渍全部去除，并且能将大肠杆菌、绿脓杆菌、金黄色葡萄球菌等细菌全部杀灭。

配方 28 含白芍提取物的混纺面料杀菌消毒剂

原料配比

原料	配比(质量份)		原料	配比(质量份)	
	1#	2#		1#	2#
白芍提取物	0.8	1.5	乙醇	2.5	6.5
桑叶提取物	0.8	1.6	甘油三酯	3.5	5
柠檬提取物	0.1	0.3	植物提取物	1	1.55
椰油酸二乙醇酰胺	—	0.45	生物酶肽	0.2	0.3
脂肪醇聚氧乙烯醚硫酸钠	—	4.2	水	24	30.4

制备方法 将各组分原料混合均匀即可。

产品应用 本品是一种含白芍提取物的混纺面料杀菌消毒剂。

产品特性

(1) 本品添加纯天然的白芍提取物，既环保又能保护混纺面料的纤维不受损害，该杀菌消毒剂具有良好的去污力，并且其杀菌抗菌效果好，能够把潜藏在纤维中的细菌杀灭，使混纺面料具有抗菌的作用。

(2) 用本品清洗混纺面料后，能把混纺面料上的污渍全部去除，并且能将大肠杆菌、绿脓杆菌、金黄色葡萄球菌等细菌全部杀灭。

配方 29　含百合花提取物的织物杀菌消毒剂

原料配比

原料	配比(质量份)		原料	配比(质量份)	
	1#	2#		1#	2#
百合花提取物	0.8	1.5	乙醇	2.5	6.5
高锰酸钾	0.8	1.6	甘油三酯	3.5	5
椰油酸二乙醇酰胺	—	0.45	柠檬酸盐	1	1.55
脂肪醇聚氧乙烯醚硫酸钠	—	4.2	甲醛	0.2	0.3
羧甲基纤维素钠	0.1	0.3	水	24	30.4

制备方法　将各组分原料混合均匀即可。

产品应用　本品是一种含百合花提取物的织物杀菌消毒剂。

产品特性

(1) 本品添加纯天然的百合花提取物，既环保又能保护织物的纤维不受损害，该杀菌消毒剂具有良好的去污力，并且其杀菌抗菌效果好，能够把潜藏在纤维中的细菌杀灭，使织物具有抗菌的作用。

(2) 用本品清洗织物后，能把织物上的污渍全部去除，并且能将大肠杆菌、绿脓杆菌、金黄色葡萄球菌等细菌全部杀灭。

配方 30　含蓖麻油籽提取物的纯棉织物杀菌消毒剂

原料配比

原料	配比(质量份)		原料	配比(质量份)	
	1#	2#		1#	2#
蓖麻油籽提取物	0.8	1.8	羧甲基纤维素钠	0.1	0.3
过氧化氢	1	2.2	异丙醇	3.8	8
苯酚	0.8	1.6	高锰酸钾	1	1.88
椰油酸二乙醇酰胺	—	0.48	甲醛	0.2	0.3
脂肪醇聚氧乙烯醚硫酸钠	—	4.2	水	24	58

制备方法　将各组分原料混合均匀即可。

产品应用　本品是一种含蓖麻油籽提取物的纯棉织物杀菌消毒剂。

产品特性

(1) 本品添加纯天然的蓖麻油籽提取物，既环保又能保护纯棉织物的纤维不受损害，该杀菌消毒剂具有良好的去污力，并且其杀菌抗菌效果好，能够把潜藏在纤维中的细菌杀灭，使纯棉织物具有抗菌的作用。

(2) 用本品清洗纯棉织物后，能把纯棉织物上的污渍全部去除，并且能将大肠杆菌、绿脓杆菌、金黄色葡萄球菌等细菌全部杀灭。

配方 31 含大豆提取物的织物杀菌消毒剂

原料配比

原料	配比(质量份)		原料	配比(质量份)	
	1#	2#		1#	2#
大豆提取物	0.8	1.8	丙二醇	2.5	6.5
高锰酸钾	0.8	1.6	甘油三酯	3.5	5
椰油酸二丙二醇酰胺	—	0.45	柠檬酸盐	1	1.55
脂肪醇聚氧乙烯醚硫酸钠	—	4.2	植物香精	0.2	0.3
表面活性剂	0.1	0.3	水	24	30.4

制备方法 将各组分原料混合均匀即可。

产品应用 本品是一种含大豆提取物的织物杀菌消毒剂。

产品特性

(1) 本品添加纯天然的大豆提取物，既环保又能保护织物的纤维不受损害，该杀菌消毒剂具有良好的去污力，并且其杀菌抗菌效果好，能够把潜藏在纤维中的细菌杀灭，使织物具有抗菌的作用。

(2) 用本品清洗织物后，能把织物上的污渍全部去除，并且能将大肠杆菌、绿脓杆菌、金黄色葡萄球菌等细菌全部杀灭。

配方 32 含枸杞提取物的纺织品杀菌消毒剂

原料配比

原料	配比(质量份)		原料	配比(质量份)	
	1#	2#		1#	2#
枸杞提取物	0.8	1.8	乙醇	2.8	6.8
烷基酚聚氧乙烯醚	1	2.2	植物香精	3.8	8
乳化剂	0.8	1.6	环氧乙烷	1	1.88
椰油酸二乙醇酰胺	—	0.48	甲醛	0.2	0.3
脂肪醇聚氧乙烯醚硫酸钠	—	4.2	水	24	58
高锰酸钾	0.1	0.3			

制备方法 将各组分原料混合均匀即可。

产品应用 本品是一种含枸杞提取物的纺织品杀菌消毒剂。

产品特性

(1) 本品添加纯天然的枸杞提取物，既环保又能保护纺织品的纤维不受损害，该杀菌消毒剂具有良好的去污力，并且其杀菌抗菌效果好，能够把潜藏在纤维中的细菌杀灭，使纺织品具有抗菌的作用。

(2) 用本品清洗纺织品后，能把纺织品上的污渍全部去除，并且能将大肠杆菌、绿脓杆菌、金黄色葡萄球菌等细菌全部杀灭。

配方 33 含硅藻泥提取物的织物杀菌消毒剂

原料配比

原料	配比(质量份)		原料	配比(质量份)	
	1#	2#		1#	2#
硅藻泥提取物	0.8	1.5	乙醇	2.5	6.5
烷基酚聚氧乙烯醚	1	2.2	过氧化钙	3.5	5
烷基醇酰胺	0.8	1.6	柠檬酸盐	1	1.55
椰油酸二乙醇酰胺	—	0.45	甲醛	0.2	0.3
脂肪醇聚氧乙烯醚硫酸钠	—	4.2	水	24	30.4
羧甲基纤维素钠	0.1	0.3			

制备方法 将各组分原料混合均匀即可。

产品应用 本品是一种含硅藻泥提取物的织物杀菌消毒剂。

产品特性

(1) 本品添加纯天然的硅藻泥提取物，既环保又能保护织物的纤维不受损害，该杀菌消毒剂具有良好的去污力，并且其杀菌抗菌效果好，能够把潜藏在纤维中的细菌杀灭，使织物具有抗菌的作用。

(2) 用本品清洗织物后，能把织物上的污渍全部去除，并且能将大肠杆菌、绿脓杆菌、金黄色葡萄球菌等细菌全部杀灭。

配方 34 含海藻生物活素提取物的混纺面料杀菌消毒剂

原料配比

原料	配比(质量份)		原料	配比(质量份)	
	1#	2#		1#	2#
海藻生物活素提取物	0.8	1.5	乙醇	2.5	6.5
烷基醇酰胺	0.8	1.6	甘油三酯	3.5	5
羧甲基纤维素钠	0.1	0.3	植物提取物	1	1.55
椰油酸二乙醇酰胺	—	0.45	生物酶肽	0.2	0.3
脂肪醇聚氧乙烯醚硫酸钠	—	4.2	水	24	30.4

制备方法 将各组分原料混合均匀即可。

产品应用 本品是一种含海藻生物活素提取物的混纺面料杀菌消毒剂。

产品特性

(1) 本品添加纯天然的海藻生物活素提取物，既环保又能保护混纺面料的纤维不受损害，该杀菌消毒剂具有良好的去污力，并且其杀菌抗菌效果好，能够把潜藏在纤维中的细菌杀灭，使混纺面料具有抗菌的作用。

(2) 用本品清洗混纺面料后，能把混纺面料上的污渍全部去除，并且能将大肠杆菌、绿脓杆菌、金黄色葡萄球菌等细菌全部杀灭。

配方 35 含红景天提取物的面料杀菌消毒剂

原料配比

原料	配比(质量份)		原料	配比(质量份)	
	1#	2#		1#	2#
红景天提取物	0.8	1.5	乙醇	2.5	6.5
烷基酚聚氧乙烯醚	1	2.2	西兰花提取物	3.5	5
木瓜提取物	0.8	1.6	柠檬酸盐	1	1.55
椰油酸二乙醇酰胺	0.15	0.45	甲醛	0.2	0.3
植物香精	2.8	4.2	水	24	30.4
羧甲基纤维素钠	0.1	0.3			

制备方法 将红景天提取物、烷基酚聚氧乙烯醚、木瓜提取物、椰油酸二乙醇酰胺和植物香精溶于一半质量份的水中，搅拌混合均匀；然后加入羧甲基纤维素钠和乙醇，混合搅拌均匀；最后加入西兰花提取物、柠檬酸盐、甲醛和剩余的水，搅拌均匀后即得成品。

产品应用 本品是一种含红景天提取物的面料杀菌消毒剂。

产品特性

(1) 本品添加纯天然的红景天提取物，既环保又能保护面料的纤维不受损害，该杀菌消毒剂具有良好的去污力，并且其杀菌抗菌效果好，能够把潜藏在纤维中的细菌杀灭，使面料具有抗菌的作用。

(2) 用本品清洗面料后，能把面料上的污渍全部去除，并且能将大肠杆菌、绿脓杆菌、金黄色葡萄球菌等细菌全部杀灭。

配方 36 含红石榴果萃取物的真丝面料杀菌消毒剂

原料配比

原料	配比(质量份)		原料	配比(质量份)	
	1#	2#		1#	2#
红石榴果萃取物	0.7	1.7	植物萃取表面活性剂	0.1	0.3
过氧化氢	1	2.2	乙醇	3.7	7
小米草提取物	0.7	1.6	高锰酸钾	1	1.77
椰油酸二乙醇酰胺	—	0.47	环氧丙烷	0.2	0.3
脂肪醇聚氧乙烯醚硫酸钠	—	4.2	去离子水	24	57

制备方法 将各组分原料混合均匀即可。

产品应用 本品是一种含红石榴果萃取物的真丝面料杀菌消毒剂。

产品特性

(1) 本品添加纯天然的红石榴果萃取物，既环保又能保护真丝面料的纤维不受损害，该杀菌消毒剂具有良好的去污力，并且其杀菌抗菌效果好，能够把潜藏在纤维中的细菌杀灭，使真丝面料具有抗菌的作用。

(2) 用本品清洗真丝面料后，能把真丝面料上的污渍全部去除，并且能将大肠杆菌、绿脓杆菌、金黄色葡萄球菌等细菌全部杀灭。

配方 37 含黄芪提取物的麻布杀菌消毒剂

原料配比

原料	配比(质量份)		原料	配比(质量份)	
	1#	2#		1#	2#
黄芪提取物	0.8	1.8	植物挥发剂	0.1	0.3
巴西精油	1	2.2	异丙醇	3.8	8
烷基醇酰胺	0.8	1.6	甘油	1	1.88
椰油酸二乙醇酰胺	—	0.48	植物精油	0.2	0.3
脂肪醇聚氧乙烯醚硫酸钠	—	4.2	水	24	58

制备方法 将各组分原料混合均匀即可。

产品应用 本品是一种含黄芪提取物的麻布杀菌消毒剂。

产品特性

(1) 本品添加纯天然的黄芪提取物，既环保又能保护麻布的纤维不受损害，该杀菌消毒剂具有良好的去污力，并且其杀菌抗菌效果好，能够把潜藏在纤维中的细菌杀灭，使麻布具有抗菌的作用。

(2) 用本品清洗麻布后，能把麻布上的污渍全部去除，并且能将大肠杆菌、绿脓杆菌、金黄色葡萄球菌等细菌全部杀灭。

配方 38 含龙舌兰提取物的麻布杀菌消毒剂

原料配比

原料	配比(质量份)		原料	配比(质量份)	
	1#	2#		1#	2#
龙舌兰提取物	0.8	1.8	羧甲基纤维素钠	0.1	0.3
过氧化氢	1	2.2	异丙醇	3.8	8
烷基醇酰胺	0.8	1.6	甘油	1	1.88
椰油酸二乙醇酰胺	—	0.48	甲醛	0.2	0.3
脂肪醇聚氧乙烯醚硫酸钠	—	4.2	水	24	58

制备方法 将各组分原料混合均匀即可。

产品应用 本品是一种含龙舌兰提取物的麻布杀菌消毒剂。

产品特性

(1) 本品添加纯天然的龙舌兰提取物，既环保又能保护麻布的纤维不受损害，该杀菌消毒剂具有良好的去污力，并且其杀菌抗菌效果好，能够把潜藏在纤维中的细菌杀灭，使麻布具有抗菌的作用。

(2) 用本品清洗麻布后，能把麻布上的污渍全部去除，并且能将大肠杆菌、绿脓杆菌、金黄色葡萄球菌等细菌全部杀灭。

配方 39 含芦荟提取物的面料杀菌消毒剂

原料配比

原料	配比(质量份)		原料	配比(质量份)	
	1#	2#		1#	2#
芦荟提取物	0.8	1.5	乙醇	2.5	6.5
烷基酚聚氧乙烯醚	1	2.2	甘油三酯	3.5	5
烷基醇酰胺	0.8	1.6	柠檬酸盐	1	1.55
椰油酸二乙醇酰胺	—	0.45	甲醛	0.2	0.3
羧甲基纤维素钠	0.1	0.3	水	24	30.4
脂肪醇聚氧乙烯醚硫酸钠	—	4.2			

制备方法 将各组分原料混合均匀即可。

产品应用 本品是一种含芦荟提取物的面料杀菌消毒剂。

产品特性

(1) 本品添加纯天然的芦荟提取物，既环保又能保护面料的纤维不受损害，该杀菌消毒剂具有良好的去污力，并且其杀菌抗菌效果好，能够把潜藏在纤维中的细菌杀灭，使面料具有抗菌的作用。

(2) 用本品清洗面料后，能把面料上的污渍全部去除，并且能将大肠杆菌、绿脓杆菌、金黄色葡萄球菌等细菌全部杀灭。

配方 40 含绿茶提取物的纺织品杀菌消毒剂

原料配比

原料	配比(质量份)		原料	配比(质量份)	
	1#	2#		1#	2#
绿茶提取物	0.8	1.8	乙醇	2.8	6.8
烷基酚聚氧乙烯醚	1	2.2	异丙醇	3.8	8
烷基醇酰胺	0.8	1.6	环氧乙烷	1	1.88
椰油酸二乙醇酰胺	—	0.48	甲醛	0.2	0.3
脂肪醇聚氧乙烯醚硫酸钠	—	4.2	水	24	58
羧甲基纤维素钠	0.1	0.3			

制备方法 将各组分原料混合均匀即可。

产品应用 本品是一种含绿茶提取物的纺织品杀菌消毒剂。

产品特性

(1) 本品添加纯天然的绿茶提取物，既环保又能保护纺织品的纤维不受损害，该杀菌消毒剂具有良好的去污力，并且其杀菌抗菌效果好，能够把潜藏在纤维中的细菌杀灭，使纺织品具有抗菌的作用。

（2）用本品清洗纺织品后，能把纺织品上的污渍全部去除，并且能将大肠杆菌、绿脓杆菌、金黄色葡萄球菌等细菌全部杀灭。

配方 41　含绿茶提取物的面料杀菌消毒剂

原料配比

原料	配比(质量份)		原料	配比(质量份)	
	1#	2#		1#	2#
绿茶提取物	0.8	1.5	乙醇	2.5	6.5
烷基酚聚氧乙烯醚	1	2.2	甘油三酯	3.5	5
葡萄籽提取物	0.8	1.6	柠檬酸盐	1	1.55
椰油酸二乙醇酰胺	—	0.45	甲醛	0.2	0.3
脂肪醇聚氧乙烯醚硫酸钠	—	4.2	水	24	30.4
乌拉圭精油	0.1	0.3			

制备方法　将各组分原料混合均匀即可。

产品应用　本品是一种含绿茶提取物的面料杀菌消毒剂。

产品特性

（1）本品添加纯天然的绿茶提取物，既环保又能保护面料的纤维不受损害，该杀菌消毒剂具有良好的去污力，并且其杀菌抗菌效果好，能够把潜藏在纤维中的细菌杀灭，使面料具有抗菌的作用。

（2）用本品清洗面料后，能把面料上的污渍全部去除，并且能将大肠杆菌、绿脓杆菌、金黄色葡萄球菌等细菌全部杀灭。

配方 42　含葡萄籽提取物的真丝面料杀菌消毒剂

原料配比

原料	配比(质量份)		原料	配比(质量份)	
	1#	2#		1#	2#
葡萄籽提取物	0.7	1.7	羧甲基纤维素钠	0.1	0.3
过氧化氢	1	2.2	异丙醇	2.7	7
苯酚	0.7	1.7	甘油	1	1.77
椰油酸二乙醇酰胺	—	0.47	环氧丙烷	0.3	0.3
脂肪醇聚氧乙烯醚硫酸钠	—	4.2	水	24	57

制备方法　将各组分原料混合均匀即可。

产品应用　本品是一种含葡萄籽提取物的真丝面料杀菌消毒剂。

产品特性

（1）本品添加纯天然的葡萄籽提取物，既环保又能保护真丝面料的纤维不受损害，该杀菌消毒剂具有良好的去污力，并且其杀菌抗菌效果好，能够把潜藏在纤维中的细菌杀灭，使真丝面料具有抗菌的作用。

（2）用本品清洗真丝面料后，能把真丝面料上的污渍全部去除，并且能将大肠杆菌、绿脓杆菌、金黄色葡萄球菌等细菌全部杀灭。

配方 43 含五味子提取物的纯棉织物杀菌消毒剂

原料配比

原料	配比(质量份)		原料	配比(质量份)	
	1#	2#		1#	2#
五味子提取物	0.8	1.8	乳化剂	0.1	0.3
过氧化氢	1	2.2	植物香精	3.8	8
苯酚	0.8	1.6	高锰酸钾	1	1.88
椰油酸二乙醇酰胺	—	0.48	甲醛	0.2	0.3
脂肪醇聚氧乙烯醚硫酸钠	—	4.2	水	24	58

制备方法 将各组分原料混合均匀即可。

产品应用 本品是一种含五味子提取物的纯棉织物杀菌消毒剂。

产品特性

(1) 本品添加纯天然的五味子提取物，既环保又能保护纯棉织物的纤维不受损害，该杀菌消毒剂具有良好的去污力，并且其杀菌抗菌效果好，能够把潜藏在纤维中的细菌杀灭，使纯棉织物具有抗菌的作用。

(2) 用本品清洗纯棉织物后，能把纯棉织物上的污渍全部去除，并且能将大肠杆菌、绿脓杆菌、金黄色葡萄球菌等细菌全部杀灭。

配方 44 含仙人掌提取物的真丝面料杀菌消毒剂

原料配比

原料	配比(质量份)		原料	配比(质量份)	
	1#	2#		1#	2#
仙人掌提取物	0.7	1.7	羧甲基纤维素钠	0.1	0.3
过氧化氢	1	2.2	异丙醇	3.7	7
苯酚	0.7	1.6	高锰酸钾	1	1.77
椰油酸二乙醇酰胺	—	0.47	环氧丙烷	0.2	0.3
脂肪醇聚氧乙烯醚硫酸钠	—	4.2	水	24	57

制备方法 将各组分原料混合均匀即可。

产品应用 本品是一种含仙人掌提取物的真丝面料杀菌消毒剂。

产品特性

(1) 本品添加纯天然的仙人掌提取物，既环保又能保护真丝面料的纤维不受损害，该杀菌消毒剂具有良好的去污力，并且其杀菌抗菌效果好，能够把潜藏在纤维中的细菌杀灭，使真丝面料具有抗菌的作用。

(2) 用本品清洗真丝面料后，能把真丝面料上的污渍全部去除，并且能将大肠杆菌、绿脓杆菌、金黄色葡萄球菌等细菌全部杀灭。

配方 45 含薰衣草提取物的面料杀菌消毒剂

原料配比

原料	配比(质量份)		原料	配比(质量份)	
	1#	2#		1#	2#
薰衣草提取物	0.8	1.5	乙醇	2.5	6.5
烷基酚聚氧乙烯醚	1	2.2	洗必泰乙酸盐	3.5	5
烷基醇酰胺	0.8	1.6	柠檬酸盐	1	1.55
椰油酸二乙醇酰胺	0.15	0.45	甲醛	0.2	0.3
脂肪醇聚氧乙烯醚硫酸钠	2.8	4.2	水	24	30.4
羧甲基纤维素钠	0.1	0.3			

制备方法 将薰衣草提取物、烷基酚聚氧乙烯醚、烷基醇酰胺、椰油酸二乙醇酰胺和脂肪醇聚氧乙烯醚硫酸钠溶于一半质量份的水中，搅拌混合均匀；然后加入羧甲基纤维素钠和乙醇，混合搅拌均匀；最后加入洗必泰乙酸盐、柠檬酸盐、甲醛和剩余的水，搅拌均匀后即得成品。

产品应用 本品是一种含薰衣草提取物的面料杀菌消毒剂。

产品特性

(1) 本品添加纯天然的薰衣草提取物，既环保又能保护面料的纤维不受损害，该杀菌消毒剂具有良好的去污力，并且其杀菌抗菌效果好，能够把潜藏在纤维中的细菌杀灭，使面料具有抗菌的作用。

(2) 用本品清洗面料后，能把面料上的污渍全部去除，并且能将大肠杆菌、绿脓杆菌、金黄色葡萄球菌等细菌全部杀灭。

配方 46 含紫藤花提取物的真丝面料杀菌消毒剂

原料配比

原料	配比(质量份)		原料	配比(质量份)	
	1#	2#		1#	2#
紫藤花提取物	0.7	1.7	甘草提取物	0.1	0.3
过氧化氢	1	2.2	异丙醇	2.7	7
苯酚	0.7	1.7	植物芳香剂	1	1.77
椰油酸二乙醇酰胺	—	0.47	环氧乙烷	0.3	0.3
脂肪醇聚氧乙烯醚硫酸钠	—	4.2	水	24	57

制备方法 将各组分原料混合均匀即可。

产品应用 本品是一种含紫藤花提取物的真丝面料杀菌消毒剂。

产品特性

(1) 本品添加纯天然的紫藤花提取物，既环保又能保护真丝面料的纤维不受损害，该杀菌消毒剂具有良好的去污力，并且其杀菌抗菌效果好，能够把潜藏在纤维中的细菌杀灭，使真丝面料具有抗菌的作用。

(2) 用本品清洗真丝面料后，能把真丝面料上的污渍全部去除，并且能将大肠杆菌、绿脓杆菌、金黄色葡萄球菌等细菌全部杀灭。

配方 47 天然织物消毒剂

原料配比

原料			配比(质量份)		
			1#	2#	3#
粉末混合物	丹参		20	20	15
	肉桂		60	70	40
	苦参		10	5	10
	高良姜		—	—	15
	补骨脂		—	—	5
	薄荷		—	—	5
	藿香		10	5	5
	迷迭香		—	—	5
天然消毒剂	粉末混合物		1	1	1
	水		20	10	30
织物消毒液	天然消毒剂		10	2	5
	保湿剂	丙三醇	35	—	30
		丙二醇	—	55	20
		松油醇	50	40	40
	增溶剂	氢化蓖麻油	5	1.5	3
		吐温 80	—	1.5	2

制备方法 将各原料分别用中药粉碎机粉碎，过 100 目筛备用；按配方量分别称取各原料的粉末，混合均匀后按 1∶(10～20) 的质量比加入水进行浸提，浸提时间为 1～3h，浸提温度为 50～90℃；加水至料液比为 1∶(10～40) 进行水蒸气蒸馏，提取 120～360min 后得到的挥发油，对挥发油精制后包装，得到天然消毒剂。

将天然消毒剂与保湿剂、增溶剂混合，得到天然织物消毒剂。

产品应用 本品是用于织物的一种天然消毒剂。

产品特性

(1) 该天然消毒剂杀菌效果好，抗菌谱广，消毒彻底，成分天然，手感温和，无刺激性，安全性高。

(2) 本品能够杀灭织物中 99%以上的细菌，无不良反应，具有很好的生物相容性，对环境安全无害。

配方 48 鞋用消毒剂

原料配比

原料	配比(质量份)		
	1#	2#	3#
乙醇	10	15	20
桉叶油素	2	4	6
冰醋酸	4	6	8
薄荷脑	2	3	4
乙二醇	6	7	8
苹果酸	4	6	8
酒石酸	2	3	4
乙醇	20	30	40
琼脂	6	9	12

续表

原料	配比(质量份)		
	1#	2#	3#
六氯双酚	4	6	8
焦亚硫酸钠	10	13	16
苯甲酸钠	8	10	12
甘油	4	6	8
戊二醇	6	7	8
乙酸丁酯	6	7	8
丙烯酸钠	4	5	6
异丙醇	4	8	12
三乙醇胺	8	9	10
聚丙烯酸	4	6	8
去离子水	80	90	100

制备方法 将各组分原料放入搅拌容器中，煮沸 20min，用脱脂棉过滤，制成消毒液。

产品应用 本品主要用于鞋的消毒。

产品特性 本品制作简单，采用的生产原料无毒性，消毒剂的使用效果好，环保，对人体无害，无不良反应，具有很好的杀菌作用，且对皮肤有滋润和保湿作用。

配方 49 衣物消毒剂

原料配比

原料	配比(质量份)			
	1#	2#	3#	4#
乙醇	100	100	100	100
次氯酸钠	25	15	18	22
双十八烷基二甲基氯化铵	5	12	7	10
鱼腥草提取物	11	3	6	9
连翘提取物	2	9	7	4
黄连提取物	6	1	5	3
柴胡提取物	3	8	4	6
地黄提取物	11	5	6	9
蛇床子提取物	2	9	3	8

制备方法 将各组分原料混合均匀即可。

产品应用 本品主要用于衣物消毒。

产品特性 本品能够直接用于衣物消毒，消毒效果好且对人体无不良反应。

配方 50 织物消毒剂

原料配比

原料	配比(质量份)				
	1#	2#	3#	4#	5#
甜菜碱	2	3	4	0.5	5
水杨酸钠	2	3	4.5	0.5	5
邻苯基苯酚	2	2	2.5	0.5	3
磷酸三钠	1	2	3	1	5

续表

原料		配比(质量份)				
		1#	2#	3#	4#	5#
氯化钠		1	2	1.5	0.5	2
乳化剂		—	—	—	1	5
乳化剂	壬基酚聚氧乙烯醚	3	—	4	—	—
	月桂醇聚氧乙烯醚	—	2	—	—	—
螯合剂	柠檬酸铵	1	2	1.5	0.5	2
有机溶剂		8	6	9	5	10
香精		0.3	0.2	0.4	0.1	0.5
去离子水		加至100	加至100	加至100	加至100	加至100
有机溶剂	乙醇	1(体积份)	1(体积份)	1(体积份)	1(体积份)	1(体积份)
	异丙醇	1(体积份)	1(体积份)	1(体积份)	1(体积份)	1(体积份)

制备方法 将各组分原料混合均匀即可。

产品应用 本品主要应用于织物的消毒，可广泛使用于家庭衣物、宾馆衣物、被罩和床单等，特别是医院的被罩、床单及病号衣服等的消毒。

使用方法：将消毒剂与水按照1∶(20～50) 稀释后，采用浸泡法消毒。

产品特性

(1) 该织物消毒剂具有显著的杀菌作用，杀菌时间短，杀菌效果好，对于附着在衣物、被褥、床单、毛巾等织物上的真菌和细菌都有良好的消毒杀菌效果。

(2) 本品具有杀菌广谱性，对于真菌、细菌等都有良好的消毒杀菌效果，杀菌速度快，而且病菌不会产生抗药性，消毒彻底；安全性高，无毒、无残留，不伤害皮肤，无不良反应；使用方便，对衣物不会产生影响，安全环保。

配方 51 环保型沙发皮革消毒剂

原料配比

原料	配比(质量份)		
	1#	2#	3#
山梨酸钾	10	12	15
对氯间二甲苯酚	14	17	22
2,4,4′-三氯-2′-羟基二苯醚	12	15	17
氢氧化钠	10	12	15
醋酸氯己定	16	18	24
邻苯二甲醛	15	16	20
异丁酸	4	6	8
月桂酰基肌氨酸钠	8	11	14
二氯乙烯基水杨酰胺	5	7	10
十二烷基胍盐酸盐	10	12	15
乙醇	30	35	40
水	40	45	50

制备方法

(1) 取对氯间二甲苯酚、2,4,4′-三氯-2′-羟基二苯醚、醋酸氯己定、邻苯二甲醛、异丁酸、乙醇混合，搅拌4～6min；

(2) 取氢氧化钠溶解于水中，然后加入山梨酸钾、月桂酰基肌氨酸钠、二氯乙烯基水杨酰胺、十二烷基胍盐酸盐，搅拌3～5min；

（3）将步骤（1）制得的混合物和步骤（2）制得的混合物混合，搅拌2～4min，即得成品。

产品应用 本品是一种环保型沙发皮革消毒剂。

产品特性 本品消毒效果显著，且不含汞、铅、镉等有害重金属，活性成分有良好的生物降解性，不会污染环境，对人体无害，安全环保。

配方52 沙发皮革除臭消毒剂

原料配比

原料	配比(质量份)		
	1#	2#	3#
椰油基乙基二甲基铵乙基硫酸盐	10	13	15
肉豆蔻基三甲基溴化铵	7	11	13
壬基酚聚氧乙烯醚磷酸酯	13	16	19
乙二胺二邻苯基乙酸钠	5	8	10
十二烷基叔胺盐	4	5	7
二氧化氯	15	17	20
甘草酸二钾	6	8	9
过硼酸钠	10	12	15
吡啶酮乙醇胺盐	5	8	10
竹醋液	20	25	30
水	55	60	65

制备方法

（1）取肉豆蔻基三甲基溴化铵、甘草酸二钾、过硼酸钠、吡啶酮乙醇胺盐、竹醋液混合，搅拌2～4min；

（2）取椰油基乙基二甲基铵乙基硫酸盐、壬基酚聚氧乙烯醚磷酸酯、乙二胺二邻苯基乙酸钠、十二烷基叔胺盐、二氧化氯、水混合，搅拌3～5min；

（3）将步骤（1）制得的溶液与步骤（2）制得的溶液混合，搅拌2～4min，即得成品。

产品应用 本品用于沙发皮革除臭、消毒。

产品特性 本品不仅具有很好的消毒作用，可以快速杀灭沙发皮革上的所有有害微生物，还具有优异的除臭功能，可以有效地除去沙发皮革发出的臭味。本品原料易得，制作简单，使用方便。

配方53 沙发皮革高效消毒剂

原料配比

原料	配比(质量份)		
	1#	2#	3#
癸基葡萄糖苷	12	14	16
泊洛沙姆	5	8	10
水杨酸	10	12	15
二硫氰基甲烷	14	16	18
5-氯-2-甲基-4-异噻唑啉-3-酮	12	14	16
鲸蜡硬脂基三甲基氯化铵	10	12	15
苯甲酸钠	5	8	10

续表

原料	配比(质量份)		
	1#	2#	3#
十一烯酸锌	4	6	8
高锰酸钾	5	8	10
二氯二甲基海因	14	16	18
水	30	25	40

制备方法

(1) 取5-氯-2-甲基-4-异噻唑啉-3-酮、二硫氰基甲烷、十一烯酸锌、高锰酸钾、二氯二甲基海因混合，搅拌3～5min；

(2) 取癸基葡萄糖苷、泊洛沙姆、水杨酸、鲸蜡硬脂基三甲基氯化铵、苯甲酸钠、水混合，搅拌4～7min；

(3) 将步骤(1)制得的混合物和步骤(2)制得的混合物混合，加热至40～50℃，搅拌3～6min，即得成品。

产品应用 本品用于沙发皮革消毒。

产品特性 本品消毒效果好，具有高效、广谱、安全、稳定、作用快而持久、渗透力强、使用方便等优点。本品原料易得，生产成本低，适合规模化推广使用。

配方54 沙发皮革广谱消毒剂

原料配比

原料	配比(质量份)		
	1#	2#	3#
二氧化氯	20	25	30
二氯异氰尿酸钠	15	20	25
椰油酰胺丙基羟磺基甜菜碱	10	12	15
十二烷基苯磺酸钠	4	15	6
牛脂氨基丙胺聚氧丙烯聚氧乙烯醚	3	4	5
三聚甲醛	12	14	16
1,2-苯并异噻唑啉-3-酮	5	8	10
戊二醛	18	22	24
二乙烯三胺五亚甲基膦酸五钠	8	10	12
水	40	45	50

制备方法

(1) 取二氧化氯和戊二醛混合，搅拌2～3min；

(2) 取牛脂氨基丙胺聚氧丙烯聚氧乙烯醚、三聚甲醛、1,2-苯并异噻唑啉-3-酮、二乙烯三胺五亚甲基膦酸五钠、水混合，搅拌4～7min；

(3) 将步骤(1)制得的溶液与步骤(2)制得的溶液混合，搅拌均匀，然后加入余下原料，搅拌3～6min，即得成品。

产品应用 本品主要用于沙发皮革广谱消毒。

产品特性 本品抗菌广谱性好，杀菌力强，可以杀灭一切微生物，消毒效果好，生产成本低，安全环保。

配方 55　沙发皮革漂白消毒剂

原料配比

原料	配比(质量份)		
	1#	2#	3#
双十八烷基二甲基氯化铵	10	12	15
全氟壬烯氧基苯磺酸钠	16	18	22
十二烷基甘油醚羧酸盐	12	16	18
高铁酸钾	5	8	10
三氯异氰尿酸钠	10	12	15
邻苯基苯酚钠	14	16	19
过氧碳酸钠	10	12	15
多乙烯多胺多亚烷基膦酸盐	5	8	10
四乙酰乙二胺	8	12	14
亚溴酸钠	6	8	12
水	60	65	70

制备方法

(1) 取1/4～1/3量的水与高铁酸钾、邻苯基苯酚钠、双十八烷基二甲基氯化铵、亚溴酸钠混合，搅拌2～4min；

(2) 取余下的水与全氟壬烯氧基苯磺酸钠、十二烷基甘油醚羧酸盐、四乙酰乙二胺混合，搅拌3～6min；

(3) 将步骤(1)制得的溶液与步骤(2)制得的溶液混合，搅拌1～3min，然后加入三氯异氰尿酸钠、过氧碳酸钠和多乙烯多胺多亚烷基膦酸盐，搅拌2～4min，即得成品。

产品应用　本品主要用于沙发皮革漂白、消毒。

产品特性　本品具有消毒、杀菌、漂白等综合功效，是一种广谱、高效、低毒的消毒剂，储存稳定，使用方便，安全环保。

配方 56　沙发皮革速效消毒剂

原料配比

原料	配比(质量份)		
	1#	2#	3#
聚六亚甲基双胍盐酸盐	15	18	20
乙氧基喹啉	12	16	18
吡啶硫酮钠	7	9	11
氯化磷酸三钠	5	8	10
对羟基苯甲酸丁酯	5	7	10
苯扎溴铵	8	12	14
椰油基乙基二甲基铵乙基硫酸盐	10	13	15
十二烷基羟丙基磺基甜菜碱	6	8	12
过氧乙酸	10	12	15
N-(4-氯苯基)-*N*′-(3,4-二氯苯基)脲	5	8	10
聚乙二醇400	20	25	30
水	35	40	45

制备方法

(1) 取乙氧基喹啉、*N*-(4-氯苯基)-*N*′-(3,4-二氯苯基)脲、对羟基苯甲酸丁酯、聚乙二醇400混合，搅拌2～4min；

(2) 取聚六亚甲基双胍盐酸盐、吡啶硫酮钠、氯化磷酸三钠、过氧乙酸、水混合，搅拌3～5min；

(3) 将步骤 (1) 制得的溶液与步骤 (2) 制得的溶液混合，搅拌2～3min，然后加入余下原料，搅拌4～6min，即得成品。

产品应用 本品主要用于沙发皮革速效消毒。

产品特性 本品消毒效果显著，杀菌谱广，可杀灭各类细菌、病毒、霉菌孢子及细菌芽孢等微生物，且作用速度快，可以快速杀灭微生物，无毒无害，使用非常方便。

配方57 沙发皮革洗涤消毒剂

原料配比

原料	配比(质量份)		
	1#	2#	3#
脂肪酸甲酯磺酸钠	14	18	22
椰油酰基谷氨酸三乙醇胺盐	10	12	15
对甲苯磺酰胺钠	12	16	18
月桂醇醚磷酸酯钾	20	22	25
硫代硫酸钠	5	8	10
脂肪醇聚氧乙烯(7)醚磺基琥珀酸单酯二钠盐	10	12	15
卡松	16	20	24
月桂基两性醋酸钠	11	15	17
羟丙基壳聚糖	5	8	10
十一烷基葡糖苷	10	12	15
水	65	70	70

制备方法

(1) 取1/3～1/2量的水与脂肪酸甲酯磺酸钠、硫代硫酸钠、月桂基两性醋酸钠、羟丙基壳聚糖、十一烷基葡糖苷混合，搅拌4～7min；

(2) 取余下的水与椰油酰基谷氨酸三乙醇胺盐、对甲苯磺酰胺钠、月桂醇醚磷酸酯钾、脂肪醇聚氧乙烯 (7) 醚磺基琥珀酸单酯二钠盐、卡松混合，搅拌5～8min；

(3) 将步骤 (1) 制得的溶液与步骤 (2) 制得的溶液混合，搅拌3～6min，即得成品。

产品应用 本品主要用于沙发皮革洗涤、消毒。

产品特性 本品不仅具有很好的消毒作用，可以快速杀灭沙发皮革上的所有有害微生物，还具有优异的洗涤功能，可以清除掉沙发皮革上的污渍。本品使用效果好，生产成本低，环保无污染。

配方58 沙发皮革长效消毒剂

原料配比

原料	配比(质量份)		
	1#	2#	3#
聚乙烯吡咯烷酮碘	18	22	24
羟丙基黄原胶	10	12	15
海藻酸三乙醇胺盐	5	8	10

续表

原料	配比(质量份)		
	1#	2#	3#
β-葡聚糖棕榈酸酯	4	6	8
十一碳烯酰单乙醇胺	10	12	15
三混甲酚	12	14	16
双咪唑烷基脲	10	12	15
十八烷基二甲基苄基氯化铵	5	8	10
十六烷基氯化吡啶	6	9	12
十六烷基乙氧基磺基甜菜碱	5	7	10
水	50	55	60

制备方法

(1) 取三混甲酚、十八烷基二甲基苄基氯化铵、十六烷基乙氧基磺基甜菜碱混合，搅拌1～2min；

(2) 取聚乙烯吡咯烷酮碘、双咪唑烷基脲、十一碳烯酰单乙醇胺、十六烷基氯化吡啶混合，搅拌2～3min；

(3) 取羟丙基黄原胶、海藻酸三乙醇胺盐、β-葡聚糖棕榈酸酯混合，加水搅拌3～4min，加入步骤(1)制得的混合物，搅拌1～2min，再加入步骤(2)制得的混合物，搅拌2～3min，即得成品。

产品应用 本品主要用于沙发皮革长效消毒。

产品特性 制备本品添加的羟丙基黄原胶、海藻酸三乙醇胺盐、β-葡聚糖棕榈酸酯等物质，可以起到缓释杀菌、延长消毒效力的作用。本品具有广谱杀菌，消毒效果好，维持消毒效力时间长，安全无毒等特性。

配方 59 草药沙发皮革消毒剂

原料配比

原料	配比(质量份)		
	1#	2#	3#
胡桃叶	4	6	7
辣蓼草	3	4	6
八仙花	2	3	4
莨菪根	5	7	8
樟树皮	3	4	6
地瓜子	6	8	9
煤酚皂	10	12	15
洗必泰葡萄糖酸盐	5	8	10
4-氯-3-甲基苯酚	6	9	12
乙氧基氢化蓖麻油	4	6	8
乙醇	50	55	60
水	适量	适量	适量

制备方法

(1) 取胡桃叶、辣蓼草、八仙花、莨菪根、樟树皮、地瓜子混合，加4～8倍量的水，加热提取2～3h，过滤，滤渣再加3～6倍量的水，加热提取1～2h，过滤，合并提取液，浓缩至相对密度为1.34～1.38的膏状物；

(2) 将煤酚皂、洗必泰葡萄糖酸盐、4-氯-3-甲基苯酚、乙氧基氢化蓖麻油混合均匀，然后加入乙醇中，搅拌3～6min，再加入步骤（1）制得的膏状物，搅拌2～4min，静置12～24h，过滤，滤液即为成品。

产品应用 本品是一种草药沙发皮革消毒剂。

产品特性 本品以具有杀菌、杀虫作用的胡桃叶、辣蓼草、八仙花、莨菪根等草药为基本原料，并复配煤酚皂、洗必泰葡萄糖酸盐、4-氯-3-甲基苯酚等，使制得的消毒剂杀菌谱广、作用速度快、消毒效果好、安全环保、无污染及无公害。

配方 60 草本鼠标、键盘消毒剂

原料配比

原料	配比(质量份)		原料	配比(质量份)	
	1#	2#		1#	2#
黄芩萃取液	2	2	薄荷提取液	17	17
三甘醇二烷基醚	2	2	柠檬提取液	2	2
香精	1	1	表面活性剂	4	4
去离子水	30	30	黄柏	4	4
乙醇	10	10	蛇床子提取液	—	6
十二烷基二甲基乙苯氧乙基溴化铵	12	12	苦参提取液	—	6

制备方法 将各组分原料混合均匀即可。

产品应用 本品用于鼠标、键盘消毒。

产品特性 本品添加了草本提取物，既有杀菌消毒的作用，又有保健作用，对人体皮肤起到一定的保护作用。由于添加了天然植物成分，对人体不会有刺激作用，可以持续抑制细菌滋生。使用本品后，鼠标和键盘上能够保持一种淡淡的清香。

配方 61 电话消毒剂

原料配比

原料	配比(质量份)		原料	配比(质量份)	
	1#	2#		1#	2#
戊二醇	6	8	甲乙酮	25	30
乙醇	50	60	脱氢乙酸	12	16
甲基丙烯酸丁酯	18	20	丁醇	25	30
苯乙烯	30	40	丙酮	10	12
甲苯	20	30	丙烯酸乙酯	6	8

制备方法 将各组分原料混合均匀即可。

产品应用 本品主要用于电话消毒。

产品特性 本品制作简单，生产原料无毒性，消毒剂的使用效果好，环保，可形成坚韧涂层，具有杀菌作用。

配方 62 电子产品消毒剂

原料配比

原料	配比(质量份)		
	1#	2#	3#
乙醇	10	15	20

续表

原料	配比(质量份)		
	1#	2#	3#
苯酚	15	20	25
碘伏	4	6	12
食盐	3	5	9
薄荷提取液	3	4	6
天然芦荟汁	5	6	7
双链季铵盐	1	3	6
盐酸	2	3	5
过氧乙酸	3	4	8
苯甲酸钠	4	6	9
生物酶	6	8	10
8-羟基喹啉	2	4	9
苯扎氯铵	4	7	15
氯二甲苯酚	3	7	12
去离子水	40	45	50

制备方法 将各组分原料混合均匀即可。

产品应用 本品主要用于电子产品消毒。

产品特性 本品对人刺激作用小，可以持续抑制细菌滋生，杀菌谱广，能有效杀灭各类细菌，如大肠杆菌、枯草芽孢杆菌、金黄色葡萄球菌等。

配方 63 电子产品用消毒剂

原料配比

原料	配比(质量份)		
	1#	2#	3#
二甲苯	10	15	20
头孢	15	20	25
乳酸	4	6	12
食盐	3	5	9
柠檬提取液	3	4	6
维生素 E	5	6	7
碱金属次氯酸盐	1	3	6
氢氧化钠	2	3	5
磷酸盐缓冲剂	3	4	8
硫酸铜	4	6	9
微生物絮凝剂	6	8	10
稀释草酸	2	4	9
植物精油	4	7	15
黄原胶	3	7	12
去离子水	40	45	50

制备方法 将各组分原料混合均匀即可。

产品应用 本品主要用于电子产品消毒。

产品特性 本品对人刺激作用小，可以持续抑制细菌滋生，杀菌谱广，能有效杀灭各类细菌，如大肠杆菌、枯草芽孢杆菌、金黄色葡萄球菌等。

配方 64 电子设备消毒剂

原料配比

原料	配比(质量份)		原料	配比(质量份)	
	1#	2#		1#	2#
金银花	5	10	脂肪酸甲酯磺酸	2	7
陈皮	3	9	高分子成膜剂	2	6
羧甲基纤维素钠	4	6	艾叶	3	5
甲苯磺酸钠	3	8	黄柏	1	4
薄荷醇	1	5	茶多酚	1	3
亚麻籽油	1	5	氯二甲苯酚	2	7
半枝莲	4	10	苦地丁	2	6

制备方法 将各组分原料混合均匀即可。

产品应用 本品主要用于电子设备消毒。

产品特性 本品具有很好的消毒、杀菌能力，同时对电子设备不腐蚀，可以长期使用。

配方 65 除甲醛、甲苯车用空调消毒剂

原料配比

原料	配比(质量份)	
	1#	2#
丙烯酸树脂/碳复合材料	50	45
三甘醇二正庚酸酯	30	20
惰性海绵	19	11
木质素脲醛树脂	49	29
交联型多孔聚苯并咪唑	35	35
凸凹棒土	20	10
木炭灰	20	10
葡萄籽油	20	12
松节油	10	10
立石蜡	15	8
芳香剂	13	19
磷酸三钠	10	10
偏硅酸钠	10	10
氢氧化钠	10	10
N,*N*-双羟乙基椰子油酰胺	10	15
拉丝粉	15	20
硫酸钠乙醚	15	15
海沙粉	20	20
活性剂	15	30
活性辅助剂	8	8
乙醇	10	5
去离子水	20	10
无机纳米稀土	14	12
烟酸洛伐他汀	14	24
0.1%～0.5%碳酸氢钠溶液	适量	适量

续表

原料		配比(质量份)	
		1#	2#
活性剂	十二烷基硫酸钠盐	12	10
	十二烷基硫酸钠铵	9	19
	阳离子瓜尔胶	11	20
	乳化硅油	13	14
	羊毛脂镁皂	8	8
	邻苯二甲酸二丁酯	5	5
	温水	10	5
活性辅助剂	甜菜碱	19	13
	SHD	10	8
	甲基纤维素	15	12
	卡波树脂	9	9
	硬脂酸甘油酯	10	10
	阿拉伯胶	8	8
	温水	15	15
	氢氧化钠	5	5

制备方法

(1) 将丙烯酸树脂/碳复合材料、三甘醇二正庚酸酯加入去离子水中，加热至40～80℃充分溶解均匀，加入交联型多孔聚苯并咪唑、磷酸三钠、偏硅酸钠，加热至80～180℃，待混合物溶解并冷却至室温后在转速为1000～5000r/min的加热研磨机中研磨搅拌均匀，取出，在50～120℃烘箱中干燥1～12h得到混合物Ⅰ；

(2) 将步骤 (1) 所得混合物Ⅰ与木质素脲醛树脂、凸凹棒土、木炭灰、葡萄籽油、松节油、立石蜡加入高速加热混合开炼机中，1000～3000r/min搅拌混合均匀；

(3) 将步骤 (2) 中混合均匀后物料加入液力耦合器中进行混匀，后加入提炼机中，进行反复提炼使物料精炼，从而获得消毒剂基质；

(4) 将步骤 (3) 中得到的消毒剂基质和氢氧化钠、*N*,*N*-双羟乙基椰子油酰胺、拉丝粉、硫酸钠乙醚、海沙粉、活性剂、活性辅助剂混合均匀加热至30～90℃，加入匀质机中混合均匀，于频率2450MHz、功率800W下微波处理10～30min，混合均匀后即得物料Ⅰ；

(5) 将芳香剂、乙醇、去离子水、无机纳米稀土、烟酸洛伐他汀、惰性海绵加入5倍0.1%～0.5%碳酸氢钠溶液中，室温静置1～24h使其溶解均匀，在30～50℃高速搅拌混合均匀，于频率2450MHz、功率800W下微波处理10～30min，混合均匀后即得物料Ⅱ；

(6) 将物料Ⅰ和物料Ⅱ混合，升温至40～60℃充分搅拌15～60min，然后降至室温，再保温20～40℃，在5000r/min转速下搅拌20～40min，静置室温冷却，得到混合膏状物料，将混合物料加入捏合机中，经过捏合机作用即得消毒剂，消毒剂分装装入包装盒。

原料介绍

所述活性剂制备方法：将十二烷基硫酸钠盐和十二烷基硫酸钠铵加入水中浸泡10～40min，50～5000r/min搅拌均匀为溶液Ⅰ；将阳离子瓜尔胶和羊毛脂镁皂加入30～60℃水中，一直水浴保温待溶质微溶，50～500r/min搅拌均匀为溶液Ⅱ，将溶液Ⅰ、溶液Ⅱ和邻苯二甲酸二丁酯送入磨浆机充分磨浆，经过过滤后加入乳化硅油，再加入

60～80℃温水，启动搅拌装置，60～200r/min搅拌20min，自然冷却后即得活性剂。

所述活性辅助剂制备方法：将甜菜碱和甲基纤维素加入水中浸泡10～40min，50～500r/min搅拌均匀为溶液Ⅰ；将SHD、卡波树脂和阿拉伯胶加入30～60℃水中，一直水浴保温待溶质微溶，50～500r/min搅拌均匀为溶液Ⅱ，将溶液Ⅰ、溶液Ⅱ和硬脂酸甘油酯送入磨浆机充分磨浆，经过过滤后加入氢氧化钠，再加入60～80℃温水，启动搅拌装置，60～200r/min搅拌20min，使物料pH 6.0～8.5，自然冷却后即得活性辅助剂。

产品应用 本品主要用于车用空调除甲醛、甲苯及消毒。

产品特性

(1) 本品原料选用无毒化学成分，对车内消毒的同时，除去车内有害气体甲醛、甲苯，安全无毒，不会造成二次污染，具有很好的除甲醛、甲苯效果，且选用材料廉价易得，降低生产成本。

(2) 车内放置除甲醛、甲苯车用空调消毒剂，在48h后就可以大量除去甲醛、甲苯，且对车内不断释放出的甲醛、甲苯可持续吸收，未产生其他异味；通过平板培养法检测，当消毒剂放置48h后，车内细菌类有效减少，因此可减少细菌对车内环境的污染等。

配方 66 缓释型汽车空调抗菌消毒剂

原料配比

原料		配比(质量份)	
		1#	2#
α-蒎烯		56	49
月桂烯		45	41
抑菌剂		24	28
薄荷提取物		9	13
矿物油		29	39
蜂蜜		27	27
透明质酸		12	12
莰烯		13	21
茶多酚		8	14
缓释微胶囊体系		29	39
阿拉伯胶		11	14
天然樟脑		16	13
醋酸溶液		23	12
苦荞麦黄铜		16	9
花生油		24	24
β-葡聚糖		6	13
去离子水		适量	适量
微胶囊体系	淀粉	18	6
	1%的醋酸溶液	7	8
	氯化钙	5	6
	阿拉伯胶	12	12
	去离子水	4	5
	α-蒎烯	8	9
	吐温80	4	3
	交联剂戊二醛	0.1	0.3
	10%～50%氢氧化钠	适量	适量

续表

原料		配比(质量份)	
		1#	2#
抑菌剂	水杨酸	5	4
	甲酸钠	9	11
	哈拉宗	7	9
	过氧化苯甲酰	12	12
	溴化十二烷基吡啶	11	13
	甜杏仁油	13	10
	薄荷提取物	14	15
	大蒜提取物	9	5
	壳聚糖	14	12
	超支化季铵盐	12	16
	无水乙醇	15	21
	pH 值为 3～6 的盐酸	适量	适量

制备方法

(1) 先将 α-蒎烯、月桂烯加入适量去离子水中充分溶解均匀，向溶液中加入蜂蜜、透明质酸，加入醋酸溶液调节 pH 值为 5.5～8.5，在转速为 100～500r/min 的研磨机中搅拌均匀，取出后在 50～120℃干燥 6～12h 得混合物。

(2) 将步骤 (1) 所得混合物与矿物油、炭烯、茶多酚加入高速混合机中，1000～3000r/min 搅拌均匀。

(3) 将步骤 (2) 中混合均匀后的物料加入液力耦合器中混匀，从而获得消毒剂基质。

(4) 将步骤 (3) 中得到的消毒剂基质和抑菌剂、薄荷提取物、阿拉伯胶、天然樟脑在 30～50℃、高速搅拌下溶解并混合均匀，于频率 2450MHz、功率 800W 下微波处理 10～30min，混合均匀后即得物料Ⅰ。

(5) 将苦荞麦黄铜、花生油、β-葡聚糖加入 5 倍去离子水中，室温静置 8～24h 使其溶解均匀，得到油水悬液，在 30～50℃高速搅拌混合均匀，于频率 2450MHz、功率 800W 下微波处理 10～30min，混合均匀后即得物料Ⅱ。

(6) 将物料Ⅰ和物料Ⅱ混合，升温至 40～60℃充分搅拌 15～60min，加入酸或碱物质调节 pH 值至 5.5～7.5，100～500r/min、20～40℃保温搅拌 20～40min，静置室温冷却，得到混合溶液；将混合物料加入密炼机，密炼 10～30min，经自然冷却至室温即得抗菌消毒剂。

原料介绍

所述的微胶囊体系制备方法为：称取 2～19 份淀粉，用 1～10 份 1%的醋酸溶液溶解，再加氯化钙 2～9 份，800～2000r/min 搅拌溶解均匀，得淀粉-氯化钙溶液备用；另称取 2～16 份阿拉伯胶，用 2～6 份去离子水溶解，得到阿拉伯胶溶液；称取 2～11 份 α-蒎烯，用 1～5 份吐温 80 乳化，乳化时间 10～40min，将乳化液加入淀粉-氯化钙溶液中搅拌均匀，得混悬液；30～60℃下将混悬液缓慢加入制备好的阿拉伯胶溶液中，用醋酸调节 pH 值为 4.5～7.5，在 600～2000r/min 搅拌下，加入 30～70℃去离子水搅拌稀释，自然冷却至室温，后加入交联剂戊二醛 0.1～0.5 份，固化 2～15min，再用 10%～50%氢氧化钠调 pH 6～9，继续搅拌 10～40min 得到胶囊溶液，将胶囊溶液以 1000～2000r/min 离心 2～20min，弃上清液留沉淀，沉淀用去离子水洗后再继续离心，将离心后得到的沉淀物冷冻干燥得微胶囊体系，用于抗菌消毒缓释剂制备。

所述抑菌剂制备方法为：称取2～17份溴化十二烷基吡啶置于1～6份无水乙醇中，去离子水为95∶5（体积比）的溶液中，超声2h，加入2～16份过氧化苯甲酰，40～80℃下反应20～80min，用无水乙醇离心洗涤3～6次，然后烘干得改性溴化十二烷基吡啶；称取甲酸钠2～13份、哈拉宗2～11份、甜杏仁油2～16份、薄荷提取物3～19份，置于盛有去离子水的锥形瓶中，加入过量pH值为3～6的盐酸，经磁力搅拌器搅拌至生成沉淀为止；将溶液进行抽滤，保留其中的沉淀物，并用去离子水反复洗涤沉淀物，至洗液呈中性为止，然后将得到的沉淀放置在真空烘箱中30～90℃烘干得到甲酸钠混合物；将改性溴化十二烷基吡啶、甲酸钠混合物以一定比例加入无水乙醇中，超声1～6h，将水杨酸1～6份、大蒜提取物2～9份、壳聚糖1～23份、超支化季铵盐1～19份经熔融共混合造微纳米粒。

产品应用 本品是一种缓释型汽车空调抗菌消毒剂。

使用方法：将抗菌消毒剂放入球形制粒机中制备成球形丸剂，之后通过包膜机将丸剂1～20粒包装进微胶囊体系成为缓释型抗菌消毒剂，使用时将缓释型抗菌消毒剂放入汽车空调各装置部位。

产品特性

(1) 本品无异味、容易清理，不会对车内部造成腐蚀和损坏，可清除空调内部存储及滋生的细菌，也可阻止细菌随气流进入车内，且该缓释型汽车空调抗菌消毒剂缓慢释放抗菌消毒物质，可以长时间起到作用，不用频繁更换消毒剂。

(2) 本品对沙门菌属、致病性大肠杆菌、变形杆菌属、金黄色葡萄球菌都有抑制作用。

配方67 汽车内用消毒剂

原料配比

原料		配比(质量份)					
		1#	2#	3#	4#	5#	6#
A液	茑萝松	10	—	10	10	10	10
	鹰爪莲	30	30	—	30	30	30
	第一次加水	6000(体积份)	6000(体积份)	6000(体积份)	6000(体积份)	6000(体积份)	6000(体积份)
	第二次加水	3000(体积份)	3000(体积份)	3000(体积份)	3000(体积份)	3000(体积份)	3000(体积份)
B液	玉蝉花	40	40	40	—	40	40
	走游草	20	20	20	20	—	20
	金果榄	30	30	30	30	30	—
	水	5000(体积份)	5000(体积份)	5000(体积份)	5000(体积份)	5000(体积份)	5000(体积份)

制备方法

(1) 取茑萝松、鹰爪莲，加入水，在40℃下浸泡3h，加热煮沸15min，再于90℃微沸状态下保持2h后过滤；滤渣加入水再次煮沸15min，微沸状态保持1h后过滤；两次滤液合并得到A液。

(2) 取玉蝉花、走游草和金果榄，粉碎，加入水，在30℃下浸泡15min，加热至90℃保持1h后过滤，得到B液。

(3) 合并A液和B液，得到所述的消毒剂。

产品应用 本品主要用于汽车内消毒。

产品特性 本品结构简单，效果明确，可以有效地用于汽车内消毒。在使用时，可以在停车时进行消毒，待下次开车时车内即可达到消毒效果。

配方 68 汽车用消毒剂

原料配比

原料	配比(质量份)				
	1#	2#	3#	4#	5#
球兰	10	10.5	11	11,5	12
紫草	6	6.5	7	7.5	8
大青叶	5	6	7,5	9	10
鸭脚木叶	3	3.5	4	4.5	5
连翘	5	6	6.5	7	8
吐温 80	3	3.5	4	4.5	5
丙二醇	3	3.5	4	4.5	5
乙醇	10	12	15	18	20
水	55	48.5	41	33.5	27

制备方法

(1) 按比例称取球兰、紫草、大青叶、鸭脚木叶和连翘，粉碎成粗颗粒，按料液比为 1∶10 加入 60%乙醇回流提取 3 次，每次 50min，过滤，合并 3 次滤液；

(2) 将步骤 (1) 所得滤液置于 4℃冰箱中冷藏 24h，然后经 3000r/min 离心 15min，取上清液在 65℃下减压浓缩成浸膏 (相对密度为 1.1～1.3)。

(3) 将步骤 (2) 的浸膏与吐温 80、丙二醇混合均匀，边搅拌边加入用水稀释的乙醇，静置沉淀，取上清液即为汽车用消毒剂。

产品应用 本品用于汽车消毒。

产品特性

(1) 本品利用藤类植物球兰与大青叶、紫草、鸭脚木叶和连翘等天然植物复配提取有效成分，提高消毒杀菌的功效，清新空气，增加环境湿度，并通过植物中的有效成分防治流感等病毒性感染。

(2) 本品具有较强的杀菌作用，能净化车内空气，防止细菌滋生，对人体无刺激性，是一种安全有效的绿色环保汽车用消毒剂。

配方 69 澳大利亚茶树精油消毒剂

原料配比

原料		配比(质量份)			
		1#	2#	3#	4#
澳大利亚茶树精油		1.0	2.0	4	5
澳大利亚茶树纯露		20.0	30.0	20	40
桉叶油		0.1	0.3	0.5	0.5
迷迭香精油		0.01	0.01	0.05	0.1
乳化剂	PEG-40 氢化蓖麻油	6.0	4.0	6	4
	吐温-80	—	4.0	4	4
	甘油	—	—	—	2
无水乙醇		10.0	30.0	25	30
水		62.89	29.69	40.45	14.4

制备方法

(1) 将所述澳大利亚茶树精油、桉叶油、迷迭香精油和乳化剂混合，得到第一混合物料。

(2) 将所述步骤 (1) 得到的第一混合物料与无水乙醇混合，得到第二混合物料。混合时采用搅拌的方法，搅拌的时间优选为10～20min。

(3) 将所述步骤 (2) 得到的第二混合物料与澳大利亚茶树纯露混合，得到第三混合物料。混合时采用搅拌的方法，搅拌至液体澄清透明即可。

(4) 将所述步骤 (3) 得到的第三混合物料与水混合，得到澳大利亚茶树精油消毒剂。本品的pH值为5.4～5.6。

原料介绍

所述澳大利亚茶树精油中含有4-松油醇和1,8-桉叶油素，所述4-松油醇的质量分数≥30%，所述1,8-桉叶油素的质量分数≤5%。

所述迷迭香精油中含有α-蒎烯，所述α-蒎烯的质量分数≥20%。

产品应用 本品主要用于物体表面、皮肤、动物体表、空气环境等多个领域的消毒。使用方法为直接喷洒或涂抹在物体表面。

产品特性 本品对金黄色葡萄球菌、铜绿假单胞菌和白色念珠菌等常见致病菌具有显著的杀菌效果和稳定性，而且无不良反应，无残留。

配方 70 纯植物儿童用消毒剂

原料配比

原料	配比(质量份)					
	1#	2#	3#	4#	5#	6#
橡实提取物	0.1	10	5.4	8.2	4.7	2.9
蓼子朴提取物	0.1	10	6.2	7.8	6.3	7.6
芒果皮提取物	0.1	20	12.5	14.6	11.4	8.6
橘皮提取物	0.1	15	11.6	12.3	5.8	13.2
水	加至100	加至100	加至100	加至100	加至100	加至100

制备方法

(1) 按照上述配方称取各原料，备用；

(2) 将橡实提取物、蓼子朴提取物、橘皮提取物、芒果皮提取物和水倒入容器中进行混合形成水溶液，得到产品。

产品应用 本品是一种纯植物儿童用消毒剂，使用时将消毒剂直接涂于皮肤表面进行消毒。

产品特性 本品原料来源于植物，无毒性，对儿童健康不存在威胁；无刺激性，喷洒或涂抹在儿童皮肤表面时，不会产生刺激及引起不适，有效解决了现有消毒剂对儿童皮肤造成刺激的问题。

配方 71 婴童用品消毒剂

原料配比

原料		配比(质量份)			
		1#	2#	3#	4#
胍类消毒剂	葡萄糖酸氯己定、醋酸氯己定或二者等量组合物	0.01	—	—	—
	聚六亚甲基双胍盐酸盐、聚六亚甲基胍丙酸盐或二者等量组合物	—	1	—	—

续表

原料			配比(质量份)			
			1#	2#	3#	4#
胍类消毒剂	聚氧烯烃基胍盐酸盐、聚胺丙基双胍或二者等量组合物		—	—	2	—
	醋酸氯己定、聚六亚甲基胍丙酸盐、聚胺丙基双胍三者等量组合物		—	—	—	5
辅助杀菌剂	单癸基二甲基氯化铵、双癸基二甲基氯化铵或二者等量组合物		5.0	—	—	—
	烷基二甲基苄基铵盐、辛基癸二甲基氯化铵或二者等量组合物		—	1	—	—
	二辛二甲基氯化铵		—	—	0.5	—
	单癸基二甲基氯化铵、烷基二甲基苄基铵盐、二辛二甲基氯化铵三者等量组合物		—	—	—	0.01
表面活性剂	烷基糖苷	辛基葡糖苷、癸基葡糖苷或二者等量组合物	5.0	—	—	—
		月桂基葡糖苷、肉豆蔻基葡糖苷或二者等量组合物	—	2.0	—	—
		癸基葡糖苷、肉豆蔻基葡糖苷二者等量组合物	—	—	—	0.1
	氧化胺	十二烷基二甲基氧化胺、椰油酰胺丙基氧化胺或二者等量组合物	—	—	1.0	—
乙醇	无水乙醇		—	10	—	30
	95%乙醇溶液		—	—	20	—
水			加至100	加至100	加至100	加至100

制备方法 将各组分原料混合均匀即可。

产品应用 本品是一种婴童用品消毒剂，可以应用到婴童日常用品，包括哺喂用品、玩具、洗浴盆、小餐具以及小出行工具等的清洁消毒，使用方便。

产品特性 本品无色无味，采用无毒级原料，对婴幼儿安全、无毒、无刺激；具有清洁去污作用，消毒剂快速铺展，快速发挥杀菌作用；对金属无腐蚀；可有效杀灭肠道致病菌、化脓性球菌，杀菌率达99.99%以上；水基型喷剂配方，无须稀释直接喷洒，使用方便；生物降解性能好，对人体和环境无害。

配方 72 复方草本消毒剂

原料配比

原料	配比(质量份)		原料	配比(质量份)	
	1#	2#		1#	2#
金银花	3～5	3～5	75%～95%乙醇溶液	60～85	5～10
野菊花	3～5	3～5	水	10～30	80～90
大青叶	1～3	1～3	醋酸氯己定	0.02～0.1	0.02～0.5

制备方法

(1) 将金银花、野菊花以及大青叶三种草本植物放入粉碎设备中粉碎。然后放入75%～95%乙醇溶液中蒸馏回流得到混合液，蒸馏回流的时间为1.5～2.5h，蒸馏回流的温度为80～90℃。

(2) 将混合液中的草本植物残渣滤除后得到复方草本提取液。

(3) 将复方草本提取液进行减压蒸馏后得到复方草本浓缩液。

(4) 将醋酸氯己定和复方草本浓缩液加入水中搅拌溶解，即得复方草本消毒剂。

产品应用 本品是一种复方草本消毒剂。使用时，先用水冲洗手部，再取复方草本消毒剂湿润手，最后双手搓擦直至变干。

产品特性 本品对皮肤的刺激性较小，对手部具有较好的杀菌和抑菌效果。

配方 73 含植物提取成分的广谱消毒剂

原料配比

原料	配比(质量份)		原料	配比(质量份)	
	1#	2#		1#	2#
洋葱提取稀释液	14	15	甘氨酸	4	5
二癸基二甲基氧化铵	6	7	苯氧乙醇	4	5
苯扎溴铵	5	6	去离子水	62	67

制备方法

(1) 制备洋葱提取稀释液。

(2) 按原料配比先在反应器中加入洋葱提取稀释液 14～15 份。

(3) 按原料配比再依次加入 6～7 份二癸基二甲基氧化铵、5～6 份苯扎溴铵、4～5 份甘氨酸和 4～5 份苯氧乙醇。

(4) 按原料配比加入 62～67 份去离子水即得到所述广谱且含植物提取成分消毒剂成品。

原料介绍

所述洋葱提取稀释液是经由以下步骤制得：

(1) 将洋葱剥去外皮并清洗干净，用粉碎机研磨或破碎至泥浆状；

(2) 将获得的上述泥浆状物质用 60～160 目滤布进行过滤，获得粗提取液；

(3) 将获得的粗提取液加磷酸缓冲溶液稀释 4～5 倍，然后以 1000mg/L 的标准向该稀释溶液中添加壳聚糖的固体粉末进行絮凝；

(4) 将絮凝后的液体进行过滤分离，获得的透明液体即为洋葱提取液；

(5) 将洋葱提取液加磷酸缓冲溶液稀释 5 倍即得到洋葱提取稀释液。

所述壳聚糖的脱乙酰度为 85%；所述磷酸缓冲溶液 pH 5.7～8.0。

产品应用 本品主要应用于抗菌、防霉、消毒等诸多领域，是妇科洗液、湿巾、卫生巾、口腔用品、洗手液、瓜果保鲜与消毒、环境消毒等理想的消毒剂。

产品特性

(1) 本品对各种微生物均具有良好的杀灭效果，且杀灭效果优于各独立组分，成本低、应用范围广、杀菌效果好。

(2) 本品可杀灭一般细菌、丝状菌、病毒、霉菌孢子和细菌芽孢等，消毒剂杀菌范围广泛，因此它可用于广阔领域的消毒和灭菌。本品具备广谱高效抗菌消毒活性、绿色环保、安全、有效期长、不引起病毒变异等优点。

(3) 本品对厕所清洗后的抹布中微生物的杀灭效果非常明显。

配方 74 中药提取物室内消毒剂

原料配比

原料	配比(质量份)					
	1#	2#	3#	4#	5#	6#
洋甘菊精油	1	3	2	2.5	1.5	3
薄荷油	0.5	2	1.5	1	1	1.5
肉桂精油	1	3	2	1.5	1.5	2
金银花	1	5	3	2	2	2.5
藿香	3	7	5	4	4	6
蒲公英	5	10	8	6	6	8
黄连	8	15	12	10	10	12
芦荟	10	18	15	12	11	15
丹参	10	18	15	16	13	16
煎煮中药用水	适量	适量	适量	适量	适量	适量
去离子水	50	60	55	58	45	50

制备方法

(1) 将按配方称取金银花、藿香、黄连、芦荟和丹参与水按质量体积比为1∶10的比例煎煮1～1.5h后，冷却，过滤，备用；

(2) 将按配方称取的蒲公英与水按质量体积比为1∶75的比例煎煮3～4h后，冷却，过滤，备用；

(3) 将按配方称取的洋甘菊精油、薄荷油、肉桂精油、去离子水与步骤(1)、步骤(2)得到的溶液一起置于搅拌机中，搅拌15～20min后，包装即可。

产品应用 本品主要用于室内空气消毒。

产品特性

(1) 本品采用水煎的方式将中药中的有益成分提取出来，不含乙醇，喷洒在空气中可直接与皮肤接触，更加安全无刺激。

(2) 本品的抑菌、杀菌效果明显，安全无毒，同时可作空气清新剂用，提高了人们工作和学习环境的空气质量。

配方 75 含草药的室内消毒剂

原料配比

原料		配比(质量份)		
		1#	2#	3#
草药提取液		90	110	100
冰片		40	50	45
竹炭粉		30	40	35
精油组分		20	30	25
纳米氧化锌		20	30	25
脂肪醇聚氧乙烯醚		10	15	12.5
阳离子表面活性剂	烷基二甲基苄基氯化铵	2	—	—
	烷基二甲基苄基溴化铵	—	10	6
缓冲剂	磷酸氢二钾	2	—	—
	磷酸氢二钠	—	8	—
	磷酸二氢钾	—	—	5

续表

原料		配比(质量份)		
		1#	2#	3#
增溶剂	氢化蓖麻油	2	4	3
去离子水		40	50	45
草药提取液	五倍子	20	30	25
	黄连	20	30	25
	艾叶	10	20	15
	白掌	10	15	12.5
	金银花	10	15	12.5
	厚朴	2	10	6
	乙醇	适量	适量	适量
精油组分	生姜精油	10	15	12.5
	洋甘菊精油	5	10	7.5
	肉桂精油	2	4	3

制备方法

(1) 制备草药提取液

① 按照配比称取五倍子、黄连、艾叶、白掌、金银花和厚朴，将其粉碎并过40～60目筛，混合均匀得到粉剂。

② 对粉剂进行超声波辅助乙醇提取，向粉剂中加入5～10倍质量份的50%～65%乙醇，在超声波（功率为150～250W）辅助作用下，60～80℃回流提取30～50min，提取3次，将提取的滤液合并，冷藏放置10～20h后，在55～85℃条件下减压浓缩回收乙醇，得到的浓缩液即为所述草药提取液，备用。

(2) 制备成品：按照配比称取剩余原料与步骤（1）得到的草药提取液混合，放入高速搅拌机中在900～1000r/min条件下混合搅拌均匀，静置后分装即得所述室内消毒剂。

原料介绍

所述冰片为龙脑香科植物龙脑香的树脂和挥发油加工品提取获得的结晶。

所述纳米氧化锌的制备方法为：向0.1～0.3mol/L醋酸锌溶液中加入0.2～0.6mol/L的尿素溶液，醋酸锌溶液和尿素溶液的体积比为3：2，将两者混合均匀，然后控制温度为80～90℃反应3～4h，待反应结束后，将反应得到的产物过滤，收集滤渣，滤渣干燥后在300～400℃下煅烧2～4h，即得到纳米氧化锌。

所述生姜精油的制备方法为：称取生姜，用清水洗净，切片后放入90～100℃水中蒸煮8～10min，取出沥干，放入加热容器中，加入质量分数为20%～30%的蜂蜜水，加热升温，保持加热温度为90～95℃，加热时间为50～60min，冷却后得到混合液，向混合液中加入1～2倍质量份的40%～50%乙醇溶液，浸泡回流提取6～8h后，得到的提取液为所述生姜精油。

产品应用 本品主要用于室内消毒。

产品特性

(1) 本品具有无不良反应、无残留、刺激性小等特点，安全性强，喷洒在空气中可直接与皮肤接触，对皮肤无刺激，具有广谱的杀菌性能、较强的稳定性，对细菌、真菌、霉菌都有很好的杀灭效果。

(2) 本品中添加草药提取液，可有效杀灭空气中各种有害细菌和病毒，减少各种传染病的发生，有益人体健康，添加的原料协同效果好，细菌不产生抗药性。

配方 76 含植物提取液的室内消毒剂

原料配比

原料	配比(质量份)			
	1#	2#	3#	4#
滴水观音	10	30	27	26
非洲茉莉	50	20	32	30
吊兰	20	30	26	26
戊二醛	4	2	3	4
亚硝酸钠	1	3	2	1
樟油	8	5	7	8
无水乙醇	70	100	100	100
水	适量	适量	适量	适量

制备方法

(1) 按上述质量份称取滴水观音、非洲茉莉、吊兰、戊二醛、亚硝酸钠、樟油及无水乙醇。

(2) 将滴水观音、非洲茉莉、吊兰混合加水搅拌，制备获取水提取液。

① 将滴水观音、非洲茉莉、吊兰分别破碎、挤压、混合；

② 加入去离子水，加热至沸腾，搅拌 5～7h，制备获取水提取液。

(3) 滤出所述水提取液，向滴水观音、非洲茉莉、吊兰的混合物中加入戊二醛、亚硝酸钠及樟油，添加无水乙醇，搅拌制备乙醇提取液。

(4) 滤出乙醇提取液，将所述水提取液与所述乙醇提取液混合，制备含植物提取液的室内消毒剂。

产品应用 本品主要用于室内消毒。

产品特性 本品毒性低，无刺激气味，药效时间长。通过天然植物与化学药剂混合制备室内消毒剂，使室内消毒剂更为清香，无刺激性气味。

配方 77 天然植物消毒剂

原料配比

原料		配比(质量份)			
		1#	2#	3#	4#
马尾连		5	10	8	10
鱼腥草		8	12	10	8
黄柏		10	15	12	1.5
野菊花		12	15	14	12
肉桂		16	18	17	16
黄连		5	10	7	10
龙胆草		16	18	17	16
艾叶		28	2	15	13
去离子水		适量	适量	适量	适量
植物精油	佛手柑油	8	—	—	8
	百里香油	—	5	—	—
	茶树油	—	—	7	—

制备方法

(1) 按所述质量份称取原料马尾连、鱼腥草、黄柏、野菊花、肉桂、黄连、龙胆草及艾叶，去杂、粉碎、混合。

(2) 将步骤 (1) 中得到的原料放入 25～30℃的去离子水中浸泡 3～4 天后进行煎煮，随后冷却、过滤，得过滤液。煎煮温度不低于 80℃，煎煮时间为 30～50min。

(3) 向步骤 (2) 得到的过滤液中加入植物精油，搅拌混合。

(4) 产品分装。

产品应用 本品是一种天然植物消毒剂。

产品特性

(1) 本品对环境没有污染，杀菌效果好，安全、无毒、无残留，对人体没有任何危害；本品制备方法简单，适宜广泛应用。

(2) 本品比较稳定，对金黄色葡萄球菌、大肠杆菌、沙门氏菌属均有良好的杀菌效果。

配方 78 天然酚消毒剂

原料配比

原料		配比(质量份)					
		1#	2#	3#	4#	5#	6#
天然酚		1	10	5	5	10	5
表面活性剂	十二烷基硫酸钠	5	—	—	—	—	7
	失水山梨糖醇硬脂酸酯	—	10	—	—	—	—
	吐温 80	—	—	7	—	—	—
	斯盘 80	—	—	—	7	—	—
	月桂基聚氧乙烯醚硫酸钠	—	—	—	—	10	—
溶剂	乙二醇	1	—	—	—	3	—
	乙醇	—	3	2	2	—	—
	甘油	—	—	—	—	—	2
螯合剂	葡萄糖酸钠	1	—	—	—	—	3
	柠檬酸钠	—	5	—	—	—	—
	柠檬酸	—	—	3	—	5	—
	β-环糊精	—	—	—	3	—	—
精油		—	—	—	1	5	1
柠檬醛		—	—	—	—	—	1
水		加至 100	加至 100	加至 100	加至 100	加至 100	加至 100

制备方法 将各组分原料混合均匀即可。

原料介绍 所述天然酚选自百里酚、香芹酚或丁子香酚中的一种。

产品应用 本品是一种含酚类的消毒剂。

产品特性

(1) 本品施用在待消毒的表面上时产生泡沫，泡沫黏附在待消毒的表面上足够长的时间，以确保除去非土著菌群或病原菌群。

(2) 本品稳定性好，可以在不同的环境中使用。

配方 79 药物消毒剂

原料配比

原料		配比(质量份)						
		1#	2#	3#	4#	5#	6#	7#
主料	石菖蒲	7	8	4	10	6	5	9
	龙胆草	3	2	5	4	3	4	4
	金银花	4	5	6	3	8	7	6
	吊竹梅	3	4	5	4	3	3	5
	金果榄	4	5	3	2	6	4	3
	诃子	5	8	7	4	6	6	4
	鱼腥草	2	4	3	3	1	2	1
	冰片	2	1	1.5	2	1.5	1	2
	蒲公英	1	1	0.5	3	1.5	2	3
水		120	76	105	70	54	85	74
辅料	醋酸氯己定	0.6	1.16	1	1.27	2	1	0.85
	盐酸特比萘芬	0.6	1.74	1	1.53	1	1	0.85
	小檗碱	—	—	0.1	—	—	—	0.425
	氨基苯磺酰胺	—	—	—	—	0.6	0.38	0.255

制备方法 按质量份称取主料和辅料，将主料与水混合回流提取 1～3 次，浓缩后得到提取物；将提取物与辅料混合得到药物消毒剂。

产品应用 本品主要用于药物消毒。

产品特性

本品对多种真菌和细菌均具有较好的灭菌效果。各组分中药配合使用能够协同增效，达到更好的消毒作用，且对人体无损伤。

配方 80 植物复方消毒剂

原料配比

原料	配比(质量份)			
	1#	2#	3#	4#
金银花	2	4	8	5
苍术	2	4	8	5
黄芩	5	10	20	10
山楂	1	5	5	3
蒲公英	5	10	20	10
黄柏	4	6	10	6
紫草	1	3	5	3
壳聚糖	10	15	30	25
去离子水	加至 1000(体积份)	加至 1000(体积份)	加至 1000(体积份)	加至 1000(体积份)

制备方法

(1) 按配方取原料金银花、苍术、黄芩、山楂、蒲公英、黄柏、紫草，去杂、粉碎、混合；

(2) 用去离子水（20℃）浸泡经粉碎的原料 8～24h，经 100℃沸腾煎煮 15～30min，冷却备用，得过滤液；

(3) 向过滤液加入壳聚糖，用去离子水加至 1000 体积；

(4) 产品分装。

产品应用 本品是一种用于食品的植物复方消毒剂。

产品特性 本品具有良好的抗（抑）菌功能，对金黄色葡萄球菌、大肠杆菌、沙门氏菌属均有良好的杀菌效果，可防止微生物产生耐药性，对环境也没有污染，是一种用于食品、安全无毒、无残留、作用速度快、性质稳定的高效消毒剂。

配方 81 草药皮肤消毒剂

原料配比

原料	配比(质量份)		原料	配比(质量份)	
	1#	2#		1#	2#
黄芩	15	15	洗必泰	2	2
鱼腥草	15	15	甘油	2	2
金银花	15	15	棕榈酸蔗糖酯	7	7
大蒜	8	8	白醋	—	1～2
芦荟	8	8	60%～70%的乙醇	适量	适量
薰衣草	4	4	去离子水	适量	适量
藏红花	6	6			

制备方法

(1) 按配方称取黄芩、鱼腥草、金银花、大蒜、芦荟、薰衣草、藏红花、洗必泰、甘油、棕榈酸蔗糖酯。

(2) 向步骤（1）中称好的鱼腥草、大蒜中加入1～2倍量的60%～70%的乙醇，充分研磨，过滤，滤液备用；在大蒜及鱼腥草研磨过程中加入1～2份白醋。

(3) 向步骤（1）中称好的黄芩、金银花、芦荟、薰衣草、藏红花中加入6～8倍量的去离子水煮20～30min，过滤，向药渣中加入5～6倍量的去离子水煮15～20min，过滤，合并过滤液，加入活性炭，搅拌脱色。

(4) 将脱色后的滤液加热浓缩至原体积的80%，冷却，然后加入步骤（1）中称好的洗必泰、甘油、棕榈酸蔗糖酯及步骤（2）中的滤液，搅拌使其充分溶解得皮肤消毒剂。浓缩液冷却至35～45℃。

产品应用 本品是一种草药皮肤消毒剂。

产品特性

(1) 该皮肤消毒剂全面有效杀菌、去污的同时，对皮肤刺激性小，使用后皮肤不干燥，适合皮肤敏感及小有伤口的人使用。

(2) 本品抗菌效果好，制备方法简单。采用具有杀菌性能的草药和洗必泰配伍作为消毒剂，减少了化学成分消毒剂的使用，草药提取液温和、不刺激，与洗必泰配伍合用，杀菌效果好，抗菌范围广。

配方 82 中药防腐消毒剂

原料配比

原料		配比(质量份)				
		1#	2#	3#	4#	5#
中药提取物	千里光	25	20	30	22	28
	金银花	25	20	30	28	22
	菊花	25	20	30	22	28

续表

原料		配比(质量份)				
		1#	2#	3#	4#	5#
中药提取物	薄荷	25	20	30	28	22
	水	适量	适量	适量	适量	适量
对氯二甲苯酚液	对氯二甲苯酚	5	4	—	5.5	4.5
	薄荷脑	—	—	6	—	—
	乙醇	20	15	25	18	22

制备方法

(1) 制备中药提取物

① 按以下方式进行备料：

千里光：取原药材，除去杂质，洗净，稍晾，切段，干燥。金银花：筛去泥沙，拣净杂质。菊花：拣净叶梗、花柄及泥屑杂质。薄荷：拣净杂质，除去残根，先将叶抖下另放，然后将茎喷洒清水，润透后切段，晒干，再与叶和匀。

② 煎煮可以于80～120℃的条件下进行。煎煮可仅为1次，也可为多次，例如2次、3次或3次以上，当煎煮次数为多次时，后一次的待煎煮物即为前一次煎煮后所得的煎煮药渣，最终用于静置的总煎煮液为每次煎煮后所得的煎煮药液的混合液。

③ 煎煮次数为2次时，包括第一次煎煮和第二次煎煮。第一次煎煮是将千里光、金银花、菊花以及薄荷的混合药物与水以质量比为1∶(7.5～9.5)混合，第一次煮制80～100min，得第一次煮制液。用无机陶瓷膜第一次过滤，分离除杂，得第一滤液和第一滤渣。第二次煎煮是将上述第一滤渣与水以质量比为1∶(5.5～6.5)混合后煮制50～70min，得第二次煮制液。用中空纤维超滤膜第二次过滤第二次煮制液，得第二滤液和第二滤渣。最终静置的总煎煮液即为第一滤液与第二滤液的混合液。若煎煮次数大于2次，其操作可参照煎煮次数为2次的步骤。第一次煮制前以及第二次煮制前，均分别调节待煮制体系的pH值为4～5。优选第一次煮制前，将混合药物与水混合后直接在水中浸泡30～40min。

④ 静置前，先将总的煎煮液冷却至40℃以下，然后用碱调节煎煮液的pH值为9～10。静置时间可以为20～30min，静置后，过200目筛，收集上清液用纳滤和反渗透膜脱水，浓缩萃取活性成分，得中药提取物。

(2) 将对氯二甲苯酚、乙醇、薄荷脑以及中药提取物，得到产品。

产品应用 本品主要用于皮肤、黏膜、衣物、家居、养殖场和疫情防护等的消毒。

使用方法：

(1) 使用于轻度划伤或擦伤的伤口处：取本品约15mL，加入250mL水，清洗伤口3～5min，然后用干纱布或绷带包扎。

(2) 使用于皮肤消毒：取本品约15mL，加入250mL水，用此稀释液于需要消毒的部位冲洗或涂擦3～5min。

(3) 使用于黏膜消毒：取本品约15mL，加入600mL水，浸泡或涂擦3～5min。

(4) 使用于衣物消毒：取本品约60mL，加入3000mL水，内衣、外衣、袜子等浸泡3～5min，游泳衣、儿童尿布、抹布、餐巾、毛巾等浸泡约5min。

(5) 使用于地板、家居等表面消毒：取本品约75mL，加入1250mL水，清洗家居物体表面5min。

(6) 使用于厕所、水槽、沟渠、废物箱、养殖场等：取适量本品原液，对待消毒区域冲洗5min。

(7) 使用于空调、汽车、工作台等：取本品约75mL，加入1250mL水，清洗物体表面5min。

(8) 使用于疫情防护消毒：将本品与水按1∶100的比例稀释，浸泡、喷施或擦洗接触物，消毒10min。

产品特性 本品配方合理，能够有效、快速地达到消毒、杀菌、防腐的效果。其制备方法简单，耗时短，过程易控。

配方83 中药抗菌消毒剂

原料配比

原料	配比(质量份)		
	1#	2#	3#
亳芍药与薄荷混合物(30∶3)	10	—	—
亳芍药与薄荷混合物(40∶5)	—	10	—
亳芍药与薄荷混合物(50∶8)	—	—	10
去离子水	120	120	120
CTAB	0.5	0.5	0.5
乙醇	192	192	192

制备方法

(1) 将亳芍药和薄荷混合后形成原料，将10kg原料加入中药材提取罐中，按中药混合料与水质量比为1∶12，加入120kg去离子水浸泡30min；加热至80～100℃，当温度达到80℃后开始计时，煎煮35min，用纱布粗过滤得滤液。

(2) 将滤液经冷却沉淀罐循环冷却，直至罐内液体温度降至40℃以下，向滤液中加入0.5kg CTAB，搅拌15min溶解，并加入去离子水至120kg，搅拌30min，混匀，静沉40h。

(3) 将上清液微过滤，除去上清液中的色素、蛋白质、纤维、脂肪、多糖类杂质后，获得110kg滤液，采用20～25μm的定性滤纸对上清液进行过滤。

(4) 向滤液中加入192kg乙醇，搅拌10min，静沉24h，通过精滤得中药杀菌剂原液，通过高分子纳滤膜对滤液进行过滤，通过向原液中加入去离子水调制原液抗菌浓度。

(5) 将所述中药杀菌剂原液灭菌灌装即可得成品。

产品应用 本品是一种中药抗菌消毒剂。

使用方法：如需稀释原液浓度，配制不同制剂和产品，只需加去离子水调制原液抗菌浓度，混合均匀即可。

产品特性 本品选择薄荷、亳芍药进行组合使得各药物功效产生协同作用，从而能够达到抗菌的效果。该产品原料易得，制造工艺及方法先进，且抗菌谱广、安全、环保、高效；对细菌、病毒、真菌等都具有抵抗及杀灭作用；具有较好的杀菌、护肤、清洁肌肤等优点。

配方 84　中药消毒剂

原料配比

原料		配比(质量份)				
		1#	2#	3#	4#	5#
石菖蒲挥发油		50	11	70	100	30
艾叶挥发油		70	100	36	19	81
丁香挥发油		1	10	5	2	10
香精	柠檬香精	适量	适量	适量	适量	适量
	雅兰香精	—	适量	适量	适量	适量
	风铃香精	—	—	—	—	适量
丙二醇		适量	适量	适量	适量	适量
乙醇		700(体积份)	700(体积份)	700(体积份)	700(体积份)	700(体积份)
水		加至1000(体积份)	加至1000(体积份)	加至1000(体积份)	加至1000(体积份)	加至1000(体积份)

制备方法　将石菖蒲挥发油、艾叶挥发油、丁香挥发油、香精混合均匀，加入适量丙二醇，溶解在乙醇中，再加水定容至1000，制得产品。

产品应用　本品适用于生活环境中的消毒。

产品特性　本品配方简单，不仅药味少，有利于质量控制，而且药简力专，效果显著。

配方 85　地板专用消毒剂

原料配比

原料	配比(质量份)		
	1#	2#	3#
表面活性剂 TX-10	0.01	0.1	0.05
润湿剂 DW345	0.01	0.1	0.08
杀菌剂:二癸基二甲基氯化铵、苯扎氯铵混合物(1∶2)	0.5	—	—
杀菌剂	—	—	0.8
杀菌剂:二癸基二甲基氯化铵、苯扎氯铵混合物(1∶1)	—	1	—
去离子水	加至100	加至100	加至100
蓝色色料	0.01	1	0.1

制备方法

(1) 去离子水循环0.5h后使用；

(2) 一半去离子水放入配料桶中；

(3) 加入表面活性剂和润湿剂，搅拌均匀；

(4) 加入杀菌剂至水中，补足去离子水，搅拌均匀；

(5) 将溶好的色料加入到配料桶，搅拌均匀即得产品。

产品应用　本品主要用于地板消毒。

产品特性 使用本品消毒地板时，还可以有效除去地板表面的油渍及污渍，杀灭有害细菌、病毒等，不损伤地板，同时可对地板起到增亮、保护的双重作用；处理后的地板，光洁、平滑、外观好；制备工艺简单，成本低廉，对人体无毒无害，清洗地板后留有芳香，适合广泛使用。

配方 86 家居消毒剂

原料配比

原料	配比(质量份)	原料	配比(质量份)
苍术	1～5	铝酸钠	11～15
乙醇	40～50	月桂酸	10～20
乙二醇硬脂酸酯	5～6	醋酸	5～10
十二烷基硫酸钠	6～7	水	80～90

制备方法 将各组分原料混合均匀即可。

产品应用 本品是一种家居消毒剂。

产品特性 本品配方合理，使用效果好，生产成本低。

配方 87 家具消毒剂

原料配比

原料	配比(质量份)		
	1#	2#	3#
三氯异氰尿酸	50	60	70
二硫苏糖醇	8	10	12
二苯醚	40	50	60
氨基硅乳树脂	10	15	20
丙二醇	30	35	40
脂肪醇聚氧乙烯醚	4	6	8
藿香	30	35	40
薄荷	40	50	60
高良姜	2	5	2～8
食用乙醇	1	2	3
桉叶油素	4	5	6
蒜油	2	3	4
去离子水	10	15	20

制备方法 将各组分原料混合均匀放入搅拌容器中，煮沸 20min，用脱脂棉过滤，制成消毒液。

产品应用 本品是一种家具消毒剂。

产品特性 本品制作简单，选择无毒性的生产原料，消毒剂的使用效果好，环保，对人体无害，无不良反应，对多种细菌具有很好的杀灭作用。

配方 88 家庭日用高效消毒剂

原料配比

原料		配比(质量份)					
		1#	2#	3#	4#	5#	6#
物料 A	聚六甲基单胍盐酸盐	0.1	—	—	—	—	—
	聚六甲基双胍盐酸盐	—	5	—	2.1	—	—
	聚六甲基单胍盐酸盐和聚六甲基双胍盐酸盐	—	—	2.5	—	4.1	3.8
物料 B	葡萄籽提取物	0.1	—	—	—	—	—
	橘皮提取物	—	5	—	—	—	—
	芒果皮提取物	—	—	2.4	—	—	—
	橡实提取物	—	—	—	3.9	—	—
	蓼子朴提取物	—	—	—	—	1.8	—
	葡萄籽提取物、橘皮提取物、芒果皮提取物、橡实提取物和蓼子朴提取物	—	—	—	—	—	4.8
水		加至 100	加至 100	加至 100	加至 100	加至 100	加至 100

制备方法

(1) 按照上述配方取各原料，备用；

(2) 将物料 A 和物料 B 与水倒入容器中进行混合形成水溶液，得到产品。

产品应用 本品主要是一种家庭日用高效消毒剂，直接涂于物品或皮肤表面进行消毒。

产品特性 本品不含有对人五官造成刺激的成分，同时能达到杀菌抑菌的效果。物料 A 是利用胍类盐酸盐可迅速吸附于细菌细胞表面并攻击破坏细胞膜，进而抑制膜内脂质体合成，最后菌体凋亡，可达到最佳的杀菌效果。而且，其使用后将在物品表面形成一层阳离子，能达到持续长时间的抑菌效果。物料 B 是纯植物提取物，这些纯植物提取物具有良好的抑细菌和抗病毒作用，且无毒性，不刺激皮肤及黏膜，属于比较好的清洁抗菌剂，其配合物料 A 使用能增强杀菌效果，提高抑菌能力，同时又能起到润护皮肤的作用。

配方 89 家庭卫生用杀菌消毒剂

原料配比

原料		配比(质量份)				
		1#	2#	3#	4#	5#
乙醇		55	55	55	55	55
水		45	45	45	45	45
改性羧甲基壳聚糖		2	2	2	2	2
迷迭香精油		0.8	0.8	0.8	0.8	0.8
薰衣草精油		0.8	0.8	0.8	0.8	0.8
生姜油		0.5	0.5	0.5	0.5	0.5
十二烷基葡萄糖苷		1.5	1.5	1.5	1.5	1.5
薄荷醇		0.25	0.25	0.25	0.25	0.25
抑菌剂	厚朴酚	0.2	0.2	0.2	—	0.16
	百里酚	—	—	—	0.2	0.04

制备方法

(1) 将乙醇加入水中搅拌混合均匀，得到混合液。搅拌的转速为 200～500r/min，时间为 10～30min。

(2) 将改性羧甲基壳聚糖、迷迭香精油、薰衣草精油、生姜油、十二烷基葡萄糖苷、薄荷醇、抑菌剂加入混合液中搅拌混合均匀即得。搅拌的转速为 200～500r/min，时间为 10～30min。

原料介绍

所述改性羧甲基壳聚糖的制备方法为：将羧甲基壳聚糖加入水中，以 100～200r/min 搅拌 5～15min 混合均匀，其中羧甲基壳聚糖与水的质量比为 1：(40～60)；再加入羧甲基壳聚糖质量 4%～10%的花青素、羧甲基壳聚糖质量 0.1%～0.5%的柠檬酸锌，在温度为 50～70℃以 100～200r/min 搅拌反应 100～150min，喷雾干燥，即得。

所述喷雾干燥的进风温度为 160～180℃，出风温度为 65～80℃，热风风速为 3～5 m^3/min，供料速度为 30～50mL/min，雾化机转速为 200～500r/min。

产品应用 本品是一种家庭卫生用杀菌消毒剂。

产品特性 本品能有效降低甲醛等有害物质含量，改善室内空气的污染问题，并且不会引起二次污染。本品不仅成分、工艺简单，而且气味清新，自然健康，能够有效杀灭空气中的金色葡萄球菌、大肠杆菌，净化空气。

配方 90 家用消毒剂

原料配比

原料	配比(质量份)		
	1#	2#	3#
乙醇	10	12	18
碘酊	10	16	18
聚氧乙烯(10)山嵛醇醚	1	2	3
酵乳素	0.5	1.5	3
氧化锌	1	2.5	3
洋甘菊精油	1	2	3
PEG-23 月桂醇醚	5	7	10
盐酸洗必泰	8	11	15
烷基氨基乙酸盐	5	9	10
椰油酰胺丙基 PG-二甲基氯化铵磷酸酯	0.5	1	2
润肤剂	10	15	18
去离子水	加至 100	加至 100	加至 100

制备方法

(1) 将碘酊加入乙醇中，搅拌溶解，得混合物 A；

(2) 将聚氧乙烯 (10) 山嵛醇醚、酵乳素、氧化锌、PEG-23 月桂醇醚、盐酸洗必泰加入去离子水中，加热到 45～70℃，搅拌溶解，得混合物 B；

(3) 待混合物 B 冷却至常温，将混合物 A 加入混合物 B 中，控制搅拌速度 15～20r/min，低速搅拌 15～20min 后，再加椰油酰胺丙基 PG-二甲基氯化铵磷酸酯和烷基氨基乙酸盐，搅拌均匀；最后加洋甘菊精油和润肤剂，搅拌均匀，即得家用消毒剂。

原料介绍 所述润肤剂为橄榄油 PEG-7 酯或 PEG-26 甘油醚。

产品应用 本品是一种家用消毒剂。

产品特性 本品在消毒杀菌的同时，能吸附性地除去异味，且不伤害皮肤。本品安全性高，刺激性低，可直接使用，不需防护用具。

配方 91 家用杀菌消毒剂

原料配比

原料	配比(质量份)					
	1#	2#	3#	4#	5#	6#
聚六亚甲基单胍盐酸盐	15	15	15	10	10	10
润湿剂	1	2	3	2	2	2
碳酸氢钠	40	40	40	40	40	50
富马酸	25	25	25	25	20	25
羧甲基淀粉钠	19	18	17	23	28	13

制备方法 将各组分共混压片即得消毒剂泡腾片。

原料介绍 所述润湿剂为十二烷基三甲基氯化铵。

产品应用 本品主要用作医疗和日常生活等领域的消毒剂。

产品特性

(1) 本品有效成分含量高，具有杀菌抑菌性能好、分散快速、分散液表面张力小等优点。

(2) 本品具有泡腾快速溶解分散、泡腾物质稳定、使用简便的优点，制备得到的消毒剂水溶液低泡、无味、无腐蚀、无毒害。

配方 92 空调防螨防霉消毒剂

原料配比

原料		配比(质量份)					
		1#	2#	3#	4#	5#	6#
R-301		5	5	8	5	5	10
仲辛醇聚氧乙烯(5～6)醚		2	1	3	1	1	1
非离子表面活性剂	脂肪醇聚氧乙烯(3)醚	1	—	1	1	1	2
	脂肪醇聚氧乙烯(7)醚	—	1	—	1	—	—
	脂肪醇聚氧乙烯(9)醚	—	—	—	—	1	3
二乙二醇丁醚		6	4	4	4	4	4
双癸基二甲基氯化铵		5	5	2.5	4	4.5	2
柠檬精油		5	5	5	10	5	5
乙醇		30	30	35	40	45	35
三乙醇胺		0.06	0.06	0.08	0.06	0.06	0.1
去离子水		54.44	57.54	49.62	40.44	40.44	47.4

制备方法

(1) 在化料釜中加入40%～50%的65～75℃的去离子水，在搅拌下依次加入上述非离子表面活性剂、仲辛醇聚氧乙烯（5～6）醚，得到混合液 A；

（2）待混合液 A 温度下降到 25～35℃左右时，按照上述配比依次加入二乙二醇丁醚、乙醇、柠檬精油、R-301 和双癸基二甲基氯化铵，搅拌均匀，得到混合液 B；

（3）向上述化料釜中加入剩余去离子水，搅拌均匀，再加入三乙醇胺，调节其 pH 值至 7.5～8.0，并过滤，即得到所述的空调防螨防霉消毒剂。

产品应用 本品是一种空调防螨防霉消毒剂。

产品特性

（1）本品可迅速向空调的蒸发器和送风系统渗透分散，快速完全溶解污垢，深层清洗，彻底清除细菌、病毒，防止“空调病”，并在蒸发器及送风系统中自动生成清洗杀菌膜，可持续杀菌、防螨、防霉。

（2）本品对人体无毒，不伤害皮肤，不腐蚀空调，对蒸发器无损害；

（3）本品使用方便，不用水洗，可避免墙面受到损坏，洗去的污垢、病毒等物质，会随空气冷凝水从排水管自动排出；

（4）本品含有柠檬精油，在清洁空调的同时，会留有淡淡的柠檬香，让环境更清新愉悦。

配方 93 空调消毒剂

原料配比

原料	配比(质量份)		
	1#	2#	3#
烷基磺酸钠	20	25	30
脂肪醇醚硫酸钠	20	22	25
十二烷基聚氧乙烯醚硫酸钠	2	3	5
柠檬酸钠	1	2	3
次氯酸钠	4	5	6
乙醇	5	6	8
三氯羟基二苯醚	5	6	8
泡沫剂	0.5	0.7	1
植物香料	3	4	5
艾叶精油	0.3	0.4	0.5
去离子水	20	23	25

制备方法 将各组分原料混合均匀即可。

产品应用 本品是一种空调消毒剂。

产品特性 本品的有效成分能够深入散热片内部，去污能力强，能够有效杀灭病菌。

配方 94 泡沫型家用消毒剂

原料配比

原料	配比(质量份)			
	1#	2#	3#	4#
稳泡剂	8	10	9	10
乙醇	10	12	12	18
聚氧乙烯(10)山嵛醇醚	1	2	2	3
酵乳素	0.5	1.5	1.5	3

续表

原料	配比(质量份)			
	1#	2#	3#	4#
氧化锌	1	2.5	2.5	3
洋甘菊精油	1	2	2	3
PEG-23月桂醇醚	5	7	7	10
盐酸洗必泰	8	11	11	15
烷基氨基乙酸盐	5	9	9	10
椰油酰胺丙基PG-二甲基氯化铵磷酸酯	0.5	1	1	2
润肤剂	10	15	15	18
去离子水	加至100	加至100	加至100	加至100

制备方法

(1) 按所述组分和含量，将稳泡剂加入乙醇中，搅拌溶解，得混合物A；

(2) 将聚氧乙烯(10)山嵛醇醚、酵乳素、氧化锌、PEG-23月桂醇醚、盐酸洗必泰加入去离子水中，加热到45～70℃，搅拌溶解，得混合物B；

(3) 待混合物B冷却至常温，将混合物A加入混合物B中，低速(15～20r/min)搅拌5～8min后，再加椰油酰胺丙基PG-二甲基氯化铵磷酸酯和烷基氨基乙酸盐，搅拌均匀，加洋甘菊精油和润肤剂，高速(65～70r/min)搅拌均匀，即得所述家用消毒剂。

原料介绍 所述润肤剂为橄榄油PEG-7酯或PEG-26甘油醚。

产品应用 本品是一种泡沫型家用消毒剂。

产品特性 本品经泡沫泵按压出液，可产生细腻的泡沫，温和而不刺激皮肤，且在消毒杀菌的同时，能吸附性地除去异味。

配方 95 生活垃圾除臭消毒剂

原料配比

原料			配比(质量份)				
			1#	2#	3#	4#	5#
主要组分	膨润土	蒙脱石含量81%的钠化膨润土	100	100	100	100	100
	沉淀剂	钛白粉厂废渣硫酸亚铁	13	16	12	—	—
		氯化铁和氯化亚铁混合物	—	—	—	8	—
		三氯化铁溶液	—	—	—	—	18
	抑菌剂	硫酸铜	1	—	—	—	—
		氯化铜	—	0.8	1	—	1
		硝酸铜	—	—	—	2	—
	氧化剂	工业级二氧化氯	0.015	—	—	—	0.1
		工业级高氯酸钠	—	0.9	—	—	—
		工业级高锰酸钾	—	—	1.5	—	—
		工业级双氧水和高氯酸铁	—	—	—	1.5	—
辅助组分	偏铝酸钠		—	—	5	—	—
	硅酸钠		—	—	—	3	—
	氢氧化钠		—	—	—	2	1
	N,*N*-二甲基乙醇胺		—	—	—	—	2

制备方法 按各组分配比备料与配料后混合均匀，粉磨制成 80μm 筛余<20%的均匀细粉，或与水搅拌制成悬浊液。

产品应用 本品主要用于城镇生活垃圾及城市下水道的除臭、消毒处理。

使用方法：将 1#的细粉用压缩空气喷撒于异臭难闻的生活垃圾破碎分选车间的空气中和垃圾上，约 1min 后车间异臭消失，且垃圾沥滤液逐步呈现沉渣污泥和清水。

将 1#的细粉撒于居民院内坪里、粪池、井盖下并抛撒于空中，庭院中异臭约 1min 消失，粪池内的蛆虫 5min 内死亡，苍蝇全部飞走，而人无任何不适感。

将 2#的粉状除臭消毒剂用于居民区垃圾站，人工布撒于空气中及生活垃圾上，臭味约 3min 消失，生活垃圾中新鲜青菜叶和瓜果皮未见正常的腐烂发臭，人无任何刺激感受。

将 3#的粉状除臭消毒剂用压缩空气喷撒于生活垃圾分选车间和堆肥车间空气中和垃圾上，异臭约 8min 后基本消失，垃圾沥滤液由浓墨黏胶液渐渐变为明显分层的沉渣泥和清水，但严重影响了堆肥的腐烂发酵处理速度，人无任何刺激及不适感。

将 4#的黏稠状除臭消毒剂加 20 倍水搅成悬浊液，雾化喷洒于垃圾处理中转站、室内室外空气中及垃圾车与垃圾上，约 3min 异臭消失，垃圾压滤液亦无明显异臭，且由浓绿黏液慢慢变清为可见渣泥和清水，垃圾中瓜果蔬菜腐烂速度非常明显地变慢，人无任何刺激及不适感。

将 5#的悬浊液雾化喷洒于垃圾站空气中与垃圾上，臭味约 1min 即消失，垃圾中的瓜皮果蔬未见明显的进一步腐烂，苍蝇逃逸，人无刺激及不适感。

产品特性

(1) 本品可有效吸附沉淀有机污染物及微生物，防止污染物迁移，大大降低垃圾沥滤液的处理难度和处理成本；

(2) 本品具有强效灭菌、消毒、防腐效果，在用于垃圾发电时，可保存大量易腐烂分解的垃圾有机物能量用于焚烧发电，可大幅减少因垃圾有机物腐败产生的沥滤液，可大幅减少或消除因垃圾有机物腐败产生的大气环境污染物。

配方 96 室内杀菌消毒剂

原料配比

原料		配比(体积份)				
		1#	2#	3#	4#	5#
0.5%四羟甲基硫酸磷水溶液		1	0.1	2	1.5	1
乙醇		100	100	100	100	100
去离子水		50	50	50	50	50
香精	茉莉香精	0.001	—	—	—	—
	康乃馨香精	—	0.01	—	—	—
	玫瑰香精	—	—	0.05	—	—
	柠檬香精	—	—	—	0.04	—
	桂花香精	—	—	—	—	0.05
抛射剂二甲醚		适量	适量	适量	适量	适量

制备方法 将各组分于常温下充分混合均匀，按照常规方法装在喷雾器中，并

在喷雾罐中填充抛射剂制成。

产品应用 本品主要用于室内杀菌、消毒。

产品特性 本品不仅具有卓越的杀菌效果，良好的环境适应性，使用方便，而且价格适宜，有很好的应用前景。本品制备工艺比较简单，成本比较低，可以大力推广普及，来更好地满足人们对于室内杀菌、消毒提出的更高要求。

配方 97 室内用消毒剂

原料配比

原料	配比(质量份)			
	1#	2#	3#	4#
银皇后	10	30	27	26
非洲茉莉	50	20	32	30
白掌	20	30	26	26
戊二醛	4	2	3	4
亚硝酸钠	1	3	2	1
樟油	8	5	7	8
无水乙醇	70	100	100	100
去离子水	100	100	100	100

制备方法

(1) 按上述原料配比称取银皇后、非洲茉莉、白掌、戊二醛、亚硝酸钠、樟油及无水乙醇。

(2) 将银皇后、非洲茉莉、白掌混合加水搅拌，制备获取水提取液。

① 将银皇后、非洲茉莉、白掌分别破碎、挤压、混合；

② 加入去离子水，加热至沸腾搅拌5～7h，制备获取水提取液。

(3) 滤出所述水提取液，向银皇后、非洲茉莉、白掌的混合物中添加戊二醛、亚硝酸钠及樟油，添加无水乙醇，搅拌制备乙醇提取液。

(4) 滤出乙醇提取液，将所述水提取液与所述乙醇提取液混合，制备室内消毒剂。

产品应用 本品主要用于室内消毒。

产品特性 本品毒性低，无刺激气味，药效时间长。

配方 98 室内芳香消毒剂

原料配比

原料	配比(质量份)			
	1#	2#	3#	4#
鸭脚木	10	30	27	26
铁线蕨	50	20	32	30
吊兰	20	30	26	26
戊二醛	4	2	3	4
亚硝酸钠	1	3	2	1
樟油	8	5	7	8
无水乙醇	70	100	100	100
去离子水	适量	适量	适量	适量

制备方法

（1）按上述质量份称取鸭脚木、铁线蕨、吊兰、戊二醛、亚硝酸钠、樟油及无水乙醇；

（2）将鸭脚木、铣线蕨、吊兰混合加水搅拌，制备获取水提取液。

① 将鸭脚木、铁线蕨、吊兰分别破碎、挤压、混合；

② 加入去离子水，加热至沸腾，搅拌5～7h，制备获取水提取液。

（3）滤出所述水提取液，向鸭脚木、铁线醛、吊兰的混合物中加入戊二醛、亚硝酸钠及樟油，添加无水乙醇，搅拌制备乙醇提取液。

（4）滤出乙醇提取液，将所述水提取液与所述乙醇提取液混合，得到室内芳香消毒剂。

产品应用 本品主要用于室内消毒。

产品特性 本品毒性低，无刺激气味，药效时间长。

配方 99 日用消毒剂

原料配比

原料	配比(质量份)		原料	配比(质量份)	
	1#	2#		1#	2#
脂肪醇聚氧乙烯醚	9	21	三氯羟基二苯醚	10	10
苯甲酸钠	1.8	3	月桂酸	2	3
乙二醇硬脂酸酯	7	10	乙醇	90	100
柠檬酸	1	2	溴	0.05	0.1
铝酸钠	10	15	醋酸	5	6
阴离子或非离子表面活性剂	33	45	水	120	520
莫西沙星	6	8			

制备方法 将各组分原料混合均匀即可。

产品应用 本品主要用于日常消毒。

产品特性 本品消毒效果好、时效长、高效低毒，易于保存，成本低廉，对人体及环境无害。

配方 100 清洁用品消毒剂

原料配比

原料	配比(质量份)		
	1#	2#	3#
乙醇	150	100	90
十二烷基硫酸钠	3	4	5
碳酸钠	3	3	4
柠檬酸	5	6	8
聚丙烯酸	4	5	6
三氯异氰尿酸	2	4	5
莫西沙星	4	5	4
水	加至1000	加至1000	加至1000

制备方法 将各组分原料充分混合后搅拌均匀，再加入水至1000。

产品应用 本品是一种清洁用品消毒剂。

产品特性 本品清洁消毒效果好，易于保存，成本低廉。

配方 101 纸币长效消毒剂

原料配比

原料	配比(质量份)		
	1#	2#	3#
二苯醚	40	50	60
氨基硅乳树脂	10	15	20
丙二醇	30	35	40
脂肪醇聚氧乙烯醚	4	6	8
藿香	30	35	10
薄荷	40	50	60
高良姜	2	5	2～8
食用乙醇	1	2	3
桉叶油素	4	5	6
蒜油	2	3	4
去离子水	10	15	20

制备方法 将各组分原料放入搅拌容器中，煮沸 20min，用脱脂棉过滤，制成消毒液。

产品应用 本品主要用于纸币长效消毒。

产品特性 本品制作简单，采用的原料无毒性，消毒剂的使用效果好，环保，对人体无害，无不良反应，对多种细菌具有杀灭作用。

配方 102 安全缓释型二氧化氯消毒剂

原料配比

原料	配比(质量份)		
	1#	2#	3#
纳米凹凸棒石	56	50	60
无水亚氯酸钠	16	20	10
无水硫酸镁	9	12	7
无水硫酸氢钠	16	18	10
聚维酮 K-30	3	—	13

制备方法

(1) 首先，在食品级不锈钢共混设备中加入定量的纳米凹凸棒石，再加入无水亚氯酸钠，启动设备，混合均质 30～40min；

(2) 向上述步骤 (1) 的混合物中加入无水硫酸镁，启动设备，混合均质 10～15min；

(3) 向上述步骤 (2) 的混合物中加入无水硫酸氢钠，启动设备，混合均质 10～15min；

(4) 向上述步骤 (3) 的混合物中加入聚维酮 K-30，启动设备，混合均质 30～40min，制得消毒剂产品的共混料母粉；

(5) 将制得的消毒剂产品的共混料母粉进行粉剂密封分装或通过压模设备制成片剂。

原料介绍 所述纳米凹凸棒石为缓释钝化稳定剂，纳米凹凸棒石的直径为 10～

50nm，长度为5000～200000nm。

产品应用 本品是一种适合家居日常消毒、杀菌和清洁用的安全缓释型二氧化氯消毒剂。

产品特性 本品中的缓释钝化稳定剂选用纳米凹凸棒石，其具有超强稳定强氧化剂亚氯酸钠的作用。纳米凹凸棒石可有效阻止亚氯酸遇撞击发生爆炸起火的现象，从而使得本品具有很好的安全性。

配方103 除甲醛消毒剂

原料配比

原料		配比(质量份)				
		1#	2#	3#	4#	5#
吸附剂	硅胶	20	—	—	—	—
	活化氧化铝	—	40	—	—	—
	活性炭	—	—	30	—	—
	分子筛	—	—	—	20	—
	硅胶和活性炭的混合物	—	—	—	—	29
黏结剂	淀粉	3	—	6	—	10
	聚丙烯酰胺	—	12	—	12	—
反应剂	Na_2SO_3 和 NH_4Cl 等比混合物	15	25	—	25	19
	二氧化钛	—	—	20	—	—
植物提取物	吊兰、虎尾兰、长春藤、芦荟、龙舌兰、扶郎花、菊花、绿萝、秋海棠、鸭拓草、意大利黑杨、山刺槐和苦楝花提取物	10	15	13	10	13
乙醇		5	8	7	5	6
乙酸		2	6	4	6	5
去离子水		加至100	加至100	加至100	加至100	加至100

制备方法 将各组分原料混合均匀即可。

产品应用 本品主要用于家庭、酒店等场所空气中甲醛的消除和净化。

产品特性 本品能高效、持久地除去空气中甲醛，使室内空气质量得到明显改善，保证人体健康。

配方104 低泡脂肪酸消毒剂

原料配比

原料	配比(质量份)						
	1#	2#	3#	4#	5#	6#	7#
辛酸	4	4	4	4	4	5	4
壬酸	4	4	4	4	4	4	5
癸酸	4	—	4	—	5	—	—
十一烷酸	—	4	—	4	—	4	4
聚甘油乳酸酯	40	40	45	45	50	50	50
水	48	48	43	43	37	37	37

制备方法 将各组分原料混合均匀即可。

原料介绍 所述的辛酸、壬酸、癸酸、十一烷酸作为杀菌剂，聚甘油乳酸酯作为表面活性剂及抑菌剂。

产品应用 本品主要用于食品接触表面、非食品接触表面、蔬菜瓜果、食品加工业、居家、造纸、公共场所的杀菌消毒。

产品特性

(1) 本品具有优良稳定性和耐低温性，在-4℃下100×10^{-6}、200×10^{-6}的稀释浓度，在放置一周后均为澄清液体；

(2) 本品高效安全且低泡无残留，同时具有良好、广谱的杀菌效果，杀菌率99.999%以上。

配方 105 二氧化氯片剂消毒剂

原料配比

原料		配比(质量份)								
		1#	2#	3#	4#	5#	6#	7#	8#	9#
亚氯酸钠		15	15	15	20	20	20	20	15	15
活化剂	硫酸氢钠	25	30	25	30	25	30	30	—	—
	柠檬酸或酒石酸	—	—	—	—	—	—	—	25	30
稳定剂	氯化镁	10	15	15	15	10	—	—	—	—
	无水硫酸钠	—	—	—	—	—	13	15	10	10
速溶剂	碳酸钠	2	3	5	5	2	—	—	—	—
	十二烷基硫酸钠	—	—	—	—	—	4	3	5	5
润滑剂	氯化钠	1	0.5	3	2	3	—	—	—	—
	硬脂酸镁	—	—	—	—	—	2	1	0.5	—
	富马酸	—	—	—	—	—	—	—	—	3

制备方法

(1) 将所有辅料（辅料包括稳定剂、速溶剂、润滑剂等物料）在50～60℃下进行混合加温干燥3h，检测水分符合要求（≤1.5%）后冷却。将亚氯酸钠与干燥辅料加入混合釜中混合，在30～40℃下搅拌混合30～60min，加入活化剂，30～40℃下搅拌混合30～40min。

(2) 在温度低于28℃，湿度低于30%的环境下进行压片，片重可根据用户要求调整为1g/片、1.5g/片、2g/片等。

原料介绍

所述的稳定剂为氯化镁、无水硫酸钠、硫酸镁其中的一种或几种。

所述的活化剂为硫酸氢钠、柠檬酸、酒石酸其中的一种或几种。

所述的速溶剂为碳酸钠、十二烷基硫酸钠、三氯异氰尿酸其中的一种或几种。

所述的润滑剂为氯化钠、硬脂酸镁、富马酸其中的一种或几种。

产品应用 本品是一种二氧化氯片剂消毒剂。

产品特性 本消毒剂片剂采用抗氧化铝塑材料进行单颗包装，极大地方便了产品的使用，提高了产品的安全性。本品有效成分含量高，性能稳定，便于储存和运输，使用极其方便。

配方 106 复方戊二醛癸甲溴铵长效消毒剂

原料配比

原料	配比(质量份)		
	1#	2#	3#
戊二醛	6	12	9
癸甲溴铵	1	2	1.5
净味剂复合型二氧化氯	1	2	1.5
黏附剂聚乙二醇	1	2	1.5
水	加至 100	加至 100	加至 100

制备方法 按比例取各原料，然后将各原料混匀即得。

产品应用 本品用于长效消毒。

产品特性 通过加入净味剂和黏附剂，使消毒剂高效广谱杀菌、安全、无毒、无刺激性气味，且有效消毒时间可维持 7～14 天。本品独有的净味剂可有效消除舍内有害、刺激性气味；黏附剂附着力强，从而极大地延长了有效消毒时间。

配方 107 复合型消毒剂

原料配比

原料	配比(质量份)		原料	配比(质量份)	
	1#	2#		1#	2#
二氯异氰尿酸钠	3	4	EDTMPS	2	3
去离子水	50	55	醋酸	10	11
薄荷	2	3	硼酸	1	2
碳酸氢钠	3	4	柠檬酸	1	2

制备方法 先将二氯异氰尿酸钠溶于去离子水中；然后加入薄荷、碳酸氢钠、EDTMPS，搅拌使之充分溶解后形成含氯主溶液；再将醋酸、硼酸、柠檬酸分别溶于余量的去离子水中搅拌使之充分溶解后形成酸辅溶液，在搅拌的条件下将酸辅溶液缓慢加入含氯主溶液中，最终形成复合型消毒剂。

产品应用 本品是一种复合型消毒剂。

产品特性 本品含多种杀菌成分，可在疫情暴发地或者流感肆虐时，达到快速高效灭杀的目的。该消毒剂中还含有金属缓蚀剂，可对金属物表面的腐蚀起到抑制作用，对一些含氯消毒剂或酸性消毒剂因腐蚀而无法使用的场合，可以替代使用，且其杀菌效果和杀菌时间均优于前者。

配方 108 高效除菌消毒剂

原料配比

原料	配比(质量份)		
	1#	2#	3#
二氯异氰尿酸钠	10	20	15
去离子水	60	52	60
乙醇	10	8	7
海藻酸钠	20	15	18
单硬脂酸甘油酯	2	2	2

制备方法

(1) 取二氯异氰尿酸钠、去离子水、乙醇、海藻酸钠放置于容积为5L的玻璃容器中，用搅拌棒搅拌10～15min，使其充分搅拌混合；

(2) 将充分搅拌混合后的容器中的混合物放置于温度为55～75℃，压力为0.2～0.3MPa的条件下反应3～5h；

(3) 在反应后的混合物中加入单硬脂酸甘油酯，用搅拌棒充分搅拌混合3～5min，在温度为55～75℃下继续反应，使其充分搅拌混合；

(4) 反应2～3h后得到本品高效除菌消毒剂。

产品应用 本品是一种高效除菌消毒剂。

产品特性

(1) 本品的组分当中，二氯异氰尿酸钠、乙醇均具有杀菌、灭菌的作用，尤其是二氯异氰尿酸钠可强力杀灭细菌芽孢、细菌繁殖体、真菌等各种致病性微生物。另外，用单硬脂酸甘油酯作为表面活性剂，增强了渗透性和表面的活性，提高了杀菌的能力，从而快速有效地杀灭病毒及细菌。

(2) 没有刺激性气味，对于人体皮肤没有任何伤害，比较温和。

(3) 杀菌效果比较好，除菌率比较高，可以有效抑制各种真菌。

(4) 生产成本比较低，制作工艺比较简单。

配方 109 高效杀虫消毒剂

原料配比

原料	配比(质量份)			
	1#	2#	3#	4#
乌头碱	3	3	3	3
展毛银莲花	3	3	3	4
草玉梅	4	4	4	5
马钱子碱	4	4	4	4
士的宁	4	4	4	4
秋水仙碱	4	4	4	4
喜树碱	3	3	3	3
龙葵	7	7	7	7
东莨菪碱	5	5	5	5
毛果芸香碱	14	12	15	12
鬼臼毒素	3	3	3	3
香茅草精油	5	5	5	5
尤加利精油	7	7	7	7
薰衣草精油	5	5	5	5
明胶	适量	适量	适量	适量
高取代羟丙基纤维素	19	18	21	19
聚维酮 K-30	19	17	20	19
去离子水	适量	适量	适量	适量

制备方法 首先将明胶和高取代羟丙基纤维素分别用适量去离子水溶解成水溶液备用；将配方量的乌头碱、展毛银莲花、草玉梅、马钱子碱、士的宁、秋水仙碱、喜树碱、龙葵、东莨菪碱、毛果芸香碱、鬼臼毒素、香茅草精油、尤加利精油、薰衣草精油混合后加入明胶水溶液中，50℃下水浴加热，12000r/min高速剪切5min，

然后加入高取代羟丙基纤维素水溶液，冷却至4℃，加入聚维酮K-30并混匀，静置6h，即可得水基型驱避剂。

原料介绍 所述的展毛银莲花、草玉梅、龙葵均为采用现有萃取工艺获取的植物提取物。

产品应用 本品主要用于各种家庭、工作场合杀虫消毒。

产品特性

(1) 本品能够在室内快速有效地杀灭家庭常见的蚊子、家蝇以及蟑螂，采用植物源成分，安全环保，对人体无毒、无害、无刺激，并能够对喷洒区域进行消毒，有助于预防各种细菌性传染病，对于婴幼儿以及敏感人群无刺激。

(2) 本品不含有害刺激的化学成分，并且成本低廉、无任何毒性，对人体不刺激，持续效果长，对苍蝇和蚊子具有良好的驱避和杀灭效果，能在密闭区域内起到消毒的作用。

配方 110 化学消毒剂

原料配比

原料	配比(质量份)					
	1#	2#	3#	4#	5#	6#
十二烷基硫酸钠	10	20	12	18	14	15
乙醇	5	15	7	13	12	10
碳酸钠	4	12	6	10	10	8
四硼酸钠	8	18	9	16	10	13
聚维酮碘消毒剂	2	8	3	7	4	5
印楝素乳油	4	12	5	11	9	8
月桂基氧化胺	10	20	12	18	16	15
硅酸钠	7	17	8	15	14	12
非离子表面活性剂	10	20	12	18	16	15
二氯苯氧氯酚	5	10	6	9	8	8
对羟基苯甲酸甲酯	10	20	12	18	14	15
乙二胺四乙酸	3	8	4	7	6	6
去离子水	20	40	23	35	32	30

制备方法

(1) 将十二烷基硫酸钠、乙醇、碳酸钠、四硼酸钠、聚维酮碘消毒剂混合后加入水浴锅中加热，水浴温度为50℃，加热时间为10min，之后加入印楝素乳油、月桂基氧化胺、硅酸钠、非离子表面活性剂，继续加热10min，静置得到混合剂A；

(2) 在混合剂A中加入二氯苯氧氯酚、对羟基苯甲酸甲酯、乙二胺四乙酸以及1/2去离子水，混合后加入搅拌釜中低速搅拌，搅拌速度为200r/min，搅拌5min后加入剩余1/2去离子水，继续搅拌20min，之后静置2h，即得到化学消毒剂。

产品应用 本品是一种化学消毒剂。

产品特性 本品配制方法简单，得到的消毒剂具有广谱抗菌活性，对人体无刺激性，杀菌效果好。传统的消毒剂在2min内的杀菌率超过75%，而本品消毒剂在2min内的杀菌率达到99.5%。

配方 111 化学灭菌消毒剂

原料配比

原料	配比(质量份)		
	1#	2#	3#
溴化双亚乙基二铵	0.5	1.2	0.9
环丙沙星	0.15	0.25	0.2
十二烷基硫酸钠	0.2	1.7	1
乙醇	3	13	2～15
医用甘油	4	10	7
无菌水	加至 100	加至 100	加至 100

制备方法

(1) 将溴化双亚乙基二铵和环丙沙星加入适量的无菌水中，加热至约 40℃并搅拌，直到得到澄清溶液；

(2) 将十二烷基硫酸钠、乙醇和医用甘油加入适量的无菌水中，在 20～25℃下搅拌，直到得到澄清溶液；

(3) 将步骤 (1) 和步骤 (2) 的澄清溶液混合，并加无菌水补足至 100，在 20～25℃下搅拌均匀，即得成品。

产品应用 本品是一种化学灭菌消毒剂。

产品特性 本品杀菌效果好，并且灭菌持续时间长，对人体无任何刺激。

配方 112 环保消毒剂

原料配比

原料		配比(质量份)		
		1#	2#	3#
氯酸盐		12	20	16
亚铁盐		5	15	10
过氧化氢		25	30	27
乙酸		10	20	15
复配稳定剂		0.1	1	0.5
表面活性剂		0.1	1	0.5
水		加至 100	加至 100	加至 100
复配稳定剂	钨酸盐	1	1	1
	有机酸化物	1	1	1
	苯三甲酸	3	3	3

制备方法

(1) 复配稳定剂的制备：将钨酸盐、有机酸化物、苯三甲酸按照上述原料配比进行充分混合，得到复配稳定剂。

(2) 原材料的混合：将氯酸盐、亚铁盐、过氧化氢、乙酸和水按照上述原料配比进行混合。

(3) 搅拌工序：将步骤 (2) 得到的混合物放入搪瓷夹套反应釜中，然后依次加入复配稳定剂和表面活性剂，进行充分搅拌溶解，搅拌时间为 20～40min。

产品应用 本品是一种环保消毒剂。

产品特性

(1) 制备本品不需特殊设备，生产工艺简单，成本低廉，对环境无污染、无毒、对人体无任何刺激。

(2) 本品通过添加自制的复配稳定剂，有效地提高了消毒剂的稳定性能，进一步保证了消毒灭菌的效果。

配方 113 环保杀菌消毒剂

原料配比

原料	配比(质量份)		
	1#	2#	3#
改性茶皂素	30	40	50
水	25	30	40
羧甲基纤维素钠	3	4	5
茶油	10	12	15
坚果油	5	6	8
茉莉精油	3	4	5
薄荷素油	3	4	5
高级醇	1	1	2

制备方法

(1) 将茶油、坚果油、茉莉精油、薄荷素油、高级醇放入搅拌容器中搅拌，搅拌时间为20～30min，搅拌温度为20～40℃，转速为300～500r/min。

(2) 向步骤 (1) 产物中加入改性茶皂素、水、羧甲基纤维素钠共同搅拌冷却后加入臭氧固化器中固化臭氧即可。搅拌时间为10～20min，搅拌温度为20～50℃，转速为400～600r/min。

原料介绍

所述的改性茶皂素的制备方法为：

(1) 原料配制：配制饱和氢氧化钙溶液与稀硫酸溶液。

(2) 合成过程：

① 加入已配制好的稀氢氧化钙溶液，通入臭氧，排空5min；加入茶皂素干粉，通入臭氧，维持一定的泡沫高度。

② 过滤反应液，固液分离，收集固体，用无水乙醇洗涤固体3次。

(3) 纯化方法：

① 将反应得到的固体溶于已配好的稀硫酸溶液中，搅拌反应，固液分离，收集液相。

② 滴加浓硫酸，快速搅拌；溶液中出现浑浊时，停止滴加浓硫酸，继续搅拌反应一段时间。

③ 固液分离，收集固相，用无水乙醇洗涤固体3次。

④ 固体溶于95%的乙醇溶液中，固液分离，收集液相后再蒸干液相，得到产品。

产品应用 本品是一种环保消毒剂。

产品特性 本品具有良好的快速性、安全性、穿透性、稳定性且无耐药性，同时还具有抗炎作用，阻止水分流失，可减轻病痛和浮肿及促进血液循环，能祛风湿，通经络，淡化妊娠纹与疤痕，改善皮肤光泽、弹性，让肌肤柔嫩，能平衡皮肤的酸碱值，帮助胶原形成。本品对各种细菌、真菌、病毒、霉菌等致病微生物都有杀灭作用。

配方 114　环保型清洁消毒剂

原料配比

原料	配比(质量份)		
	1#	2#	3#
苦豆子	10	20	15
龙葵	10	10	15
白鲜皮	2	6	4
蛇床子	10	10	14
麝香	10	6	11
醋酸	20	16	21
氯酸盐	5	13	6
植物香料	4	10	6
皂液	40	45	50
防腐剂	0.6	0.6	0.6
水	加至 100	加至 100	加至 100

制备方法

(1) 混合：将苦豆子、龙葵、白鲜皮、蛇床子、麝香、醋酸、氯酸盐和植物香料按照比例进行混合。

(2) 煎煮：向上述混合料中添加水，放于火上进行煎煮；煎煮 3 次，每次煎煮时间为 2～4h。

(3) 过滤：将上述煎煮后的物料进行过滤，收集过滤液；

(4) 包装：向过滤液中添加皂液和防腐剂，搅拌均匀后灌装于瓶中，进行成品包装，即完成了环保型清洁消毒剂的制备。

产品应用　本品主要用于家庭物品消毒、室内空气净化、车内空气净化等。

产品特性　制备本品不需特殊设备，生产工艺简单，成本低廉，对环境无污染、无毒、对人体无任何刺激、伴有清香，应用范围广泛。

配方 115　绿色高效杀菌消毒剂

原料配比

原料	配比(质量份)					
	1#	2#	3#	4#	5#	6#
十二烷基二甲基苄基氯化铵	68	0.50	34	0.5	68	30
月桂醇醚硫酸钠	—	—	—	0.3	72	35
椰油基二乙醇酰胺(1∶1)	—	—	—	0.2	70	7
丙三醇	55	1.50	27	1.5	55	28
氯化钠	—	—	—	1	20	11
海藻提取液	15	0.08	8	0.08	15	7
过氧化氢	48	0.05	24	0.05	48	23
柠檬酸	—	—	—	1	25	13
烷基酚聚氧乙烯(10)醚	21	0.50	10	0.5	21	11

续表

原料	配比(质量份)					
	1#	2#	3#	4#	5#	6#
脂肪酸聚氧乙烯(9)醚	—	—	—	0.38	20	12
脂肪酸烷醇酰胺	—	—	—	0.5	18	9
乙二胺四乙酸二钠	16	0.08	8	0.08	16	8
卡拉胶	22	0.02	11	0.02	22	12
阿拉伯胶	45	0.04	23	0.04	45	23
海藻酸丙二醇酯	58	0.06	29	0.06	58	29
月桂醇硫酸钠	60	0.25	30	0.25	60	30
去离子水	99	30	49	30	99	48

制备方法 将各组分原料混合均匀即可。

产品应用 本品是一种绿色高效杀菌消毒剂，可在几十秒内高速杀灭病原微生物，杀灭率大于99%～100%。

产品特性

(1) 本品利用新生态氧的强大氧化作用，瞬间杀灭细菌，因此杀灭速度极快。

(2) 本品利用一种包容介质，将化学性能极不稳定、极活跃的新生态氧收集、聚集、储存在介质中，在与手部皮肤接触时，新生态氧瞬间杀灭细菌。杀菌普广，性能稳定，无毒无味，无刺激，不着色，易去除，无残余威胁，不燃烧，不爆炸，使用安全。作用浓度低，使用方便。所用原料成本很低。使用本品后，对环境无污染，为绿色环保友好型产品。

配方 116 免水洗消毒剂

原料配比

原料		配比(质量份)	
		1#	2#
润肤保湿剂	甘油	1	—
	烷基糖苷	—	3
NaCl		1	2
缓冲剂	芦荟胶	3.5	—
	沙棘油	—	4
加酯剂	甘油酸酯	3	—
	辛基羟基硬脂酸酯	—	3
小苏打		0.025	0.05
抑菌剂	丁香酸	0.5	—
	总黄酮	—	1
对氯间二苯苯酚		1	0.5
非离子表面活性剂		0.2	0.5
乙醇		65	65
去离子水		加至100	加至100
防腐剂		适量	适量
香精		适量	适量

制备方法

(1) 按照原料配比量取乙醇与非离子表面活性剂，将非离子表面活性剂加入乙醇中快速搅拌至溶解，得到溶液A。

(2) 按照原料配比称取润肤保湿剂、加酯剂、对氯间二苯苯酚，按照润肤保湿剂、加酯剂、对氯间二苯苯酚的顺序依次加入溶液A中，混合均匀后得到混合液B，溶解时，后一个药品需要在前一个药品完全溶解后继续搅拌1～2min后再加入。

(3) 按照原料配比称取抑菌剂、小苏打、NaCl与去离子水，将小苏打与NaCl依次加入去离子水中搅拌溶解，溶解后继续加入抑菌剂进行溶解，得到混合液C。

(4) 将混合液B与混合液C混合在一起后，加入柠檬酸调节混合液显弱酸性，之后用涡轮混合机进行混合，搅拌3～5min后加入缓冲剂、防腐剂与香精，继续搅拌3～5min，搅拌结束后即得到成品。在涡轮混合机搅拌过程中，混合机内的混合物温度不超过45℃。

产品应用 本品是一种免水洗消毒剂。

产品特性 本品能够快速有效进行杀菌并抑制细菌的生长，使用方便，特别适合在缺水或者需要经常性消毒的场合使用。同时，本品对皮肤具有良好的护肤保湿效果，通过添加沙棘油与芦荟胶，使消毒剂温和不伤手，清爽不沾手。

配方117 灭菌消毒剂

原料配比

原料	配比(质量份)			
	1#	2#	3#	4#
新鲜的生姜	6	8	10	15
大蒜瓣	5	10	12	15
香精	0.1	0.05	0.05	0.05
艾叶	100	50	40	50
菖蒲	20	15	25	20
金银花	40	20	30	20
乙醇	适量	适量	适量	适量

制备方法

(1) 将新鲜的生姜、大蒜瓣、艾叶、菖蒲、金银花原料清洗干净，去掉其中的霉损部分，将完好的部分晾干。

(2) 分别将洗净晾干的生姜、大蒜瓣原料用物理方法榨出汁液，除去生姜汁中的淀粉，再与大蒜汁充分混合，此步骤是为了除去生姜汁和大蒜汁中的味道；采用沉淀方法除掉生姜汁中的淀粉成分。

(3) 用乙醇提取藿香、艾叶、菖蒲、金银花中的中药成分。

(4) 将生姜大蒜汁与生姜汁与乙醇提取的中药成分混合，先进行一道粗滤，以滤除其中大部分杂质，再进行一道精滤，精滤时过滤膜的孔径为1～2μm，精滤后加入香精混合均匀，即得灭菌消毒剂有效液体。

产品应用 本品主要用于人们日常生活中食用品和使用品的保鲜、保质、灭菌，还可以用于那些人不能离开的场合，如医院重症监护室、隔离病房、公共场所及卧室等。

应用本品处理动、植物食品的方法：将本品直接喷洒在动、植物食品的表面上。

将本品直接均匀喷洒在肉类食品上，会在其表面风干形成一层密实的保护膜，该保护膜既可杀灭其表面的细菌，也能阻止外面细菌侵蚀，从而明显提高其保鲜时间。在15～22℃下，喷洒了本品的肉类食品其保鲜时间能延长5～7天。肉类食品上的灭菌消毒剂因空气干燥而部分挥发后，再次喷洒一定量，仍能继续保鲜3～5天。如将喷洒过本品的肉类食品置于塑料保鲜袋中并保存在冰箱里，则其保鲜时间将更长。同样，将上述灭菌消毒剂喷洒在新鲜的蔬菜、水果等食品上，其保持新鲜的时间也可达到3～4天。

应用本品进行空气消毒的方法：将本品直接喷洒于空气中。

产品特性

(1) 该灭菌消毒剂能极有效地抑制细菌生长，对水果、蔬菜的储藏保鲜，保鲜期长，营养物质损耗小，风味纯正，无残毒；熏蒸该灭菌消毒剂可以有效地抑制空气中的细菌，且携带、使用方便，对人体无毒无害，对环境无污染。

(2) 本品制作简易，价格低廉。

配方 118　可以发泡的乙醇消毒剂

原料配比

原料	配比(质量份)	
	1#	2#
乙醇	57	67
PEG-10 聚二甲基硅氧烷	0.5	1.5
水	加至 100	加至 100

制备方法　先将57%～67%的乙醇加入配料罐中；再将0.5%～1.5%的PEG-10聚二甲基硅氧烷加入配料罐中，混合均匀；最后将水加入配料罐中，混合均匀，即完成可以发泡的乙醇消毒剂的制备。

产品应用　本品是一种可以发泡的乙醇消毒剂。

使用方法：通过泡沫泵将本品涂抹在手部，揉搓30s。

产品特性　本品设计合理，构思巧妙，乙醇和PEG-10聚二甲基硅氧烷以合适的比例混合，在泡沫泵的作用下可以产生丰富细腻的泡沫，解决了乙醇无法发泡的问题，产品以泡沫的形式附着在手部，不会快速滴落，并且由于没有添加高分子类的增稠剂，使用后清爽不黏腻。适用于杀灭金黄色葡萄球菌或大肠杆菌，杀菌率均大于99%。

配方 119　微乳型免洗消毒剂

原料配比

原料		配比(质量份)							
		1#	2#	3#	4#	5#	6#	7#	8#
乙醇		65	65	65	40	30	80	65	65
葡萄糖酸氯己定		5	—	—	5	1	3	6	4
皮肤滋润剂	角鲨烷	1	10	6	—	3	2	—	1
	鲸蜡醇棕榈酸酯	0.05	0.1	0.1	0.3	—	1	0.1	—
	肉豆蔻醇肉豆蔻酸酯	—	0.2	0.2	0.1	—	—	0.4	0.2
	艾叶精油	—	—	—	0.2	0.1	—	—	—
	聚二甲基硅氧烷	—	0.01	—	—	—	—	0.2	—

续表

原料		配比(质量份)							
		1#	2#	3#	4#	5#	6#	7#	8#
乳化剂	聚乙二醇	1.3	0.05	0.1	—	—	1	0.2	—
	脂肪醇	1	0.2	1	0.2	0.5	0.5	—	0.1
	链烷醇聚醚	1.5	2	3	2	2	2	2	0.2
	失水山梨醇月桂酸酯	—	3	—	—	—	0.1	—	—
水		加至100	加至100	加至100	加至100	加至100	加至100	加至100	加至100

制备方法

(1) 将葡萄糖酸氯己定、皮肤滋润剂和乳化剂混合均匀并加热至30～50℃，然后搅拌30min，得油相混合物，降至室温后备用。

(2) 向水中加入乙醇，混合均匀后得到水相混合物。

(3) 在搅拌状态下，将油相混合物加至水相混合物中，搅拌速度20～60r/min，搅拌时间30～90min，得到透明混合物成品，即微乳型免洗消毒剂。

产品应用 本品是用于手和皮肤消毒的一种微乳型免洗消毒剂。

产品特性

(1) 本品具有优异的杀菌性、护肤性和低刺激性；

(2) 本品可在皮肤上形成一道保护层，保湿效果好，使用人员的依从性高；

(3) 原料安全性高，均为医药级、化妆品级或食品级原料；

(4) 稳定性好，高、低温下产品稳定，无分层等现象；

(5) 使用后可快速干燥，无须烘干，大大缩短了处理时间。

配方120 稳定的中性消毒剂

原料配比

原料	配比(质量份)		
	1#	2#	3#
磷酸二氢钾	1～1.2	1.2～1.3	1.3～1.5
去离子水	98～100	98～100	100～150
有效氯0.1%以上的次氯酸钠	0.1～0.2	0.1～0.2	0.1～0.2

制备方法

(1) 将磷酸二氢钾溶解在去离子水中，配制成磷酸二氢钾溶液；

(2) 在磷酸二氢钾溶液中加入次氯酸钠搅拌，得到有效氯浓度为 $(1000\sim2000)\times10^{-6}$ 的溶液；

(3) 检测相对密度，并控制溶液相对密度在1.014，得到产品。

产品应用 本品主要用作衣物、宠物、鞋、空间除臭的稳定的中性消毒剂。

使用方法：当用于空气消毒时，按所述中性消毒剂∶水＝1∶9的体积比稀释；当用于蔬菜、水果消毒时，按所述中性消毒剂∶水＝1∶99的体积比稀释；当需要除臭时，按所述中性消毒剂∶水＝1∶9的体积比稀释。

产品特性

(1) 本品可替代乙醇消毒剂，解决了乙醇因易燃、易爆而储存、运输难的问题，而且比乙醇成本低；pH为中性，使用安全；除臭效果强。

(2) 本品无腐蚀，对皮肤温和；无味，无漂白；不易燃，与其他化学成分混合使用，无危险性；具有除臭功能，10min 内分解各种异味。

配方 121 替代碘伏的消毒剂

原料配比

原料	配比(质量份)		
	1#	2#	3#
烷基糖苷	50	55	60
改性糖苷	14	13	10
乙醇	15	13	15
碘	10.5	10	9.5
碘化钾	5	4	3
碘酸钾	0.2	0.1	0.2
水	5.3(体积份)	4.9(体积份)	2.3(体积份)

制备方法

(1) 混合：将烷基糖苷、改性糖苷混合均匀后得到混合液。

(2) 溶解：将碘化钾投入混合液中搅拌溶解得到溶解混合液。

(3) 络合：将碘和乙醇加入溶解混合液中，并升温至 50～60℃，保温回流 2～3h 至无固体物。

(4) 辅助剂加入：将碘酸钾用适量水溶解完全，加入上述成型液体中。

产品应用 本品是新型、绿色环保、高效的含糖苷碘络合物的一种消毒剂。

产品特性 本品的特点在于与碘络合的载体为无毒、无刺激性的绿色环保产品，而且载体本身具有消毒性能，也能与碘形成稳定的络合物，最终的络合物具有稀释后能变稠的特性，具有绿色环保、多重消毒性能。其制备方法简单，产品使用性好、溶解性好、稳定性好。

配方 122 易保存的消毒剂

原料配比

原料	配比(质量份)		
	1#	2#	3#
乙醇	150	100	90
十二烷基硫酸钠	3	4	5
碳酸钠	3	3	4
柠檬酸	5	6	8
聚丙烯酸	4	5	6
三氯异氰尿酸	2	4	5
莫西沙星	4	5	4
水	加至 1000	加至 1000	加至 1000

制备方法 将各组分原料混合均匀后搅拌均匀再加入水至1000。

产品应用 本品是一种消毒剂。

产品特性 本品清洁消毒效果好，易于保存，成本低廉。

配方 123 杀菌抑菌消毒剂

原料配比

原料	配比(质量份)				
	1#	2#	3#	4#	5#
三氯羟基二苯醚	12	13	14	15	16
氯己定	6	7	8	9	10
山梨醇	8	11	10	9	12
水滑石	1	1.8	1.5	1.2	2
磷酸二氢钠	2	3	4	4	5
羟基亚乙基二膦酸	4	5	6	7	8
硬脂酸钠	2	3	3	4	5
乙醇	40	44	43	41	45
水	120	128	125	123	130
鱼腥草提取物	30	34	32	31	35

制备方法

(1) 称取水滑石，在260～270℃下加热处理1～2h，自然冷却后粉碎，过800～1000目筛，获得水滑石细粉；

(2) 称取三氯羟基二苯醚和乙醇，合并后，搅拌混合30～40min，获得第一混合物；

(3) 称取磷酸二氢钠、羟基亚乙基二膦酸和鱼腥草提取物，合并后，搅拌混合10～15min，然后加入水滑石细粉，继续搅拌混合25～30min，获得第二混合物；

(4) 称取氯己定、山梨醇、硬脂酸钠和水，合并后，搅拌混合20～30min，获得第三混合物；

(5) 将第一混合物、第二混合物和第三混合物合并，搅拌混合1～2h，即可。

原料介绍

所述鱼腥草提取物由以下方法制得：称取鱼腥草的干燥全草，洗净，烘干，切碎，将4～8℃的低温水和切碎后的蒲公英一起投入超微粉碎机中，进行超微粉碎处理，控制出料细度为100～200μm，获得鱼腥草分散液，过滤，获得超微提取液和超微残渣，向超微残渣中加入8～10倍质量的乙醇水溶液，浸泡3～5h，超声波提取50～60min，过滤，获得超声波提取液和超声波提取残渣，将超微提取液和超声波提取液合并，减压蒸发浓缩为原体积的15%～20%，即得鱼腥草提取物。

所述低温水的用量为鱼腥草质量的8～10倍。

所述乙醇水溶液的乙醇体积分数为50%。

产品应用 本品是一种消毒剂。

产品特性 本品具有良好的杀菌消毒效果，且有效时间长，能够持续抑菌，大大降低了消毒频率，有利于降低消毒成本，且组分简单，使用方便。

配方 124 消毒剂

原料配比

原料	配比(质量份)	原料	配比(质量份)
硫酸铜	10～20	碳酸钠	2～4
双丙基二甲基氯化铵	20～40	植物香料	4～8
洗必泰	5～10	过氧乙酸	10～20
冰醋酸	10～20	苹果酸	4～8
十二烷基硫酸钠	4～8	酒石酸	2～4

制备方法 将各组分原料混合均匀即可。

产品应用 本品是一种消毒剂。

产品特性 本品清洁消毒效果好、时效长、易于保存、成本低廉、高效低毒、对人体及环境无害。

配方 125 长效消毒剂

原料配比

原料	配比(质量份)					
	1#	2#	3#	4#	5#	6#
脂肪醇聚氧乙烯醚	5	20	20	5	10	6
藿香	1	10	2.5	4	5	10
高良姜	2	10	3.5	5	10	4
无水氯化钙	1	3	2	1	3	2
高岭土	3	10	5	5	7	3
β-葡聚糖棕榈酸酯	10	20	25	20	15	20
橄榄油	5	15	13	15	10	6
六水三氯化铁	10	35	15	20	15	34
辛酸亚锡	5	15	10	15	10	5
硫酸铁	5	15	3.6	10	15	15
十一碳烯酰单乙醇胺	0.2	0.2	0.2	0.2	0.2	0.2
白薇	0.2	0.2	0.2	0.2	0.2	0.2

制备方法

(1) 将脂肪醇聚氧乙烯醚、藿香、高良姜、无水氯化钙、高岭土、β-葡聚糖棕榈酸酯、硫酸铁按照上述配比放进搅拌机中搅拌均匀；

(2) 将橄榄油、六水三氯化铁和辛酸亚锡按照上述配比配制并加热至30℃，把已经搅拌好的原料加入加热后的油相中继续搅拌，直至搅拌均匀，再添加十一碳烯酰单乙醇胺及白薇，继续搅拌均匀为止。

产品应用 本品用于长效消毒。

产品特性 本品使用周期短、经济实用，提高了处理效果，且制备工艺简单，原材料来源广泛，能够达到速效、持续兼顾的效果。

配方 126 长效清洁消毒剂

原料配比

原料	配比(质量份)	原料	配比(质量份)
过氧乙酸	40～50	三乙醇胺油酸盐	2～5
聚二甲基二烯丙基氯化铵	10～20	壳聚糖盐酸盐	1～5
艾草	10～20	氯化钠	1～2
乙醇	50～60	水	200～300

制备方法 将各组分原料混合均匀即可。

产品应用 本品主要用于长效消毒。

产品特性 本品清洁消毒效果好、时效长、易于保存、成本低廉、高效低毒、对人体及环境无害。

二、医用消毒剂

配方 1　B 超探头消毒剂

原料配比

原料		配比(质量份)	
		1#	2#
混合料 A	乙醇	7	7
	邻苯基苯酚	2	2
	甘油	15	15
	二氯苯氧氯酚	3	3
混合料 B	对羟基苯甲酸甲酯	3	5
	氨基多糖	1	2
	混合料 A	80	120
混合料 C	十二烷基硫酸钠	2	2
	维生素 E	1	1
	去离子水	200	200
混合料 D	碘化钾	3	3
	羟基氯化铝	2	2
	混合料 C	100	100
混合料 E	金银花	2	2
	黑胡椒	1	1
混合料 B		50	75
混合料 E		3	4
混合料 D		100	170

制备方法

(1) 将乙醇、邻苯基苯酚、甘油以及二氯苯氧氯酚按照 7∶2∶15∶3 的质量比混合，300r/min 搅拌 10min，得到混合料 A；

(2) 将对羟基苯甲酸甲酯以及氨基多糖依次加入步骤 (1) 所得混合料 A 中，500r/min 搅拌 3min，静置 15min，得到混合料 B；

(3) 将十二烷基硫酸钠和维生素 E 依次添加到去离子水中，搅拌均匀，得到混合料 C；

(4) 将步骤 (3) 所得混合料 C 加热至 50℃，边搅拌边加入碘化钾以及羟基氯化铝，得到混合料 D；

(5) 将金银花和黑胡椒按照 2∶1 的质量比混合，添加占混合物 2 倍质量 85%(体积分数) 的乙醇，回流提取 2 次，每次 1h，合并提取液，浓缩至密度为 1.1g/mL 的浸膏，60℃干燥，粉碎，过 100 目筛，即得混合料 E；

(6) 将混合料 B、混合料 E 依次添加到混合料 D 中，500r/min 搅拌 30min，分装、密封即得产品。

产品应用 本品主要用于B超探头消毒。

使用方法：每天擦拭消毒一次，经检测，使用一年B超探头没有腐蚀现象，对探头灵敏度没有任何影响。

产品特性 本品应用于B超探头表面消毒杀菌，安全有效，能快速有效杀灭医院常见的金黄色葡萄球菌、痢疾杆菌和大肠杆菌等细菌，效果好，杀菌时间短；本品对B超探头无腐蚀，容易擦掉；本品各项理化指标稳定，在使用期间未见结晶、浑浊、沉淀；本品生产成本低，制备工艺简单，工艺条件易于实现。

配方 2 超声诊断室用消毒剂

原料配比

原料	配比(质量份)								
	1#	2#	3#	4#	5#	6#	7#	8#	9#
咸虾花	19	—	19	19	19	19	19	19	19
香石藤	17	17	—	17	17	17	17	17	17
翅卫矛	15	15	15	—	15	15	15	15	15
鸭脚艾	13	13	13	13	—	13	13	13	13
唢呐花	11	11	11	11	11	—	11	11	11
钻天杨	10	10	10	10	10	10	—	10	10
豹药藤	10	10	10	10	10	10	10	—	10
脓见愁	8	8	8	8	8	8	8	8	—
水	适量	适量	适量	适量	适量	适量	适量	适量	适量

制备方法 按配方称取咸虾花、香石藤、翅卫矛、鸭脚艾、唢呐花、钻天杨、豹药藤和脓见愁，加入水，在回流的条件下加热3h，过滤，使滤液冷却至室温，即得超声诊断室用消毒剂。

产品应用 本品是一种超声诊断室用消毒剂，对化脓隐秘杆菌ATCC 49698具有消毒能力。

产品特性 本品成本较为低廉，安全性较好，消毒效果明显，适于大规模推广。

配方 3 传染病房用消毒剂

原料配比

原料	配比(质量份)								
	1#	2#	3#	4#	5#	6#	7#	8#	9#
九管血	16	—	16	16	16	16	16	16	16
五月茶	13	13	—	13	13	13	13	13	13
午时花	12	12	12	—	12	12	12	12	12
乌骚风	11	11	11	11	—	11	11	11	11
白蝶花	10	10	10	10	10	—	10	10	10
蓝花葱	8	8	8	8	8	8	—	8	8
岩扫把	7	7	7	7	7	7	7	—	7
鹿梨	5	5	5	5	5	5	5	5	—
水	适量	适量	适量	适量	适量	适量	适量	适量	适量

制备方法

(1) 按配方称取九管血15～18份、五月茶10～15份、午时花10～15份、乌骚风 10～13 份、白蝶花 8～12 份、蓝花葱 5～10 份、岩扫把 5～8 份和鹿梨 3～6 份，加水 1000 份，在回流的条件下加热 3h，过滤，得滤渣和滤液 1；

（2）向所述滤渣中加入水 500 份，在回流的条件下加热 2h，过滤，得滤渣和滤液 2；

（3）合并滤液 1、滤液 2，浓缩至 300（体积份），降温到室温，放入喷雾器中，制成喷雾剂。

产品应用 本品是一种传染病房用消毒剂，对流感嗜血杆菌 ATCC 10211 具有消毒能力。

产品特性 本品成本较为低廉，安全性较好，消毒效果明显，适于大规模推广。

配方 4 中药消毒剂

原料配比

原料	配比(质量份)									
	1#	2#	3#	4#	5#	6#	7#	8#	9#	10#
五倍子	100	90	40	40	90	30	80	30	60	10
山楂	30	30	120	60	100	30	100	30	60	10
苍术	—	—	—	—	—	—	—	70	70	70
柳叶	100	50	70	90	40	50	30	30	40	15
牡丹皮	10	15	45	20	10	—	—	10	20	20
桂枝	—	5	20	20	2	20	10	10	20	10
贯众	—	—	—	50	20	—	—	10	30	40
白芷	—	—	—	—	—	—	—	30	60	10
连翘	—	—	—	—	—	70	30	70	80	70
金银花	—	—	—	—	—	—	—	20	40	20
丹皮酚	—	—	—	—	—	—	—	1	3	0.1
芒硝	—	—	—	—	—	—	—	5	5	—
野菊花	—	—	—	—	—	—	—	10	40	20
乙醇	适量	适量	适量	适量	适量	适量	适量	适量	适量	适量
水	适量	适量	适量	适量	适量	适量	适量	适量	适量	适量

制备方法

（1）取柳叶、贯众、金银花、牡丹皮、桂枝、野菊花采用合煎方法进行提取，收集水提液，减压浓缩至生药浓度在室温下为 1～3g/mL 备用。所述合煎方法可选为将柳叶切段，将贯众、金银花、牡丹皮、野菊花以及桂枝粉碎成粗粉，加入 8～12 倍量水，浸泡 0.5～2h，提取 2 次，每次提取时间 1.5～3h。

（2）取五倍子、连翘采用乙醇提取，过滤，收集滤液，减压浓缩至生药浓度在室温下为 1～3g/mL 备用。所述采用乙醇提取可选为将五倍子、连翘粉碎成粗粉，加入 8～12 倍量 50%～95%乙醇水溶液，提取 2 次，每次提取时间为 1.5～3h。

（3）取山楂、白芷、苍术采用乙醇冷浸法处理，过滤，收集滤液，减压浓缩至生药浓度在室温下为 1～3g/mL 备用。所述乙醇冷浸法可选为将山楂、白芷以及苍术粉碎成粗粉，置于密闭容器，加入 8～12 倍量 50%～95%乙醇水溶液，浸提 7 天，期间更换新鲜溶剂 2～3 次。

（4）取（1）、（2）、（3）所述的浓缩液体与丹皮酚、芒硝混合，过滤，加入辅料，制备成液体制剂或固体制剂。可选为将水提液、醇提液、浸提液混合，过滤，向最终液体制剂加入少量柠檬香精调节香型。

产品应用 本品主要用于医院的空气消毒，以及密闭的公共场所、家庭及养殖场的空气消毒，可采用熏蒸方法消毒。

产品特性

(1) 本品具有清热解毒、化湿祛浊的功效，可用于抗菌、抗病毒。该消毒剂安全、无毒，可用于空气消毒，对杀灭表皮葡萄球菌等致病菌有着优良的效用。尤其在抑菌以及清洁湿润空气方面具有独到的功效，且使用时人、畜均无须离开消毒空间。

(2) 本品所述中药消毒剂可采用熏蒸方法消毒，微量的水蒸气会带出大量中药有效成分，它们在空气中与细菌接触，从而起到抑菌杀菌的作用，带出的水蒸气也会湿润空气、沉淀尘埃。该制剂可以长期使用，有利于预防流感病毒，而且运输及储藏方便。

配方 5 中药杀菌消毒剂

原料配比

原料		配比(质量份)		
		1#	2#	3#
中药膏	丹皮	25	50	30
	厚朴	15	30	35
	金银花	5	10	15
	板蓝根	10	20	15
	黄柏	5	10	15
	大黄	5	5	10
	百部	5	5	10
	98%的医用酒精	525	975	975
中药膏		20	20	20
薄荷		1	1	1
98%的医用酒精		54	55	50
去离子水		25	24	24

制备方法

(1) 原料准备：丹皮 25～50 份、厚朴 15～35 份、金银花 5～15 份、板蓝根 10～20 份、黄柏 5～15 份、大黄 5～10 份，百部 5～10 份和 525～975 份 98%的医用酒精。

(2) 浸泡：将步骤 (1) 中的药材投入反应釜，向反应釜内加入 98%的医用酒精，充分浸透药材，浸泡 6～12h，得到充分吸收酒精后的湿药材。

(3) 蒸煮和初步浓缩：

将步骤 (2) 中得到的充分吸收酒精的湿药材进行三次蒸煮，具体如下：

第一次蒸煮：将反应釜加热至 80℃，然后保持 80℃ 3h，过滤并将药液抽至储备罐中，开启真空压力罐，将药液吸入浓缩罐中进行一次浓缩，浓缩温度为 80～90℃，压力维持在 2～3 个大气压。

第二次蒸煮：向反应釜内加入投入药材总量 5.5 倍的 98%的医用酒精，将反应釜加热至 80℃，然后保持 80℃ 2h，过滤并将药液抽至储备罐中，将药液吸入浓缩罐中与第一次蒸煮得到的药液混合进行二次浓缩，二次浓缩的温度为 80～90℃，压力维持在 2～3 个大气压。

第三次蒸煮：向反应釜内加入投入药材总量 5.5 倍的 98%的医用酒精，将反应釜加热至 80℃，然后保持 80℃ 1h，过滤并将药液抽至储备罐中，将药液吸入浓缩罐中与第一次蒸煮和第二次蒸煮得到的药液混合进行三次浓缩，浓缩温度为 80～90℃，浓缩的时间控制在 50～60min，可以得到初步浓缩混合药液。

（4）最终浓缩：将步骤（3）中得到的初步浓缩混合药液进行加热，温度控制在 60～70℃，压力控制在 0.6～0.8 个大气压，加热 50～60min 使药液浓缩成相对密度为 0.9～1 的中药膏，然后将浓缩好的中药膏放至药液桶中备用，以备配制商品药液。

（5）配液：用质量份为 1～20 份的中药膏、0.1～5 份的薄荷、50～55 份的 98% 的医用酒精和 1～30 份的去离子水，配制成所需的商品药液。

产品应用 本品是一种中药消毒剂。

产品特性 本品对甲肝病毒、乙肝病毒不但能杀灭而且速度快。当细菌、病毒接触到中药消毒剂时，3～5min 即被杀死或被灭活。本品可以直接接触皮肤，避免交叉感染和细菌、病毒的传播，对医疗器械、家具、皮革、塑料、餐具无腐蚀性，对环境也无污染。本品对白色葡萄球菌作用 1min 杀灭率达 99.99%，对金黄色葡萄球菌 1∶2 稀释液作用 3min 杀灭率为 100%，对甲肝病毒和乙肝病毒作用 5min 100%完全灭活，见效快、效果显著、无不良反应。

配方 6 低腐蚀性消毒剂

原料配比

原料		配比(质量份)							
		1#	2#	3#	4#	5#	6#	7#	8#
邻苯二甲醛		0.5	1	1.5	2	3.5	4.0	0.3	1
增效剂	双辛基二甲基氯化铵	1.0	3	—	—	—	3	—	1
	双癸基二甲基氯化铵	—	—	—	—	—	—	—	1
	苯扎氯铵	—	—	3	2	—	1	1	—
	溴氯海因	—	—	—	—	—	1	2	—
	六亚甲基四胺	—	—	—	—	2	—	—	—
	三氯羟基二苯醚	—	—	—	—	4	—	—	—
	邻苯基苯酚	—	—	—	—	3	—	—	—
助溶剂	丙二醇	35	—	—	—	5	5	—	17
	异丙醇	—	30	30	—	—	15	20	—
	乙醇	—	—	—	25	10	5	15	3
缓冲剂	苹果酸	—	—	—	—	1	—	1	—
	枸橼酸	—	—	—	—	1	—	—	—
	苯甲酸	—	—	—	—	—	—	—	0.5
	邻苯二甲酸	—	—	—	—	—	1.5	—	—
	四硼酸钠	—	—	—	—	—	—	1	—
	碳酸钠	3	—	—	—	—	—	—	0.5
	硼酸盐	—	2	2	—	—	—	—	—
	磷酸二氢钠	—	—	—	3	—	—	—	—
	磷酸氢二钠	—	—	—	—	—	1.5	—	—
	碳酸氢钠	—	—	—	—	2	—	—	—
渗透剂	蔗糖脂肪酸酯	—	—	—	—	—	1	—	—
	二甲基亚砜	6	—	—	—	—	1	—	1.5
	烷基酚聚氧乙烯醚	—	5	8	—	—	—	2.5	—
	脂肪醇聚氧乙烯醚	—	—	—	4	—	—	1.5	—
	脂肪酸烷醇酰胺	—	—	—	—	2	—	—	0.5
	聚氧乙烯聚氧丙烯丙二醇醚	—	—	—	—	3	—	—	—
	烷基葡萄糖苷	—	—	—	—	4	—	—	—

续表

原料		配比(质量份)							
		1#	2#	3#	4#	5#	6#	7#	8#
缓蚀剂	乌洛托品	—	—	—	—	1	—	—	0.1
	苯甲酸钠	—	—	—	0.5	—	—	—	—
	钨酸钠	—	—	—	—	—	0.5	—	—
	钒酸钠	—	—	—	—	—	1	—	—
	三乙醇胺	—	—	—	—	0.5	—	—	—
	苯并三氮唑	1.5	—	—	—	0.4	—	—	—
	硫脲	—	—	—	—	—	—	0.2	—
	二邻甲苯硫脲	—	—	—	—	—	—	0.3	—
	氯化烷基吡啶	—	—	—	—	—	—	—	0.1
	膦酸	—	1	—	—	—	—	—	—
	膦酸钠	—	—	1.5	—	—	—	—	—
螯合剂	多聚磷酸钠	—	—	—	—	—	—	—	0.1
	N-四乙酸(EGTA)	—	—	—	—	1.5	—	—	—
	氨基三亚甲基膦酸(ATMP)	—	—	—	—	2.5	—	—	—
	聚丙烯酸	—	—	3	—	—	—	0.1	—
	马来酸	—	—	—	—	—	—	0.4	—
	六偏磷酸钠	1	—	—	—	—	1	—	0.1
	焦磷酸钠	—	—	—	—	—	2	—	—
	乙二胺四乙酸二钠盐	—	2	—	—	—	—	—	—
	乙二胺四亚乙基膦酸	—	—	—	4	—	—	—	—
稳定剂	硫代硫酸钠	0.5	—	—	0.5	—	0.1	—	—
	抗坏血酸	—	1	3	—	1.3	—	—	0.1
	半胱氨酸	—	—	—	—	1.5	—	0.5	—
	焦亚硫酸铵	—	—	—	—	—	0.2	—	0.1
去离子水		51.5	55	48	59	50.8	56.2	54.2	73.4

制备方法 将各组分原料混合均匀即可。

产品应用 本品主要用于对医疗器械的消毒，特别适用于手术器械、内窥镜、导尿管等的消毒。

产品特性

本品能够短时间内杀灭肠道性致病菌、化脓性球菌、肝炎病毒、H7N9 禽流感病毒及枯草芽孢杆菌黑色变种芽孢和其他致病微生物。同时，本品采用缓释技术，对金属的腐蚀性极低，特别适合对医疗器械的消毒。

配方 7 放射科室用消毒剂

原料配比

原料		配比(质量份)	
		1#	2#
物料 A	聚六亚甲基胍	3	3
	水溶性壳聚糖	1	1
	维生素 E	1	1
	去离子水	100	100

续表

原料		配比(质量份)	
		1#	2#
物料B	碘化钾	2	2
	羟基氯化铝	1	1
	物料A	50	50
物料C	金银花	2	2
	黑胡椒	1	1
物料D	乙醇	3	3
	邻苯基苯酚	1	1
	甘油	15	15
	二氯苯氧氯酚	2	2
物料E	对羟基苯甲酸甲酯	1	1
	物料D	20	20
物料C		3	5
物料E		12	16
物料B		100	150

制备方法

(1) 将聚六亚甲基胍、水溶性壳聚糖以及维生素E依次添加到去离子水中，搅拌均匀，得到物料A；

(2) 将步骤(1)所得物料A加热至50℃，然后边搅拌边加入碘化钾以及羟基氯化铝，得到物料B；

(3) 将金银花和黑胡椒按照2∶1的质量比混合，添加混合物2倍质量的85%(体积分数)的乙醇，回流提取2次，每次1h，合并提取液，浓缩至密度为1.1g/mL的浸膏，60℃干燥后，粉碎，过100目筛，即得物料C；

(4) 将乙醇、邻苯基苯酚、甘油以及二氯苯氧氯酚按照3∶1∶15∶2(质量比)混合，300r/min搅拌5min，得到物料D；

(5) 将对羟基苯甲酸甲酯加入步骤(4)所得物料D中，500r/min搅拌3min，静置15min，得到物料E；

(6) 将物料C、物料E依次添加到物料B中，500r/min搅拌15min，分装、密封即得产品。

产品应用 本品用于放射科室消毒。

使用方法：每天擦拭消毒一次，经检测，使用一年仪器没有腐蚀现象。

产品特性 本品抗菌杀毒效果好，稳定性高，制备工艺简单。本品采用化学消毒剂和植物提取物杀菌剂相结合的方式制备，减少了化学消毒剂的用量，配伍协同效果好。本品安全有效，能有效杀灭医院常见的金黄色葡萄球菌、肺炎球菌、痢疾杆菌和大肠杆菌等细菌，效果好，杀菌时间短。本品对仪器无腐蚀，容易擦掉。本品生产成本低，制备工艺简单，工艺条件易于实现。

配方 8　放射科消毒剂

原料配比

原料	配比(质量份)	原料	配比(质量份)
薄荷叶	6	芦荟	5
洋葱	4	生姜	6
藿香	9	铁扫竹	5
蛇床子	4	蓖麻叶	7
大青叶	6	决明子	8
艾叶	5	白芷	3
苦参	6	金银花	10
丁香	8	70%乙醇	200

制备方法　将各成分按照原料配比混合后用清水洗净，切片，干燥，加入 70%乙醇，在密闭反应釜内加热加压浸泡 48～60h，过滤，得滤液，脱色即可。

原料介绍

大青叶在使用之前需要拣去杂质及枯叶，洗净，稍润，切段，晒干。

艾叶在使用之前的炮制方法：取净艾叶，置锅内，用武火加热，炒至表面焦黑色，喷醋，炒干，取出凉透。每 100kg 艾叶，用醋 15kg。成品为焦黑色不规则的碎片，可见细条状叶柄，具醋香气。

苦参在使用之前除去残留根头，大小分开，洗净，浸泡至约六成透时，润透，切厚片，干燥。

丁香采下后除去花梗，晒干。

芦荟在使用之前洗净，切段，晒干。

生姜在使用之前除去杂质，洗净，用时切厚片。

蓖麻叶在使用之前洗净，切段，晒干。

薄荷叶：鲜用，或阴干切段用。

洋葱在使用之前洗净，晾干，用时切碎即可。

藿香：除去残根和杂质，先抖下叶，筛净另放；茎洗净，润透，切段，晒干，再与叶混匀。

蛇床子：夏、秋两季果实成熟时采收。摘下果实晒干；或割取地上部分晒干，打落果实，筛净或簸去杂质。

决明子：除去杂质，洗净，干燥。

白芷：拣去杂质，用水洗净，浸泡，捞出润透，略晒至外皮无滑腻感时，再闷润后，切片干燥。

金银花：晒花时切勿翻动，否则花色变黑而降低质量，至九成干，拣去枝叶杂质即可。

产品应用　本品用于放射科室消毒。

产品特性　本品配方简单，原料来源广泛，成本低廉，制取方便快速，消毒成分稳定，不会因放射线而变质，消毒灭菌效果好，对人体无害，满足了放射科室消毒的使用要求。

配方 9 放射室用消毒剂

原料配比

原料	配比(质量份)								
	1#	2#	3#	4#	5#	6#	7#	8#	9#
半边钱	28	—	28	28	28	28	28	28	28
青羊参	25	25	—	25	25	25	25	25	25
牧马豆	23	23	23	—	23	23	23	23	23
盲肠草	23	23	23	23	—	23	23	23	23
响铃豆	21	21	21	21	21	—	21	21	21
粉背蕨	20	20	20	20	20	20	—	20	20
葫芦藓	18	18	18	18	18	18	18	—	18
酸不溜	15	15	15	15	15	15	15	15	—
水	适量	适量	适量	适量	适量	适量	适量	适量	适量

制备方法

(1) 称取半边钱 25～30 份、青羊参 20～28 份、牧马豆 20～25 份、盲肠草 20～25 份、响铃豆 20～23 份、粉背蕨 15～25 份、葫芦藓 15～20 份和酸不溜 10～18 份，投入提取罐中，向所述提取罐内加水 2000 份，浸泡 0.5h，在回流的条件下加热 5h，过滤，得滤渣和滤液 1；

(2) 向所述滤渣中加入水 1200 份，在回流的条件下加热 3h，过滤，得滤渣和滤液 2；

(3) 继续向滤渣中加入水 800 份，在回流的条件下加热 1h，过滤，得滤液 3，合并滤液 1、滤液 2 和滤液 3，浓缩至 1000（体积份），冷却到室温，放入喷雾器中，制成喷雾剂。

产品应用 本品主要用于放射室消毒。

产品特性 本品对地衣芽孢杆菌 ATCC 12759 具有消毒能力，成本较为低廉，安全性较好，消毒效果明显，适于大规模推广。

配方 10 复方胍类消毒剂

原料配比

原料		配比(质量份)			
		1#	2#	3#	4#
胍类消毒剂	聚六亚甲基双胍	0.2	0.8	0.5	1.0
	醋酸氯己定	0.3	0.1	—	—
	葡萄糖氯己定	—	—	2.5	3.0
低分子量壳聚糖		0.05	0.1	0.15	0.2
高分子量壳聚糖		0.5	1.0	2.0	2.5
草药提取物		0.1	0.3	0.5	0.4
表面活性剂	烷基糖苷	0.1	0.4	—	—
	脂肪醇聚氧乙烯醚	0.3	—	—	0.3
	聚氧乙烯醚氢化蓖麻油(EL-40)	—	0.2	0.3	—
	聚山梨酯	—	—	0.3	0.4
渗透剂	一缩二丙二醇	0.5	0.5	0.8	0.8

续表

原料		配比(质量份)			
		1#	2#	3#	4#
护肤剂	丙三醇	0.1	—	0.4	—
	D-泛醇	—	0.2	—	—
	维生素 E	—	—	—	0.5
高分子成膜剂		0.1	0.3	0.4	0.5
pH 调节剂		0.05～0.2	0.05～0.2	0.05～0.2	0.05～0.2
水		加至 100	加至 100	加至 100	加至 100

制备方法

(1) 按所述含量的组分，将胍类消毒剂加入表面活性剂中，搅拌至完全溶解；

(2) 将高分子成膜剂、低分子量壳聚糖、高分子量壳聚糖加入所需总水量的 50%～60%的水中，完全溶解后，依次加入草药提取物、渗透剂、护肤剂，混合搅拌均匀；

(3) 将步骤 (2) 所得溶液边搅拌边加入步骤 (1) 的溶液中，搅拌均匀，补其余水，用 pH 调节剂将 pH 值调节至 7.0～7.5。

原料介绍

所述胍类消毒剂是具有胍基结构的烷基胍及其衍生物，选自聚六亚甲基胍、聚六亚甲基双胍、醋酸氯己定、葡萄糖氯己定中的任意一种或多种。

所述低分子量壳聚糖的分子量为 3000～10000，更优选为 3000～5000，是采用脱酰胺度为 90%以上的壳聚糖在 H_2O_2-HAc 中、在均相条件下降解制备而得。然后对制备好的低分子量壳聚糖进行羧甲基化，其中羧甲基取代度为 0.3～0.8。更优选地，降解反应的较佳条件为：反应温度 60～70℃，反应时间 5～7h (例如 6h)，双氧水质量分数为 3%～10%，醋酸质量分数为 1%～5%。由此获得的低分子量壳聚糖具有最佳的抑菌性能，与胍类化合物有良好的复配协同作用。

所述高分子量壳聚糖的分子量为 300000～500000，是对脱酰胺度为 90%以上的壳聚糖通过羧甲基化制备而得的具有良好水溶性的大分子量壳聚糖，羧甲基取代度为 0.6～0.8。

所述草药提取物选自三七、秋茄、艾叶、蒲菜籽、槐花、地稔、大蓟、小蓟和甘草的提取物。通过低温二氧化碳萃取法，制备高纯度的草药提取物。各组分的质量份配比优选为：三七 2～8 份，秋茄 2～6 份，艾叶 2～7 份，蒲菜籽 2～5 份，槐花 2～6 份，地稔 2～5 份，大蓟 1～3 份，小蓟 1～3 份，甘草 1～2 份。

所述高分子成膜剂为 *N*-乙烯基丁内酰胺均聚物。

所述 pH 调节剂为柠檬酸和柠檬酸盐缓冲液。

产品应用 本品为复方胍类消毒剂，主要用于伤口消毒、止血、愈合。

产品特性

(1) 本品各组分之间的配比组合有良好的协同增益作用，对细菌繁殖体、真菌、部分病毒均具有良好的杀灭与抵抗能力。

(2) 本品克服了传统消毒产品只有单独消毒功效，对伤口创面无止血愈合效果的弊端，采用多种中药止血成分与高分子量壳聚糖协同使用，止痛止血，化瘀生肌。

(3) 本品制备工艺简单，操作方便，生产成本低廉，便于规模化生产；本品的消毒液性质稳定，安全无毒，易于储存。

配方 11 复方活力碘消毒剂

原料配比

原料		配比(质量份)				
		1#	2#	3#	4#	5#
聚维酮碘(PVP-I)		20	55	100	100	75
碘酸钾(KIO_3)		5	5	7.5	5	10
去离子水		947.5	871.5	757.5	770	797.5
螯合剂	氮川三乙酸钠	2	—	—	—	—
	乙二胺四乙酸钠	—	10	—	10	10
	二乙烯三胺五醋酸钠	—	—	20	—	—
碘化钾(KI)		5	7.5	10	5	5
维生素 A		0.5	1	5	5	2.5
pH 调节剂		适量	适量	适量	适量	适量
有机溶剂	乙醇	20	—	—	—	—
	异丙醇	—	50	—	—	—
	二甲亚砜	—	—	100	—	—
	异丙醇和二甲亚砜混合溶剂	—	—	—	100	—
	乙醇和二甲亚砜混合溶剂	—	—	—	—	100

制备方法

(1) 将聚维酮碘(PVP-I)与碘酸钾(KIO_3)溶解于去离子水中。

(2) 加入螯合剂搅拌均匀。

(3) 加入碘化钾(KI)搅拌均匀。

(4) 将维生素 A 加入有机溶剂中溶解。

(5) 将维生素 A 溶液加入聚维酮碘溶液中，搅拌均匀。

(6) 用 pH 调节剂调 pH 值至 7.0～8.0，即得所述的复方活力碘消毒剂。

原料介绍 所述的 pH 调节剂为氢氧化钠。

产品应用 本品是一种复方活力碘消毒剂。

产品特性 本品性质稳定，杀菌效果强，且能促进伤口愈合。采用乙醇和二甲亚砜复合溶剂，不仅可以大大提高聚维酮碘(PVP-I)和维生素 A 之间的均匀性，而且可以有效发挥聚维酮碘的杀菌效果，抑制或减少碘破坏肉芽组织的作用，发挥维生素 A 促进伤口愈合的作用。

配方 12 复方皮肤黏膜消毒剂

原料配比

原料		配比(质量份)	
		1#	2#
碘		3.0	1.5
季铵盐	双癸基二甲基氯化铵	0.4	—
	质量比为 40：30：12：18 的烷基二甲基苄基氯化铵、辛基-癸基-二甲基氯化铵、二辛基二甲基氯化铵和双癸基二甲基氯化铵的混合物	—	2
	苯扎氯铵	0.6	—
碘化钾		3.0	1.5

续表

原料		配比(质量份)	
		1#	2#
聚乙二醇	聚乙二醇 6000	14.4	—
	聚乙二醇 4000	—	30
非离子表面活性剂	聚氧乙烯脂肪醇醚	20.0	—
	烷基酚聚氧乙烯醚	—	10
去离子水		加至 1000(体积份)	加至 1000(体积份)

制备方法

(1) 将聚乙二醇加热至完全熔化，冷却，加入碘和碘化钾，搅拌，加入季铵盐和非离子表面活性剂，加入去离子水至配制总量。所述冷却为将熔化的聚乙二醇冷却至 50℃以下，所述加入碘和碘化钾以碘-碘化钾水溶液的形式加入。

(2) 将用于分装的棕色瓶子洗好、晾干，在洁净的环境下将得到的消毒剂按照规格进行分装，分装后装盒并放入阴凉干燥处保存。

产品应用 本品主要用于杀灭皮肤、黏膜、创面、手及物体表面的病毒及细菌。

所述病毒包含有包膜病毒和无包膜病毒，具体为：脊髓灰质炎病毒、艾滋病毒、疯牛病毒、克雅病毒、SARS 病毒、手足口病毒、禽流感病毒、甲型 H1N1 流感病毒和 H7N9 流感病毒。

所述细菌和真菌为肠道致病菌、化脓性球菌、致病性酵母菌、医院感染常见致病菌；具体可为金黄色葡萄球菌、绿脓杆菌、白色念珠菌等。

产品特性 本品对皮肤、黏膜无刺激性、无不良反应、无过敏反应，使用方便，适用范围广，作用快速，具有滞留杀微生物效果，对各种致病微生物作用效果可靠，并且能在 3min 内杀灭无包膜病毒。

配方 13 复方双长链季铵盐消毒剂

原料配比

原料		配比(质量份)		
		1#	2#	3#
双长链季铵盐	辛基癸基二甲基氯化铵	10	—	—
	二癸基二甲基氯化铵	—	18	—
	双辛基二甲基溴化铵	—	—	7
叔胺	十六烷基二甲基叔胺	15	—	10
	十八烷基二甲基叔胺	—	25	—
pH 调节剂	氢氧化钾	1.0	—	—
	氢氧化钠	—	2	—
	氢氧化钠、氢氧化钾混合物	—	—	0.8
硬水拮抗剂	乙二胺四乙酸二钠	1.0	1	1.5
消泡剂	有机硅消泡剂	0.5	1	0.2
水		72.5	53	80.5

制备方法

(1) 将部分水加温至 40～60℃，加入双长链季铵盐，搅拌至完全溶解；

(2) 继续加入 pH 调节剂、硬水拮抗剂、消泡剂并持续搅拌至完全溶解；

(3) 缓缓加入叔胺并持续搅拌至完全溶解；

(4) 继续加入剩下水。

产品应用 本品主要用于对器材、器械尤其是医用器械消毒，为复方双长链季铵盐消毒剂。

产品特性 本品杀菌能力大大强于普通的季铵盐类消毒产品，增效剂叔胺的加入与季铵盐产生协同作用，使其杀菌能力强于普通的季铵盐类消毒产品，不仅可用于一般物体表面消毒及织物消毒，也可用于对器材、器械尤其是医用器械的消毒，其对医用器械的消毒效果能达到目前医用器械消毒主流产品戊二醛类消毒产品的消杀效果，且对所消毒的对象无损害，对环境无污染，对金属器皿等无腐蚀，使用时用水稀释1000倍以上，仍然具有强大的消杀效果。

配方 14 复方消毒剂

原料配比

原料		配比(质量份)	
		1#	2#
壳聚糖及其衍生物	脱乙酰度80,分子量为1万	0.1	—
	脱乙酰度99,分子量为20万	—	6
石榴皮水提取物		0.3	1
新橙皮苷二氢查耳酮		1	0.05
甘油		4	7
透明质酸		0.6	0.2
薄荷提取物		0.1	0.09
水		适量	适量

制备方法

(1) 壳聚糖及其衍生物溶液配制：取定量的壳聚糖及其衍生物溶于适量的水，搅拌机高速搅拌（≥5000r/min）至其完全溶解；或者取定量的壳聚糖及其衍生物溶解于适量的弱酸，至其溶解；或者取定量的壳聚糖及其衍生物溶于适量的水或弱酸后，用40～60℃的水浴加热20～40min。

(2) 将石榴皮水提取物、新橙皮苷二氢查耳酮、薄荷提取物、甘油、透明质酸溶解于步骤（1）所得到的壳聚糖及其衍生物溶液，高速搅拌（≥5000r/min）至无沉淀即可。

原料介绍

所述的壳聚糖及其衍生物，以海洋生物（如虾蟹）以及菌类（如蘑菇）作为提取对象，在对原材料进行食用酒精脱水后，进一步深加工为壳聚糖。对于其衍生物，可以对特定的部位做化合，加以官能团。

所述的石榴皮水提取物，取石榴皮晒干物打粉，与水混合加热，取提取液。其他原料，皆可用成熟工业流程制备。

所述的新橙皮苷二氢查耳酮是从柑橘类天然植物中提取的新橙皮苷，经过氢化而成的黄酮类衍生物，是一种具有苦味抑制和风味改良的功能性甜味剂。

产品应用 本品主要用于安全套（避孕套）润滑油、安全套（避孕套）润滑剂、液体（泡沫）避孕套和外用易感染部位的消毒。

产品特性 本品主要有效成分为特定脱乙酰度及分子量的复合壳聚糖、甲壳素及其衍生物、石榴皮水提取液、甘油、新橙皮苷二氢查耳酮、透明质酸、薄荷提取物，结构中不需要再添加任何的化学防腐剂，特有的成分比例下催化出更强的化学性质，以达到更好的杀菌消毒、吸附异味效果，无生物毒性，无刺激性，可食用，健康、环保、高效。

配方 15 复合醇类消毒剂

原料配比

原料		配比(质量份)					
		1#	2#	3#	4#	5#	6#
乙醇		25	25	30	20	30	25
正丙醇		35	35	30	40	30	35
表面活性剂	十八烷基二羟乙基氧化胺	1	—	—	—	—	0.5
	十二烷基苯磺酸钠	—	0.5	—	—	—	—
	十八烷基二甲基苄基氯化铵	—	—	1	—	—	—
	十八烷基二甲基苄基溴化铵	—	—	—	1	—	0.5
	十二烷基乙氧基磺基甜菜碱	—	—	—	—	0.5	—
	羧甲基纤维素钠	—	0.5	—	—	—	—
	月桂醇聚氧乙烯醚	1	—	—	—	—	—
复合添加剂	苯氧乙醇	—	—	0.5	0.5	0.5	0.5
	对氯间二甲苯酚	0.2	—	0.5	0.5	0.5	0.5
	奥克泰定	—	—	—	0.5	0.5	0.5
甘油		—	1.5	1	0.5	0.5	0.5
水		加至100(体积份)	加至100(体积份)	加至100(体积份)	加至100(体积份)	加至100(体积份)	加至100(体积份)

制备方法 按配方向配液罐中投入乙醇和正丙醇，搅拌均匀后再加入表面活性剂，搅拌使其溶解后加入复合添加剂，搅拌均匀，加入甘油和规定量的水，继续搅拌至混合均匀，即得到复合醇类消毒剂成品。所述配制过程的温度不超过 30℃。

产品应用 本品是一种复合醇类消毒剂。

产品特性 本品主要杀菌成分由乙醇和正丙醇构成，总的醇含量小于 70%，具有刺激性小、醇类组分含量低的优点，对细菌、真菌和霉菌都有很好的杀灭效果。与单组分乙醇消毒剂相比，本品对霉菌的杀灭效果有显著提高。

配方 16 复合季铵盐皮肤、黏膜消毒剂

原料配比

原料	配比(质量份)	原料	配比(质量份)
十二烷基二甲基苄基氯化铵	0.1	丙三醇	0.1
乙二醇苯醚	1～2	维生素 B_5	0.1
异丙醇	10～20		

制备方法 将各组分原料混合均匀即可。

产品应用 本品主要用作军用、医用、民用卫生消毒剂、抗抑菌剂。

产品特性

(1) 本品能有效杀灭真菌、酵母菌、霉菌、大肠杆菌、金黄色葡萄球菌、白色念珠菌、铜绿假单胞菌和病毒等，杀菌浓度低，毒性为实际无毒级，对破损皮肤、黏膜和眼

睛均无刺激性，对不锈钢、铜、铝等材质无腐蚀性，生物降解性好，对环境友好。

(2) 本品的水溶液在1000mg/L，pH值为6.72（弱酸性）时，0.5min杀灭大肠杆菌、金黄色葡萄球菌、白色念珠菌、铜绿假单胞菌和病毒等，杀灭率均大于99.999%。本品制备简便，成本低廉，可用于破损皮肤消毒，无挥发，保存时间可长达5年以上，在战争和自然灾害时可直接处理伤口。采用无介质喷涂，免去棉签等介质，克服了传统消毒剂易燃、易挥发失效、有刺激、有致敏性的弊端，且具有无色、无味、无黄染、无褪色、免水洗、运输和使用便捷等特点。

配方 17 复合型消毒剂

原料配比

原料		配比(质量份)									
		1#	2#	3#	4#	5#	6#	7#	8#	9#	10#
75%乙醇水溶液		3.819	7.629	3.819	—	—	—	—	—	—	—
95%乙醇水溶液		—	—	—	3.819	3.819	3.819	—	—	—	-
异丙醇		—	—	—	—	—	—	3.81	3.81	3.81	3.81
水		15	15	15	15	15	15	15	15	15	15
聚维酮碘		0.500	0.167	0.622	1.512	1.512	0.185	5.000	3.556	4.578	4.521
胍类消毒剂	聚六亚甲基胍盐酸盐	0.02	0.04	—	—	—	—	—	—	—	—
	磷酸聚六亚甲基胍	—	—	0.12	—	—	—	—	—	—	—
	聚六亚甲基胍硬脂酸盐	—	—	—	0.34	0.34	—	—	—	—	42.82
	硫酸聚六亚甲基胍	—	—	—	—	—	1.02	—	—	—	—
	盐酸聚六亚甲基双胍	—	—	—	—	—	—	3.02	—	3.78	—
	磷酸聚六亚甲基双胍	—	—	—	—	—	—	—	0.24	—	—
保湿剂	甘油	0.14	0.14	—	—	—	—	—	—	—	—
	聚乙二醇400	—	—	1.14	1.67	1.67	—	—	—	—	—
	丙二醇	—	—	—	—	—	1.76	—	—	—	—
	己二醇	—	—	—	—	—	—	0.24	2.00	—	—
	吐温80	—	—	—	—	—	—	—	—	6.4	9.1
	山梨醇	—	—	—	—	—	—	—	—	1.44	1.93
季铵盐	十二烷基三甲基氯化铵	0.06	—	—	—	—	—	—	—	—	—
	十六烷基三甲基溴化铵	—	0.06	—	—	—	—	—	—	—	4.07
	十二烷基二甲基苄基溴化铵	—	—	0.16	—	—	—	—	—	—	—
	十八烷基二甲基苄基氯化铵	—	—	—	3.32	3.32	—	—	—	—	—
	双十八烷基二甲基氯化铵	—	—	—	—	—	5.23	—	—	—	—
	二癸基二甲基溴化铵	—	—	—	—	—	—	6.06	—	—	—
	双十八烷基二甲基溴化铵	—	—	—	—	—	—	—	5.21	—	—
	辛基十二烷基二甲基溴化铵	—	—	—	—	—	—	—	—	2.78	—
非离子表面活性剂	聚氧乙烯失水山梨醇脂肪酸酯	1.0	—	—	—	—	—	4.1	—	—	—
	脂肪醇聚氧乙烯醚	—	1	—	—	—	—	—	—	—	—
	脂肪酸甘油酯	—	—	1.2	—	—	—	—	—	—	—
	烷基酚聚氧乙烯醚	—	—	—	1.1	1.1	—	—	—	—	—
	失水山梨醇月桂酸酯	—	—	—	—	—	2.9	—	—	—	—
	脂肪酸聚乙二醇酯	—	—	—	—	—	—	—	5.2	—	—

续表

原料		配比(质量份)									
		1#	2#	3#	4#	5#	6#	7#	8#	9#	10#
壳聚糖	羟基化壳聚糖	—	—	—	—	—	—	0.0021	—	—	—
	羧甲基壳聚糖	0.0013	0.0015	—	—	—	—	—	—	0.0101	0.0219
	硫酸羧甲基壳聚糖	—	—	0.0015	—	—	—	—	—	—	—
	硫酸壳聚糖	—	—	—	0.0033	0.0033	—	—	—	—	—
	硫化壳聚糖	—	—	—	—	—	0.0036	—	—	—	—
	壳聚糖季铵盐	—	—	—	—	—	—	—	0.0021	—	—
pH调节剂	醋酸	0.041	—	0.023	—	—	—	0.043	—	0.062	—
	柠檬酸	—	0.03	—	0.04	0.04	0.023	—	0.050	—	0.032

制备方法

(1) 将醇与水混合为醇水溶液；将聚维酮碘、胍类消毒剂和保湿剂加入上述醇水溶液中搅拌后形成混合溶液 A。

(2) 向上述混合溶液 A 中依次加入季铵盐和非离子表面活性剂，在 30～75℃下加热 0.5～3h，搅拌均匀，再向其中加入壳聚糖，直到壳聚糖完全溶解，自然冷却至室温，形成混合溶液 B。

(3) 通过加入 pH 调节剂将上述混合溶液 B 的 pH 值调至 4～6.5，即得复合型消毒剂。

原料介绍

所述壳聚糖的溶解度>1%，用柠檬酸或醋酸将复合型消毒剂的 pH 值调节为 4～6.5。

产品应用 本品是一种复合型消毒剂。

产品特性

(1) 本品将聚维酮碘、胍类消毒剂和季铵盐三者联用，组成复合型消毒剂，扩大抗菌谱范围，防止耐药菌产生，具有快速杀菌、长效抑菌的特点，同时具有速干、对皮肤组织刺激小的特点。此外，利用壳聚糖作为辅料，与聚维酮碘配合起到增效杀菌作用，还具有止血功效。本品制备工艺简单，原料廉价易得，适合大规模生产。本品具有良好的稳定性，分散性能好，易于涂抹，而且使用安全、简便。

(2) 本品的杀菌作用非常强，原液稀释 11 倍及以下时，对大肠杆菌、金黄色葡萄球菌、绿脓杆菌的杀菌率均达 100%。

配方 18 复合型杀菌消毒剂

原料配比

原料		配比(质量份)			
		1#	2#	3#	4#
野菊花		9	15	12	10
金银花		6	15	10	8
薄荷		10	20	15	18
增溶剂	吐温 80	0.05	—	—	—
	吐温 20	—	0.1	—	—
	丙二醇	—	—	0.03	—
	甘油	—	—	—	0.04

续表

原料		配比(质量份)			
		1#	2#	3#	4#
防腐剂	山梨酸钾	0.02	—	—	—
	苯甲酸钠	—	0.2	—	—
	山梨酸	—	—	0.12	—
	丙酸钙	—	—	—	0.18
聚维酮碘溶液	浓度为0.5%的聚维酮碘溶液	0.8	—	—	—
	浓度为10%的聚维酮碘溶液	—	0.15	—	—
	浓度为5%的聚维酮碘溶液	—	—	1	—
	浓度为2%的聚维酮碘溶液	—	—	—	1.2
助溶剂	乙酸	0.05	—	—	—
	2-丙醇	—	1	—	—
	乙酸丁酯	—	—	1	—
	乙酸丙酯	—	—	—	0.5
去离子水		加至100	加至100	加至100	加至100

制备方法

(1) 按配方取野菊花、金银花和薄荷，加水适量，浸泡，采用水蒸气蒸馏法进行蒸馏，收集蒸馏液，备用。

(2) 将蒸馏后的水溶液过滤，另器保存，备用。

(3) 药渣再加水煎煮2次，合并煎液，过滤，滤液与步骤(2)所得水溶液合并，浓缩，离心，过滤，滤液备用。

(4) 将增溶剂加入步骤(1)所得蒸馏液中，混匀，然后加入防腐剂，与步骤(3)所得滤液合并，混匀。

(5) 将聚维酮碘溶液和助溶剂加入步骤(4)所得溶液中，搅拌，加去离子水至全量，混匀即得。

产品应用 本品主要用作动物造成的外伤伤口清洗的消毒剂。

产品特性 本品抗病毒效果好、安全性高、气味芳香、无毒、无刺激、成本较低。

配方 19 高渗透性植物型皮肤消毒剂

原料配比

原料	配比(质量份)			
	1#	2#	3#	4#
大环三萜皂苷	0.3	0.1	1	0.5
地塞米松	0.2	0.1	0.3	0.5
助溶剂	40	45	55	35
渗透剂	1	6	3	15
去离子水	49.5	48.8	40.7	49

制备方法

(1) 将从中药土贝母中提取得到的大环三萜皂苷与药用乙醇溶液混合，使大环三萜皂苷完全溶解，得到混合药液A；

(2) 在步骤(1)得到的混合药液A中加入地塞米松、助溶剂，混合均匀，得到混合药液B；

(3) 在步骤(2)得到的混合药液B中加入去离子水，调节溶液pH值至4.5～

7.5，混合均匀得到混合药液C；

（4）将步骤（3）得到的混合药液C和氮酮溶液混合均匀，得到高渗透性植物型皮肤消毒剂。

原料介绍

所述大环三萜皂苷为中药土贝母中分离提取的皂苷。

所述的渗透剂为氮酮。

所述的助溶剂可分为两类：一类是某些有机酸及其盐，如苯甲酸钠、水杨酸钠、对氨基苯甲酸等这些都是制剂中应用较多的助溶剂；另一类是酰胺化合物，如乌拉坦、尿素、乙酰胺等。除此之外，还有一些其他类助溶剂具有较好的助溶效果，如乙醇、异辛醇等。

所述的助溶剂可以使用常用的助溶剂，但优选为医用酒精（75%乙醇），医用酒精既可以作助溶剂，又可以作渗透剂。

产品应用 本品是一种高渗透性植物型皮肤消毒剂，使用时将本品擦涂在患处。

产品特性

（1）本品能够快速杀灭皮肤表面和皮下的致病病毒，达到透皮杀灭病毒的目的。

（2）本品的主要成分大环三萜皂苷采用中药生物制剂精制而成，加入的助溶剂使其具有高度浓缩及超高的渗透能力，解决了大环三萜皂苷针剂作搽剂使用时的缺陷，能迅速渗透皮肤黏膜和细胞膜，杀死潜藏在皮肤层中的HPV疣毒，破坏疣毒赖以生存的食源和环境，使其由于失去根源及营养的支持而自行萎缩、干枯，进而逐渐脱落，所以治愈后扁平疣是不会再复发的，从而让患者真正摆脱疣毒的困扰，彻底康复。

（3）本品对皮肤无腐蚀、无刺激、无致敏、无毒性、无禁忌；使用前无须保护正常皮肤，治愈后不留任何疤痕，亦不复发。

配方 20 高稳定性耐高温高压消毒剂

原料配比

原料		配比(质量份)	
		1#	2#
A组分	邻苯二甲醛	10	4
	医用酒精	50	20
B组分	羟基喹啉	10	3
	医用酒精	50	20
C组分	腰果酚	200	100
	医用酒精	200	100
	40%氢氧化钠	20	10
聚乙二醇		80	50
医用酒精		380	693

制备方法

（1）按配方分别配制如下组分：

A组分：将邻苯二甲醛加入适量医用酒精中，搅拌溶解。B组分：将羟基喹啉加入适量医用酒精中，搅拌溶解。C组分：将腰果酚加入适量医用酒精中，搅拌溶解，然后在搅拌条件下缓慢加入40%氢氧化钠，搅拌溶解。

（2）将A组分与适量C组分混合，B组分与余量的C组分混合，然后将上述两部分溶液混合，再按照配比加入聚乙二醇和医用酒精，充分搅拌溶解，即得所述的高稳定性耐高温高压消毒剂。

产品应用 本品主要用于医疗领域消毒，如一次性的尿检容器、血检容器、注射器、纱布、绷带、金属医疗器具等的消毒。

将本品用于医疗垃圾的消毒，可以单独使用，也可以与其他杀毒剂组合使用，尤其适合在高温高压下与环氧丙烷组合使用。

本品用于医疗垃圾消毒的步骤如下：

（1）将医疗垃圾加入消毒装置，关闭仓门，开启气泵抽真空至－0.08～－1.0MPa，持续抽30min以排除装置内的空气及水分。

（2）停止抽真空，将温度升至150～280℃，加压至压力为0.5～2.2MPa。

（3）消毒装置内侧上壁设有一个喷淋口和一个通气口，由喷淋口喷入本品，由通气口向消毒装置中通入环氧乙烷，喷淋口与通气口交替开启和关闭，频率为每分钟启关10次。所述的消毒剂与环氧乙烷按照质量比（5～20）：1加入，总共持续1～25min。

（4）微波辐照5～30min。

（5）排气：将消毒装置中的压力降至常压。

（6）开启气泵减压干燥，将温度设置为80～120℃，持续30～180min。

（7）降至常温常压，通入空气，开启消毒装置仓门，取出无菌医疗垃圾。

产品特性

（1）本品将价格低廉易得、安全无毒的腰果酚用于杀菌剂领域，起到了如下作用：由于其特殊的化学结构，可以起到稳定剂的作用，使得配合使用的不稳定杀菌剂的稳定性能增强，尤其是可以在高温高压条件下使用；充当一种表面活性剂的前体，其含有亲酯性的烷基侧链和高反应活性的酚羟基，该酚羟基在一定条件下可以与醇类反应生成类似表面活性剂的物质，起到良好的润湿、溶解、去污作用，并具有普通表面活性剂的中等灭菌作用。

（2）本品有良好的润湿、溶解、去污能力，克服了传统技术中杀菌剂中的表面活性剂对环境的污染问题；提供了一种高温高压消毒方法，无后续污染。

配方 21 高效消毒剂

原料配比

原料	配比(质量份)		
	1#	2#	3#
N-三甲基壳聚糖	6	6.5	7
海洋益生菌DNA解链酶	3	3.5	4
黄连提取液	3	3	3.5
金银花提取液	3	3	3.5
连翘提取液	2	2	2.5
板蓝根提取液	2	2	2.5
苦丁提取液	3	3.5	3.5

制备方法

(1) 按配比将黄莲提取液、金银花提取液、连翘提取液、板蓝根提取液、苦丁提取液混合后搅拌均匀，形成混合液。

(2) 将上述混合液经吸附过滤为无色透明液。所述吸附过滤具体为：用硅藻泥吸附器45℃将草药杂质及色素吸附过滤为无色透明液。

(3) 按配比将*N*-三甲基壳聚糖加入上述无色透明液中，搅拌均匀。

(4) 按配比将海洋益生菌DNA解链酶加入步骤(3)液体中，搅拌均匀。

(5) 静置，分装，检验合格入库。

产品应用 本品主要用于医疗机构空气的杀菌消毒，在家庭、宾馆、商场、学校、银行、办公室及汽车等环境中也可广泛应用。

产品特性 本品消毒杀菌效果显著，对医院内常见致病菌的杀灭尤为显著；使用范围广，无毒、无刺激、无腐蚀性，对人体无害；本品化学性质极为稳定，杀菌持续性强；本品为生物制剂，绿色环保。

配方22 含中药提取物的皮肤止痒消毒剂

原料配比

原料	配比(质量份)		
	1#	2#	3#
单硬脂酸甘油酯	2	8	5
硬脂酸	8	15	10
液体石蜡	8	15	10
医用凡士林	2	8	5
甘油	1	5	4
十二烷基硫酸钠	1	5	3
聚六亚甲基胍盐酸盐	0.1	0.6	0.5
聚乙烯吡咯烷酮	0.4	1.0	0.6
裸花紫珠提取物	0.2	0.8	0.5
薄荷脑	0.02	0.1	0.05
白癣皮提取物	0.2	0.8	0.5
冰片	0.02	0.1	0.05
苦参提取物	0.2	0.8	0.5

制备方法 将各组分原料混合均匀制成乳膏剂即可。

产品应用 本品是一种含中药提取物的皮肤止痒消毒剂。

产品特性

(1) 通过采用本品配方使所得消毒剂发挥了中药所具有的特点，增强了抗菌、抑菌疗效，减小了皮肤细胞损伤，具有防蚊虫叮咬的效果。

(2) 通过消毒剂原料与中药的合理搭配，减小了化学消毒剂原料对皮肤细胞的不良反应，同时抑菌、消毒效果得到提高，保证了人体皮肤的健康。

(3) 本品制成乳膏剂方便储存及使用，制备工艺符合大规模生产的特点。

配方 23 核磁共振仪消毒剂

原料配比

原料	配比(质量份)				
	1#	2#	3#	4#	5#
三混甲酚	0.8	1.6	1.0	1.4	1.2
葡萄糖酸氯己定	1	3	1.5	2.5	2
二氯异氰尿酸钠	2	4	2.5	3.5	3
十二烷基醚硫酸钠	4	6	4.5	5.5	5
去离子水	50	60	52	58	55
槟榔	6	10	7	9	8
川楝子	4	9	5	8	6.5
大风子	9	17	11	15	13
连翘	12	18	14	16	15
紫花地丁	8	14	10	12	11
鱼腥草	4	9	5	8	6.5
白头翁	10	14	11	13	12
谷精草	5	10	6	9	7.5

制备方法

(1) 将槟榔洗净敲碎，与川楝子和连翘用陈醋煮 17～25min，取出沥干，取麸皮置于炒锅内加热至有烟冒出，撒入沥干的槟榔、川楝子和连翘，拌炒至麸皮呈深黄色时取出，筛去麸皮，碾碎原料。

(2) 取灶心土置于炒锅内加热，加热至 40～60℃时，加入去壳的大风子，文火翻炒后取出，筛去土，晾凉。

(3) 白头翁洗净切片，用姜汁和红糖水煮 15～20min（优选煮 17min），再加入紫花地丁拌匀，关火，加盖闷 12～18min，取出，焙干。

(4) 将鱼腥草、谷精草和上述步骤所制原料一起加去离子水煎煮，大火煮沸 25～35min 后过滤（优选大火煮沸 27～33min；更加优选大火煮沸 30min），滤渣加等量的去离子水再煮，过滤，合并两次所得滤液，浓缩至原体积的 1/6，离心除杂，喷雾干燥，粉碎过 180～260 目筛，制得药粉。去离子水的量为所煎煮原料质量的 5～7 倍。

(5) 取去离子水加热至 40℃，加入三混甲酚拌匀，再加入步骤（4）所制药粉至完全溶解，降至常温，然后加入葡萄糖酸氯己定和二氯异氰尿酸钠拌匀，最后加入十二烷基醚硫酸钠混合均匀，即得消毒剂。

产品应用 本品主要用于核磁共振仪消毒。

产品特性 本品性能稳定，毒性低，杀菌消毒效果好，作用迅速，且对金属无腐蚀，对环境友好。

配方 24 护理消毒剂

原料配比

原料	配比(质量份)	原料	配比(质量份)
小鬼钗	25	斑鸠木	20
云苔草	30	催乳藤	15
黄鹌菜	50	水	18000
猪屎豆	40		

制备方法

(1) 称取小鬼钗 10～50 份、云苔草 20～80 份、黄鹌菜 10～100 份、猪屎豆 10～50 份、斑鸠木 10～30 份和催乳藤 10～30 份，加入 8000 份水，在装有冷凝管的烧瓶中加热回流 5h，然后过滤，得到滤液 1 和滤渣 1；

(2) 向滤渣 1 中加入 6000 份水，在装有冷凝管的烧瓶中加热 3h，过滤，得到滤液 2 和滤渣 2；

(3) 向滤渣 2 中加入 4000 份水，在装有冷凝管的烧瓶中加热 1h，过滤，得到滤液 3 和滤渣 3；

(4) 合并所述滤液 1、滤液 2 和滤液 3，冷却至室温，加入喷雾器中即得。

产品应用 本品主要用于护理消毒。

产品特性 本品能够杀灭豚鼠气单胞菌 ATCC 15468 和解脲拟杆菌 ATCC 33387。所述的药物组合物互相影响，协同作用，相辅相成，效果明确，成分简单，十分适于大规模推广。

配方 25 活化复合吸附型医用消毒剂

原料配比

原料	配比(质量份)		
	1#	2#	3#
医用酒精	170	150	120
藿香	8	7.5	8
艾叶	9	7.5	7
薄荷叶	12	12.5	12
白芷	7	7.5	8
连翘	5	5	7
苍术	12	12.5	12
金银花	8	7.5	7.5
冰片	8	7.5	6
决明子	11	7	10
蛇床子	6	5	4

制备方法 将各组分混合在一起放置于密封容器中，浸泡 24～48h，然后加热蒸馏，收集蒸馏液，将蒸馏液通过微孔滤膜过滤后即可。

产品应用 本品是一种活化复合吸附型医用消毒剂。

产品特性

(1) 本品能够抑制多种病毒并将细菌彻底杀死，抗菌范围广；

(2) 净化空气、提神醒脑；

(3) 消毒剂作用时间长，对人体没有影响；

(4) 组分简单、芳香怡人。

配方 26 急诊诊断室用消毒剂

原料配比

原料	配比(质量份)								
	1#	2#	3#	4#	5#	6#	7#	8#	9#
三枝叶	12	—	12	12	12	12	12	12	12

续表

原料	配比(质量份)								
	1#	2#	3#	4#	5#	6#	7#	8#	9#
天茄子	10	10	—	10	10	10	10	10	10
火索麻	8	8	8	—	8	8	8	8	8
地毡草	6	6	6	6	—	6	6	6	6
色赤杨	6	6	6	6	6	—	6	6	6
角果木	5	5	5	5	5	5	—	5	5
金腰带	4	4	4	4	4	4	4	—	4
树扁竹	3	3	3	3	3	3	3	3	—
水	1300	1300	1300	1300	1300	1300	1300	1300	1300

制备方法

(1) 称取三枝叶 10～15 份、天茄子 8～12 份、火索麻 5～10 份、地毡草 5～8 份、色赤杨 5～8 份、角果木 3～6 份、金腰带 3～5 份和树扁竹 2～5 份，加水 800 份，在回流的条件下加热 3h，过滤，得滤渣 1 和滤液 1；

(2) 向滤渣 1 中加入水 300 份，在回流的条件下加热 2h，过滤，得滤渣 2 和滤液 2；

(3) 合并滤液 1、滤液 2，浓缩至 200 份，冷却到室温，放入喷雾器中，制成喷雾剂。

产品应用 本品主要用于急诊诊断室消毒。

产品特性 本品对豚鼠气单胞菌 ATCC 15468 具有消毒能力，成本较为低廉，安全性较好，消毒效果明显，适于大规模推广。

配方 27 急诊诊断室用杀菌消毒剂

原料配比

原料	配比(质量份)				
	1#	2#	3#	4#	5#
大黄	100	105	110	115	120
天茄子	90	95	100	105	110
冰片	70	75	80	85	90
野菊花	60	65	70	75	80
角果木	60	65	70	75	80
芦荟	40	45	50	55	60
金银花	40	45	50	55	60
蒲公英	20	22	24	26	28
鱼腥草	20	22	24	26	28
黄根	10	12	14	16	18
树扁竹	10	12	14	16	18
蛇床子	5	5.5	6	6.5	7
水	适量	适量	适量	适量	适量

制备方法

(1) 原料预处理：按照原料配比称取大黄、天茄子、冰片、野菊花、角果木、芦荟、金银花、蒲公英、鱼腥草、黄根、树扁竹和蛇床子，将上述材料均通过微波杀菌 20～40min，并切碎备用。

(2) 混合：按照原料配比称取适量水，将步骤 (1) 中切碎的冰片研磨成粉并放入水中，再将大黄、天茄子、野菊花、角果木、芦荟、金银花、蒲公英、鱼腥草放入水中，加热 2～4h，过滤后得到混合液。

(3) 过滤：将混合液在 70～90℃的条件下静置 30～50min，再向混合液中加入黄根、树扁竹、蛇床子，加热 3～4h，过滤后冷却至室温即可得到消毒剂。

产品应用 本品主要用于急诊诊断室消毒，使用形式有喷雾剂、洗手液或喷洒剂。

产品特性 本品气味清香，具有解毒杀菌的效果，具有杀菌消毒的中药发生协同作用，进行药理反应，使得杀菌效果大大增强，可以有效杀菌。本品制备方法简单，工序较少，适合大规模生产，所使用的原料成本低廉，安全性较好。

配方 28 检验科检验器械专用消毒剂

原料配比

原料	配比(质量份)		
	1#	2#	3#
木瓜	6	7	8
枳实	4	6.5	9
五味子	15	20	25
陈皮	18	21	24
乌梅	6	9	12
四季青	14	16	18
石榴皮	9	13.5	18
化橘红	6	8	10
大叶桉	9	14.5	20
山茱萸	5	10	15
枇杷叶	6	10.5	15
夏枯草	4	7	10
诃子	5	7.5	10
玉米须	4	6	8
川芎	3	6	9
女贞子	6	8.5	11
青皮	3	4.5	6
一品红	2	4	6
白芷	6	8	10
麻皮	2	5	8
山豆根	5	8.5	12
粳谷奴	3	5.5	8
聚六亚甲基胍盐酸盐	0.15	0.20	0.25
去离子水	适量	适量	适量
80%乙醇	适量	适量	适量

制备方法

(1) 制备主料：按配方量称取木瓜 6～8 份、枳实 4～9 份、五味子 15～25 份、陈皮 18～24 份、乌梅 6～12 份、四季青 14～18 份、石榴皮 9～18 份、化橘红 6～10 份、大叶桉 9～20 份、山茱萸 5～15 份、枇杷叶 6～15 份、夏枯草 4～10 份、诃子 5～10 份、玉米须 4～8 份、川芎 3～9 份、女贞子 6～11 份、青皮 3～6 份，放入粉碎机粉碎成粗粉，用 5～7 倍质量的去离子水浸泡 20～32h，水温控制在 25～30℃，加热回流 2～3 次，每次 1.2～1.5h，过滤，得滤液，备用。

(2) 制备辅料：按配方量称取一品红 2～6 份、白芷 6～10 份、麻皮 2～8 份、山豆根5～12份、粳谷奴3～8份，微波处理5～10min，研末，过80目筛，得细粉，制得的细粉用3～5倍质量的80%乙醇浸泡5～6h，加热提取2～3h，回收乙醇，过滤，得滤液备用。

(3) 称取0.15～0.25份外加剂待用，所述外加剂为聚六亚甲基胍盐酸盐，其聚合度大于2000。

(4) 将上述按配比制得的主料、辅料、外加剂混合，搅拌均匀，加去离子水，按照1∶(1000～1200)的比例稀释，调节pH值至5.0～6.0，即得消毒剂。

产品应用 本品主要用于检验科检验器械消毒。

产品特性 该消毒剂呈弱酸性，可改变环境酸度，使大多数在pH 6.0～8.0范围生长最好、酶活性最强、生长繁殖旺盛的细菌无法生存，从而有效抑制细菌滋生，而且该消毒剂易溶于水，用后易冲洗掉，无残留，稳定性好。

配方29 检验科检验器械用消毒剂

原料配比

原料	配比(质量份)				
	1#	2#	3#	4#	5#
白屈菜	50	55	60	65	50
角篙	50	55	60	65	50
夏枯草	50	55	60	65	50
穿破石	45	50	55	60	45
了哥王	40	45	50	55	40
黎辣根	35	40	45	50	35
铧头草	35	40	45	50	35
木芙蓉	30	35	40	45	30
陈皮	15	18	20	22	15
石榴皮	16	16.5	17	17.5	16
乌梅	8	9	10	11	8
枳实	8	8.5	9	9.5	8
十二烷基硫酸钠	8	8.5	9	9.5	8
山茱萸	5	8	10	12	5
枇杷叶	5	8	10	12	5
琥珀酸磺酸钠	5	6	7	8	5
化橘红	6	6.5	7	7.5	6
女贞子	6	6.5	7	7.5	6
白芷	6	6.5	7	7.5	6
山豆根	5	5.5	6	6.5	5
玉米须	4	4.5	5	5.5	4
川芎	3	3.5	4	4.5	3
粳谷奴	3	3.5	4	4.5	3
烷基醇酰胺	3	3.5	4	4.5	3
一品红	2	2.5	3	3.5	2
聚六亚甲基胍盐酸盐	0.3	0.35	0.4	0.45	0.5
去离子水	适量	适量	适量	适量	适量
75%～80%乙醇	适量	适量	适量	适量	适量

制备方法

(1) 按照质量份称取各原料。

(2) 取角篙、夏枯草、了哥王、黎辣根、陈皮、石榴皮、乌梅、枳实、十二烷基硫酸钠、山茱萸、琥珀酸磺酸钠、化橘红、女贞子、白芷、山豆根、川芎、粳谷奴和烷基醇酰胺去杂质洗净，置于容器内，加入10～12倍量的去离子水浸泡5～7h，煮沸2～4h，提取；再次加入6～8倍量的去离子水，煮沸1～3h，提取；加入3～5倍量的去离子水，煮沸1～2h，提取；合并三次提取液，过滤，得滤液，备用。

(3) 取穿破石和枇杷叶去杂质洗净，置于容器内，加入6～8倍量的75%～85%乙醇浸泡2～4h，加热提取5～6h后，回收乙醇，过滤，得滤液，备用。

(4) 取白屈菜、玉米须和铧头草去杂质，洗净烘干，置于研钵内研末，得过200～240目的细粉，备用。

(5) 取一品红和木芙蓉去杂质，洗净，置于炒锅内，以文火加热，炒至药片表面微有变化，取出摊晾，置于研钵内，研末，得过200～240目的细粉，备用。

(6) 将步骤(2)、步骤(3)所得的滤液与步骤(4)、步骤(5)所得的细粉混合，并加入聚六亚甲基胍盐酸盐和8～12倍量的去离子水，搅拌溶解均匀后，加热煮沸0.5～1h，至40～60℃，静置1h，过滤，得滤液，将滤液灌装封存，121℃热压灭菌20min，包装，即为检验科检验器械用消毒剂。

产品应用 本品用于检验科检验器械消毒。

产品特性 本品具有杀菌能力强、作用速度快、稳定性强等优点。本品稳定性好，易溶于水，消毒后易冲洗掉，无残留，对检验器械的腐蚀作用非常小，制备工艺简单，适合大量生产，且对人体皮肤无刺激，用后无残留、易溶于水、安全、无不良反应。

配方30 检验科室内消毒剂

原料配比

原料	配比(质量份)			
	1#	2#	3#	4#
芦荟	73	67	60	52
姜汁	适量	适量	适量	适量
黄柏	70	64	57	48
苦参	68	62	55	47
梓叶	66	60	53	46
番木瓜	63	57	50	42
莙荙菜	58	52	45	37
牡丹皮	55	50	43	34
茵陈	53	48	40	33
地肤子	51	46	39	28
栀子	48	42	35	27
黄连	46	40	33	26
金银花	44	38	31	23
鱼腥草	43	37	30	22
柴胡	39	33	26	18
酢浆草	38	32	25	17
金樱叶	33	27	20	12
去离子水	适量	适量	适量	适量

制备方法

(1) 将芦荟、莙荙菜、鱼腥草和酢浆草去杂质，洗净，置于容器内，捣碎绞汁，过滤，得滤液，备用。

(2) 将黄柏、番木瓜、牡丹皮、茵陈、地肤子和栀子去杂质洗净，置于容器内，加入8～10倍量的去离子水浸泡4～6h后，煮沸3～4h，提取；加入5～7倍量的去离子水，煮沸2～3h，提取；加入2～4倍量的去离子水，加热煮沸1～2h，提取；合并三次提取液，过滤，得滤液，备用。

(3) 将苦参、黄连和柴胡去除杂质，洗净，切片，淋入用温水少许稀释的姜汁，拌匀，闷润，置锅内用文火微炒，取出放凉，置于研钵内研末，得到过120目的细粉，备用。

(4) 将梓叶、金银花和金樱叶去杂质，洗净，晒干，置于研钵内研末，得到过140目的细粉，备用。

(5) 将步骤(1)、步骤(2)所得的滤液与步骤(3)、步骤(4)所得的细粉混合后加入10～12倍量的去离子水，搅拌溶解均匀后，加热煮沸0.5h，至60℃以下，静置1h，过滤，得滤液，将滤液灌装封存，121℃热压灭菌20min，包装，即为所述的检验科室内消毒剂。

产品应用 本品主要用于检验科室内消毒。

产品特性 本品所选药材配伍适宜，符合中医药和现代医药理论，具有清热解毒、消炎抗菌、易溶于水、稳定性高等特点，且对人体皮肤无刺激，稳定性高、安全、无不良反应，可广泛应用于检验科室内环境的消毒，提高了检验科室人员的工作效率，保证了检验结果的准确率，是一种理想的抑菌消毒液。

配方 31 检验科用消毒剂

原料配比

原料	配比(质量份)			
	1#	2#	3#	4#
樟树叶	84	76	69	62
小马齿苋	83	76	69	62
韶子	82	76	69	62
夏枯草	79	72	64	58
白屈菜	78	72	64	58
半边莲	77	72	64	58
角蒿	74	65	59	53
穿破石	73	65	59	53
佩兰	67	58	52	46
桉叶	66	58	52	46
了哥王	65	58	52	46
烟草	61	53	47	41
黎辣根	60	53	47	41
铧头草	59	53	47	41
木芙蓉	54	45	40	35
消毒药	44	38	34	29
去离子水	适量	适量	适量	适量
80%乙醇	适量	适量	适量	适量

制备方法

(1) 取樟树叶、韶子、夏枯草、半边莲、角蒿、了哥王、黎辣根和消毒药去杂质洗净，置于容器内，加入8～10倍量的去离子水浸泡4～6h后，煮沸3～4h，提取；加入5～7倍量的去离子水，煮沸2～3h，提取；加入2～4倍量的去离子水，加热煮沸1～2h，提取；合并三次提取液，过滤，得滤液，备用。

（2）取小马齿苋和穿破石去杂质，洗净，置于容器内，加入5倍量的80%乙醇浸泡2～3h，加热提取5～6h后，回收乙醇，过滤，得滤液，备用。

（3）取白屈菜、烟草和锌头草去杂质，洗净，烘干，置于研钵内研末，得过180目的细粉，备用。

（4）取佩兰、桉叶和木芙蓉去杂质，洗净，置于炒锅内，以文火加热，炒至药片表面微有变化为宜，取出摊晾，置于研钵内，研末，得过200目的细粉，备用。

（5）将步骤（1）、步骤（2）所得的滤液与步骤（3）、步骤（4）所得的细粉混合，并加入8～12倍量的去离子水，搅拌溶解均匀后，加热煮沸0.5h，至60℃以下，静置1h，过滤，得滤液，将滤液灌装封存，121℃热压灭菌20min，包装，即为检验科用消毒剂。

产品应用 本品主要用于检验科消毒。

产品特性 本品具有杀菌能力强、作用速度快、稳定性强等优点，且对人体皮肤无刺激，用后无残留、易溶于水、安全、无不良反应。

配方32 具有防雾功能的内窥镜消毒剂

原料配比

原料		配比(质量份)						
		1#	2#	3#	4#	5#	6#	7#
氧化类消毒成分	次氯酸	2	—	—	—	—	—	—
	过氧乙酸	—	3	3	—	—	—	—
	二氧化氯	—	—	—	3	—	—	—
胍类消毒成分	聚六亚甲基双胍(盐)	—	—	—	—	5	—	—
季铵盐消毒成分	苯扎溴铵	—	—	—	—	—	5	—
醛类消毒成分	邻苯二甲醛	—	—	—	—	—	—	3
防雾组分	异丙醇	5	5	—	5	5	5	5
	丙二醇	—	—	5	—	—	—	—
	甘油	5	5	5	5	5	5	5
	聚乙二醇	5	—	—	5	5	5	5
	聚维酮	—	5	5	—	—	—	—

制备方法 将各组分原料混合均匀即可。

产品应用 本品是一种具有防雾功能的内窥镜消毒剂。

产品特性

（1）采用本品涂抹在内窥镜镜头表面后，在镜头上形成一层具有湿润保水功能的液体透明膜，当内窥镜进入温度高、湿度大的体腔后，水蒸气无法在具有湿润保水功能的液体透明膜上形成微型小水球（即水雾），使镜头保持透明清晰。

（2）本品采用单一防雾成分，可以起到瞬间防雾效果，由于镜头表面的液体透明膜稳定性差，膜在镜头表面存留时间短，也就使得镜头防雾持续时间缩短。当两种以上的防雾成分复配使用后，在镜头表面的防雾膜黏度及稳定性大大提高，使防雾持续时间变长，能够满足各种体腔手术的要求。

配方 33　具有中药提取物的皮肤止痒消毒剂

原料配比

原料	配比(质量份)		
	1#	2#	3#
单硬脂酸甘油酯	2	8	5
硬脂酸	8	15	10
液体石蜡	8	15	10
医用凡士林	2	8	5
甘油	1	5	4
十二烷基硫酸钠	1	5	3
聚六亚甲基胍盐酸盐	0.1	0.6	0.5
聚乙烯吡咯烷酮	0.4	1.0	0.6
裸花紫珠提取物	0.2	0.8	0.5
薄荷脑	0.02	0.1	0.05
白癣皮提取物	0.2	0.8	0.5
冰片	0.02	0.1	0.05
苦参提取物	0.2	0.8	0.5
去离子水	适量	适量	适量

制备方法

(1) 取单硬脂酸甘油酯、硬脂酸、医用凡士林、液体石蜡水浴加热至85～90℃熔化为油相。

(2) 取去离子水加热至85℃，分别加入甘油、十二烷基硫酸钠、聚乙烯吡咯烷酮、聚六亚甲基胍盐酸盐加热溶解为水相；

(3) 将步骤 (2) 得到的水相缓缓加入步骤 (1) 得到的油相中，边加边搅拌，得到软膏基质；

(4) 将步骤 (3) 得到的软膏基质搅拌均匀后，加入裸花紫珠提取物、薄荷脑、白癣皮提取物、冰片、苦参提取物，搅拌均匀，进行分装即得。

原料介绍　所述聚乙烯吡咯烷酮分子量为20万～30万。

产品应用　本品是一种具有中药提取物的皮肤止痒消毒剂。

产品特性

(1) 本品制备方法使消毒剂发挥了中药所具有的特点，增强了抗菌、抑菌疗效，减小了对皮肤细胞的损伤，具有防蚊虫叮咬的特点。

(2) 充分发挥中药的优点，通过消毒剂原料与中药的合理搭配，减小了化学消毒剂原料对皮肤细胞的不良反应，同时抑菌、消毒效果得到提高，保证了人体皮肤的健康。

配方 34　邻苯二甲醛消毒剂

原料配比

原料	配比(质量份)			
	1#	2#	3#	4#
邻苯二甲醛	3	10	10	5

续表

原料		配比(质量份)			
		1#	2#	3#	4#
异维生素C缩醛(酮)	月桂醛异维生素C缩醛	0.2	—	—	—
	环己酮异维生素C缩酮	—	1	1	1
	肉桂醛异维生素C缩醛	—	—	1	—
缓冲剂	磷酸氢二钾	2	—	—	8
	磷酸氢二钠	—	8	10	—
	磷酸二氢钠	—	6	10	—
	磷酸二氢钾	2	—	—	6
螯合剂	乙二胺四乙酸钠	2	—	—	—
	氮川三乙酸钠	—	10	—	—
	二乙烯三胺五醋酸钠	—	—	20	15
缓蚀剂	三聚磷酸钠	0.5	20	—	20
	六偏磷酸钠	—	—	50	20
去离子水		990.3	945	898	925

制备方法 按所述组分和含量，将邻苯二甲醛加入去离子水中，搅拌溶解；依次加入异维生素C缩醛（酮）、缓冲剂、螯合剂和缓蚀剂，搅拌溶解，即得所述的邻苯二甲醛消毒剂。

产品应用 本品主要用于医疗器械的消毒灭菌。

产品特性

（1）本品的特点是以邻苯二甲醛为主要杀菌成分，以异维生素C缩醛（酮）为抗氧剂，通过各组分的科学配比，使邻苯二甲醛更加稳定，能够发挥更加优越的高水平消毒性能。

（2）本品性质稳定，保质期长，灭菌效果好。

配方35 含有邻苯二甲醛的消毒剂

原料配比

原料		配比(质量份)					
		1#	2#	3#	4#	5#	6#
邻苯二甲醛		0.5	5	2	3	3	3.6
助溶剂	丙二醇	1	15	—	—	—	—
	苯氧乙醇	—	—	5	—	—	—
	乙二醇苯醚	—	—	—	8	—	—
	丁二醇	—	—	—	—	10	—
	乙醇	—	—	—	—	—	14
络合剂	乙二胺四乙酸钠	0.1	5	—	—	3	—
	乙二胺四乙酸二钠	—	—	1	—	—	—
	焦磷酸盐、二乙烯三胺五醋酸钠	—	—	—	2	—	—
	氮川三乙酸钠	—	—	—	—	—	3.9
渗透剂	1-甲基吡咯烷酮	0.1	2	—	—	—	—
	4-癸基噁唑-2-酮	—	—	1	—	—	—
	2-甲基吡咯烷酮	—	—	—	0.8	—	—
	1-十烷基-氮卓-2-酮	—	—	—	—	1.5	—
	薄荷醇	—	—	—	—	—	1.6

续表

原料		配比(质量份)					
		1#	2#	3#	4#	5#	6#
缓蚀剂	聚磷酸盐	0.1	2	—	—	—	—
	三聚甘油油酸酯	—	—	1	—	1.5	—
	硅酸钠	—	—	—	0.9	—	—
	聚磷酸酯、聚磷酸盐	—	—	—	—	—	1.8
抑泡剂	聚乙烯醇	0.1	5	—	—	3	—
	聚乙二醇	—	—	1	—	—	—
	油酸	—	—	—	3	—	—
	聚丙烯酸树脂	—	—	—	—	—	3.9
pH 缓冲剂	碳酸钠	0.1	5	—	—	4	—
	磷酸二氢钠	—	—	1	—	—	—
	氢氧化钠	—	—	—	2	—	—
	氢氧化钾	—	—	—	—	—	4.6
去离子水		加至100	加至100	加至100	加至100	加至100	加至100

制备方法 在搅拌罐中加入去离子水，加热至40～60℃；加入助溶剂，搅拌30min；加入络合剂，搅拌30min；加入缓蚀剂，搅拌30min；加入渗透剂，搅拌60min；加入邻苯二甲醛，搅拌60min，静置至常温；加入抑泡剂，搅拌30min；加入pH缓冲剂，使pH值在7.5～8.5之间；搅拌60min，静置沉降60min，过滤，灌装。

产品应用 本品是一种邻苯二甲醛消毒剂，可以用于各种场合，例如医疗器械的消毒，或人工全自动清洗机对内镜进行消毒。

产品特性

(1) 本品具有良好的协同杀菌效果且无泡，可以满足喷淋、浸泡消毒。本品气味柔和，基本达到无味，无腐蚀性，抗氧化能力强，稳定性好。使用周期由14天提高至28天，有效地延长了医疗器械的使用年限，节约了成本。另外，本品制备方法简单，可以有效节省加工时间。

(2) 本品是一种液体剂型，其可杀灭肠道致病菌、化脓性球菌、分歧杆菌、致病性酵母菌和细菌芽孢，并能灭活病毒。

配方 36 临床手术器械消毒剂

原料配比

原料		配比(质量份)	
		1#	2#
醇类	三氯丁醇	5.0	10.0
	异丙醇	1.0	3.0
酸碱类	乳酸	0.50	2.0
	醋酸	0.1	0.5
烷基化物类	环氧乙烷	3.0	5
	乙型丙内酯	2.0	4
甲氧基乙内酰脲类	二溴二甲基乙内酰脲	0.05	0.25
	二氯二甲基乙内酰脲	0.05	0.25
胍类	聚-2-乙氧基乙基氯化胍	0.01	0.05
	聚-6-亚甲基二胺氯化胍	0.03	0.08

续表

原料		配比(质量份)	
		1#	2#
酶类	碱性蛋白酶	0.02	0.2
	脂肪酶	0.02	0.2
	纤维素酶	0.01	0.1

制备方法 将各组分原料混合均匀即可。

产品应用 本品主要用于临床手术器械消毒。

产品特性

(1) 本品具有清洁、消毒、灭菌等作用,制备方法简单易行,成本较低,无污染且消毒效果好。

(2) 二溴二甲基乙内酰脲是甲基海因卤化后的衍生物,属于一种较新型的卤素类消毒剂杀菌因子,可杀灭各种微生物,包括细菌繁殖体、芽孢、真菌和病毒,属于高效消毒剂。

(3) 胍类与非离子表面活性剂、乙二醇、乙二醇酯或强酸相溶,对环境无破坏,对物品无损坏。

配方 37 凝胶型复合醇免洗消毒剂

原料配比

原料		配比(质量份)				
		1#	2#	3#	4#	5#
聚六亚甲基胍及衍生物	聚六亚甲基胍	0.4	—	—	—	—
	聚六亚甲基双胍盐酸盐	—	0.42	0.44	0.44	0.44
复合醇	乙醇	40	42	38	43	43
	异丙醇	8	7	10	6	7
保湿护肤剂	羊毛脂	—	—	—	0.1	—
	甘油	1.5	—	1	1	0.8
	聚乙二醇 600	0.5	—			
	聚乙二醇 400	—	1.8	—	—	1
	水解蛋白	—	—	0.8	—	—
凝胶剂	羟乙基纤维	—	—	—	1	—
	甲基纤维	—	—	—	—	0.5
	卡波树脂	0.5	0.8	1	0.2	0.3
无菌水		加至 100	加至 100	加至 100	加至 100	加至 100

制备方法

(1) 将聚六亚甲基胍、聚六亚甲基胍衍生物或其组合与保湿护肤剂、无菌水混合,搅拌至溶解。

(2) 加入复合醇、凝胶剂搅拌,搅拌过程中控制反应温度,至溶液清澈透明。搅拌过程中控制反应温度在 15~25℃之间。

原料介绍

所述的聚六亚甲基胍可以是聚六亚甲基单胍、双胍。

所述的聚六亚甲基胍衍生物可以为聚六亚甲基胍的盐酸盐、磷酸盐。

所述的聚乙二醇的聚合度可以设定在 400~6000 之间,可以设定在 600~3000

之间，进一步还可以设定在800～2000之间。

产品应用 本品是一种凝胶型复合醇免洗消毒剂，可用于医护人员日常手部卫生的消毒工作，同时亦适用于幼儿园、公共场所及居家或外出时手部的清洗消毒。

使用方法：将消毒剂原液直接施用于手上进行消毒，进行搓洗1min即可达到消毒的结果。

产品特性 本品能够快速达到消毒要求，对人体无毒性。醇类能够完全挥发，聚六亚甲基胍及其衍生物为高分子物质，不会被人体吸收，并且消毒剂中含有护肤成分，不会因医护人员频繁洗手消毒导致皮肤脱脂干裂，不含有异味成分，不会使医护人员等使用者产生不良或排斥的感受，而且具备良好的手部附着力，不易流淌损失，能够有效固定杀菌成分，使杀菌消毒时间更持久。

配方38 喷雾型草药药泵消毒剂

原料配比

原料	配比(质量份)		
	1#	2#	3#
金银花	5	6.5	8
连翘	4	5	6
板蓝根	3	5	7
厚朴	2	2.5	3
大青叶	5	6.5	8
冬青叶	5	5.5	6
乙醇	50	55	60
丹皮	2	2.5	3
地肤子	2	3	4
去离子水	适量	适量	适量

制备方法 将除乙醇以外的原料组分混合装入中药提取罐中，然后加入30～40质量份的去离子水加热煮沸，放出提取液；再向提取罐中加入25～30质量份的水再次煮沸，放出提取液；将两次提取液混合后进行过滤，然后加入乙醇进行勾兑后制成。

产品应用 本品是一种喷雾型草药药泵消毒剂。

产品特性

(1) 本品环保安全，无刺激性，杀菌种类多，适应性广，而且加工中杀菌成分变性少、浪费少，可以作为喷雾剂使用，中药味较轻。

(2) 本品对病原微生物具有很好的灭杀效果，通过多次煮沸减少高温下中药蒸煮的时间，不仅减少中药成分变性，保持中药的杀菌药性，而且可以减少中药成分的浪费，而乙醇本身具有杀菌的作用，还能够大大降低或者遮挡住熬制中药的中药味，同时可以改善草药消毒剂喷雾时的喷雾效果，使得喷雾更细腻均匀。

配方39 皮肤用消毒剂

原料配比

原料	配比(质量份)			
	1#	2#	3#	4#
草药添加剂	26	26	28	32
硬脂酸钾	1.8	1.6	0.8	2.2
脂肪醇聚氧乙烯醚	2	2	2	4

续表

原料		配比(质量份)			
		1#	2#	3#	4#
草药添加剂	大风子仁	26	25	25	28
	蛇床子	15	13	12	18
	马棘	8	6	8	9
	芸香草	10	8	10	10
	核桃仁	6	3	5	6
	蓖麻子	5	2	3	5
	樟脑	1	1	2	3
	鱼腥草	4	5	3	5
	牛蒡子	12	10	9	13
	紫苏叶	18	14	18	20
	松香	18	10	16	18
	甘草	35	28	30	35
	乙醇	40	35	35	40
	去离子水	165	162	168	176

制备方法

(1) 按照质量份将马棘、芸香草、鱼腥草、紫苏叶、甘草混合，切碎成1～3cm的长段，层叠放置于密封罐中，加入乙醇，浸泡28～32h，过滤，得到滤液；在30～35℃干燥10～20min，除去部分乙醇。

(2) 按照质量份将大风子仁、蛇床子、核桃仁、蓖麻子、樟脑、牛蒡子、松香混合，筛除泥土杂质，预粉碎成100～200目的混合颗粒粉末，再送入超微粉碎机粉碎成粒径15～20μm的混合粉末。超微粉碎采用气流粉碎，气源为氮气，温度为10～15℃，粉碎时间为40～50min。

(3) 将步骤(2)混合粉末放入提取罐中，加入去离子水浸泡3～5h，再文火煎煮1～1.6h，趁热过滤得到滤液，滤液减压浓缩得到浓缩物。文火煎煮的温度为60～80℃。减压浓缩的条件为0.07～0.08MPa、50～60℃、浓缩20～30min。

(4) 将步骤(1)滤液与步骤(3)浓缩物混合后得到草药添加剂，加入硬脂酸钾、脂肪醇聚氧乙烯醚，混合搅拌均匀，无菌分装入喷雾器中，得到该消毒剂。

产品应用 本品是一种皮肤用消毒剂，适合被真菌感染皮肤表面或医院空气的消毒。

产品特性

(1) 本品刺激性、不良反应较小，能够高效地杀灭皮肤表面的真菌和细菌。

(2) 本品制备中，采用了乙醇浸渍、超微粉碎、文火煎煮、提取浓缩等方法。超微粉碎法能够穿透草药的细胞壁，释放出有效成分，复配后的草药添加剂配合阴离子表面活性剂硬脂酸钾、非离子表面活性剂脂肪醇聚氧乙烯醚均匀分散，有利于有效成分的释放。

配方40 溶葡萄球菌复合酶消毒剂

原料配比

原料	配比(质量份)		
	1#	2#	3#
溶葡萄球菌酶	20	40	22
抗菌肽	15	20	17

续表

原料	配比(质量份)		
	1#	2#	3#
聚乙二醇	2	8	3
薄荷脑	0.2	0.5	0.5
麦芽糖	10	15	15
透明质酸钠	5	10	7
氯化钠	0.5	2	0.8
溶菌酶	50	60	53
磷酸钾	7	10	7.6
醋酸氯己定	15	24	17
去离子水	30	35	40

制备方法 在无菌条件下，将配方量的溶葡萄球菌酶、抗菌肽、聚乙二醇、薄荷脑、醋酸氯己定、麦芽糖、透明质酸钠、氯化钠、溶菌酶和磷酸钾加入到配方量的去离子水中，充分混合均匀即得。

产品应用 本品是一种溶葡萄球菌复合酶消毒剂。

产品特性 本品不会对皮肤和黏膜产生刺激，不会对机体产生不良反应，并可通过代谢彻底降解，且没有残留。其制备工艺简单、易操作。本品具有明显的抑菌作用，可安全使用。

配方 41 手术室消毒剂

原料配比

原料	配比(质量份)						
	1#	2#	3#	4#	5#	6#	7#
黄连压榨汁	5	7	6	5.5	6.5	5.2	6.4
黄芩压榨汁	4	6	5	4.5	5.5	5.9	4.7
穿心莲压榨汁	3	5	4	3.5	4.5	3.7	3.8
地榆压榨汁	2	4	3	2.5	3.5	3.1	3.2
金银花压榨汁	1	3	2	1.5	2.5	2.8	2.8
白头翁压榨汁	1	2	1.5	1.2	1.4	1.9	1.3
乌蔹莓压榨汁	1	2	1.5	1.6	1.2	1.9	1.4
流苏子压榨汁	1	2	1.5	1.4	1.9	1.8	1.5
马鞭草压榨汁	1	2	1.5	1.7	1.7	1.9	1.9
紫苏压榨汁	1	2	1.5	1.3	1.6	1.6	1.2
鱼腥草压榨汁	—	—	—	—	—	1.2	1.5
菊花压榨汁	—	—	—	—	1.5	1.5	1.6
薄荷叶压榨汁	—	—	—	1.3	1.7	—	1.3
鸡骨草压榨汁	—	—	—	—	1.1	—	1.9

制备方法 将各组分原料混合均匀即可。

原料介绍 所述压榨汁是指利用各成分的新鲜原料，通过压榨方法获得的汁液。

产品应用 本品是一种手术室消毒剂。

产品特性 本品配方充分考虑了各成分的抗菌谱特征，使得各成分的抗菌谱形成了互补作用，消毒剂整体的抗菌谱广泛，对细菌、真菌、放线菌、霉菌、芽孢、支原体、衣原体、立克次氏体等都具有突出的杀灭效果。此外，本消毒剂采用纯天然原料制成，在环境中施用不会对人体造成伤害，因此可以在人员存在的情况下进行消毒，甚至是手术操作过程中也可以利用本品执行持续消毒。

配方 42 手术室用消毒剂

原料配比

原料	配比(质量份)		
	1#	2#	3#
樟树叶	68	63	56
马齿苋	63	58	51
赶风柴	58	52	46
翠云草	53	47	40
连翘	48	42	35
黄鹌菜	43	37	31
小飞蓬	38	33	26
四季青	33	28	21
桦树皮	28	22	16
油柑木皮	23	18	11
70%乙醇	适量	适量	适量
去离子水	适量	适量	适量
醋液	适量	适量	适量

制备方法

(1) 将樟树叶和黄鹌菜去除杂质，洗净，切碎，加入 5 倍量体积分数为 70%的乙醇浸泡 3 天，每天搅拌 3 次，取出，过滤，得滤液，备用。

(2) 将马齿苋、赶风柴、翠云草、连翘和小飞蓬去除杂质，洗净，置于锅内，加入去离子水浸泡 2h，然后加入 6 倍量的去离子水，文火煎煮 2h，提取煎煮液；再次加入 4 倍量的去离子水，文火煎煮 1h，提取煎煮液；合并两次提取的煎煮液，过滤，得滤液，备用。

(3) 将四季青去除杂质，洗净，日晒干燥，置于研钵内研末，得到过 160 目的细粉，备用。

(4) 将桦树皮和油柑木皮去除杂质，洗净，切丝，置于容器内，加入适量醋液拌匀，文火炒至醋液被吸收，取出，晾干，置于研钵内研末，得到过 200 目的细粉，备用。

(5) 将步骤 (1)、步骤 (2) 所得的滤液与步骤 (3)、步骤 (4) 所得的细粉混合，搅拌溶解均匀后，加热煮沸 0.5h，至 60℃以下，静置 1h，过滤，得滤液，将滤液灌装封存，高压灭菌 20min，置于－7～2℃的低温环境中保存备用，即为所述的手术室消毒剂。

产品应用 本品主要用于手术室消毒。

产品特性

(1) 本品消毒与去污相结合，对多种细菌如金黄色葡萄球菌、白色念珠菌、绿脓杆菌、枯草芽孢杆菌、大肠杆菌等具有很强的杀菌能力，抗菌谱广，杀菌长效，抑菌性能强；

(2) 本品配方合理，具有易溶于水、刺激性小、稳定性高等特点，且对人体皮肤无刺激，消毒后无残留，安全，无不良反应，简单易行，作用显著，成本低，环保、无污染，性价比高。

配方 43 手术室用杀菌消毒剂

原料配比

原料	配比(质量份)				
	1#	2#	3#	4#	5#
韶子	46	42	38	34	30
黄水枝	46	42	38	34	30
忽布筋骨草	45	41	37	33	29
岩椒草	44	40	36	32	28
一品红	44	40	36	32	28
油柑叶	44	40	36	32	28
大蒜	43	39	35	31	27
细叶马料梢	42	38	34	30	26
丁香	42	38	34	30	26
豨莶	41	37	33	29	25
水百合	40	36	32	28	24
酸藤木	40	36	32	28	24
霹水草	40	36	32	28	24
铺地黍根	38	34	30	26	22
60%乙醇	适量	适量	适量	适量	适量
70%~80%乙醇	适量	适量	适量	适量	适量
去离子水	适量	适量	适量	适量	适量

制备方法

(1) 将韶子、忽布筋骨草、油柑叶、大蒜、丁香和铺地黍根洗净，放入容器内，加入8~10倍量的去离子水，浸泡5~6h后，煮沸3~4h，提取；再次加入6~8倍量的去离子水，煮沸2~3h，提取；最后，加入4~6倍量的去离子水，加热煮沸1~2h，提取；合并三次提取液，过滤，得滤液，加热浓缩至糊状，放入烘箱70℃烘干后冷却，研磨成细粉，备用。

(2) 将黄水枝和霹水草洗净，浸入3倍量体积分数为60%的乙醇溶液浸泡1~2h，加热提取3h，回收乙醇，过滤，得滤液，浓缩为65℃下相对密度为1.12~1.16的稠膏，放入烘箱70℃烘干后冷却，研磨成细粉，备用。

(3) 将岩椒草放入容器内，进行粉碎处理，研末，得到过180目的细粉，备用。

(4) 将一品红在阳光下晒干，放入锅中，文火炒制15min，晾凉，研末，得到过160目的细粉，备用。

(5) 将细叶马料梢、豨莶、水百合和酸藤木洗净，切碎，放入容器内，绞汁，滤杂质，留汁液，备用。

(6) 将步骤(1)~(4)所制得的细粉混合，放入超微粉碎机中粉碎成0.1~10μm粒径的微米级颗粒，所述混合粉料的得粉率至少为96%。

(7) 向步骤(6)所制得的混合粉料中加入相对于所述混合粉料质量4~6倍的70%~80%乙醇，搅拌溶解获得乙醇溶液，将乙醇溶液在10~15℃的条件下静置12~24h，采用渗漉法以1~2mL/min的速度缓缓渗漉，收集渗漉液，浓缩并干燥，并再次放入超微粉碎机中粉碎30~60min，获得0.1~10μm粒径的微米级颗粒和小于0.1μm粒径的纳米级颗粒组成的混合粉料，所述混合粉料的得粉率至少为96%。

(8) 向步骤(7)所制得的混合粉料中加入步骤(5)所制得的汁液，并加入混合粉料质量 8～10 倍的去离子水，搅拌溶解均匀后，加热煮沸 2h，静置 1h，提取过滤，得滤液，将滤液灌装封存，即得所述的手术室用杀菌消毒剂。

产品应用 本品主要用于手术室杀菌消毒。

产品特性

(1) 本品具有祛风止痛、清热解毒、消炎抗菌的功效，且效果显著，使用安全，无刺激性，成本低廉，可有效杀灭病毒、细菌、真菌及病原菌，避免了病菌在空气中的传播。

(2) 本品稳定性强、无腐蚀性、易溶于水，无任何毒性，能降低手术感染的发生，提高手术的安全性。

配方 44 温和型医疗护理用消毒剂

原料配比

原料	配比(质量份)						
	1#	2#	3#	4#	5#	6#	7#
医用酒精	18	44	31	22	40	31	30
丙二醇	3	8	5.5	4	7	5.5	6
山梨醇	0.3	0.9	0.6	0.4	0.6	0.5	0.5
氢化蓖麻油聚氧乙烯醚	0.2	0.6	0.4	0.3	0.5	0.4	0.4
芦荟提取物	1	6	3.5	2	4	3	3
单面针提取物	0.5	2	1.25	0.8	1	0.9	0.9
甘油	0.5	1	0.75	0.7	0.9	0.8	0.8
调和精油	1	2	1.5	1.2	1.7	1.45	1.5
去离子水	54	80	67	60	70	65	65

制备方法

(1) 按照质量份称取去离子水加入容器罐中，然后以 300r/min 的搅拌速度进行搅拌并依次加入芦荟提取物、单面针提取物和调和精油，继续搅拌混合均匀，得混合料 A。

(2) 将步骤 (1) 中得到的混合料 A 送入超声波细胞粉碎机中，使用保鲜膜对容器罐进行封口，然后温度控制在 25～35℃之间并进行超声分散处理，得混合料 B。通过超声分散处理，有效提高了物料的分散效果，进而有利于提高产品质量。所述超声分散处理的频率为 10～20kHz；所述分散处理的时间为 15～35min。

(3) 按照质量份称取医用酒精，依次加入丙二醇和山梨醇，进行机械搅拌 30～50min，得混合料 C。所述机械搅拌的搅拌速度为 400～600r/min。

(4) 将步骤 (2) 得到的混合料 B 加入至步骤 (3) 得到的混合料 C 中，再加入甘油和氢化蓖麻油聚氧乙烯醚，在 20～30℃下进行搅拌混合均匀，静置 20～40min，400 目过滤，即得。

原料介绍

所述调和精油为迷迭香精油、薄荷油和沉香精油按照质量比为 8∶10∶5 的比例混合而成。

所述单面针提取物的制备方法为：将单面针用去离子水清洗干净，在真空干燥箱中烘干，然后加入 16～28 倍质量的去离子水，采用蒸汽压力锅设备在 90℃、0.4～0.8MPa 下提取 30～50min，再将提取液进行减压浓缩至原体积的 2%，用 800

目筛网过滤，即得所述单面针提取物。

所述芦荟提取物的制备方法为：将芦荟叶清洗干净，然后切成块状，去皮，在−20℃下冷冻6～8h，在室温下融化后送入榨汁机进行榨汁得到芦荟汁，加入前述芦荟汁质量0.04%～0.06%的果胶酶，以400r/min的搅拌速度搅拌25～45min，800目过滤，即得所述芦荟提取物。

产品应用 本品是一种温和型医疗护理用消毒剂。

产品特性 本品具有优异的杀菌抑菌效果，可用于医疗护理用品的杀菌消毒。本品通过单面针提取物、沉香精油和芦荟提取物相互配合，并辅助超声分散处理，起到了协同增效的作用，能够有效提高杀菌抑菌效果。

配方 45 消毒剂

原料配比

原料	配比（质量份）	
	1#	2#
三氯异氰尿酸	20	28
乙醇	40	50
亚氯酸盐	1	3
甘油	1	2
香精	1	2
助溶剂	0.1	0.8
水	35	25

制备方法

（1）在水中加入三氯异氰尿酸，搅拌1～2次，加入乙醇和亚氯酸盐。

（2）取步骤（1）中的液体，倒入甘油、香精，加入助溶剂，充分混合，盖上容器盖，避光保存。

产品应用 本品主要用于医疗单位、家庭、宾馆等，特别是老人、儿童等体质弱的人群的住宿环境的消毒、灭菌。

产品特性 本品消毒、抗菌、杀菌作用强，效果稳定，对人体皮肤及黏膜无刺激、无不良反应，易溶于水，无味，不污染人体衣物，适用范围广，性能好，价格低，制备方法简单，使用方便。

配方 46 含碘消毒剂

原料配比

原料	配比（质量份）				
	1#	2#	3#	4#	5#
碘化钾饱和溶液	21	21	21	21	21
碘	42	40.3	43.4	39.9	44.1
无水磷酸氢二钠	10	9.70	10.5	9.5	10.8
碘酸钾	4	3.80	3.9	3.85	4.2
枸橼酸	10	9.70	10.6	9.5	10.8
聚乙烯吡咯烷酮	63	62	65	58.8	67
壬苯聚醇	100	97	100.8	94.5	101
水	加至6000（体积份）	加至6000（体积份）	加至6000（体积份）	加至6000（体积份）	加至6000（体积份）

制备方法

（1）将水加入碘化钾中，搅拌使碘化钾完全溶解制成饱和溶液，再加入碘搅拌使其溶解制成混合液1，备用。

（2）在25℃下称取聚乙烯吡咯烷酮并加水搅拌获得聚乙烯吡咯烷酮水溶液，称取壬苯聚醇并搅拌溶解于聚乙烯吡咯烷酮水溶液中制成混合液2，备用。

（3）分别配制磷酸氢二钠溶液、碘酸钾溶液和枸橼酸溶液。

（4）在混合液2中缓缓加入混合液1，边加边搅拌，搅拌速度为80r/min，搅拌30min获得混合液3。

（5）将混合液3与磷酸氢二钠溶液、枸橼酸溶液和碘酸钾溶液接触获得混合液4。将混合液3与磷酸氢二钠溶液、枸橼酸溶液和碘酸钾溶液接触的方法、顺序和条件没有特别的限制，只要能够形成均一的混合液即可，可以接触后在密闭的条件下持续搅拌1.5～2.5h，使各组分接触均匀，搅拌速度可以为80～100r/min。

（6）加入去离子水调整溶液有效碘含量为0.65%～0.75%。可以在加入水前对混合液4中有效碘的浓度进行测量，然后计算出需要添加的水的总量。在加入过程中边加水边搅拌，并在加水结束后再继续搅拌25～35min，直至获得均一的溶液。搅拌速度可以为80～100r/min，加水的过程可以在25～30℃下进行。

原料介绍

所述碘化钾饱和溶液是药用级碘化钾的饱和水溶液，所述药用级碘化钾中，碘化钾的含量不少于99.0%。所述碘化钾饱和溶液是在25～30℃下配制获得的。

所述碘为药用级碘，所述药用级碘中，碘含量不低于99.5%。

所述聚乙烯吡咯烷酮为药用级，含氮量为11.5%～12.8%，K值为27～32。

所述聚乙烯吡咯烷酮配制方法，可以将聚乙烯吡咯烷酮添加到水中并搅拌使其完全溶解，配制的温度可以为25～30℃。

产品应用 本品是一种消毒剂，可以适用于皮肤的消毒。例如：当用于注射部位及手术部位消毒时，可以用无菌棉蘸取本品原液在消毒部位擦拭1～2遍，作用1～3min。

当用于外科手术消毒时，在常规洗手的基础上，用无菌纱布蘸取本品原液均匀擦拭从指尖至上臂部和上臂下1/3部位皮肤，作用3～5min。

产品特性

（1）本品的pH、铅含量、汞含量、砷含量、有效碘含量均符合相关标准的规定，稳定性、对微生物的杀灭效果符合相关技术规范的规定。

（2）本品原液对手上的自然菌的平均杀灭对数值＞1.00，达到消毒合格要求。本品在37℃保存90天后，有效碘含量下降率＜10%，稳定性符合《消毒技术规范》的规定。

（3）本品可以有效杀灭化脓性球菌、肠道致病菌、医院感染常见细菌和致病性酵母菌。

配方 47 含氯己啶消毒剂

原料配比

原料	配比(质量份)		
	1#	2#	3#
甘草	1	5	3
十四碳烷酸异丙酯	2	10	6
乙醇	40	60	50
氯己啶	1	2	1.5
异丙醇	2	4	3
去离子水	50	80	65

制备方法 将各组分原料混合均匀即可。

产品应用 本品主要应用于各种皮肤表层的消毒。

产品特性 本品不良反应小，污染小，环保，稳定性好，不易分解挥发，保存时间长，节约了消毒的成本，有较高的经济价值。

配方 48 含过氧化氢复方消毒剂

原料配比

原料	配比(质量份)							
	1#	2#	3#	4#	5#	6#	7#	8#
过氧化氢	38.5	30	30	50	50	35	35	40
硝酸银	0.066	0.01	0.1	0.01	0.1	0.02	0.06	0.02
柠檬酸	0.024	0.004	0.036	0.004	0.036	0.007	0.021	0.007
明胶	0.009	0.001	0.014	0.001	0.014	0.003	0.009	0.003
磷酸	适量	适量	适量	适量	适量	适量	适量	适量
去离子水	加至 100	加至 100	加至 100	加至 100	加至 100	加至 100	加至 100	加至 100

制备方法

(1) 配制明胶溶液：称取适量明胶加入盛有所需量水的烧杯中，60℃下搅拌至全溶。

(2) 配制磷酸溶液。

(3) 配制硝酸银胶体溶液

① 量取一定量的水，用所述磷酸溶液调节 pH 值至小于 1.5，然后将溶液加热至 55℃；

② 往①所得溶液中加入硝酸银，混匀后加入所述磷酸溶液，搅拌使得所述硝酸银完全溶解时停止加入所述磷酸溶液；

③ 将②所得溶液冷却至 30℃，加入柠檬酸，搅拌至完全溶解；

④ 在③所得溶液中加入所述明胶溶液，搅拌均匀即得硝酸银胶体溶液。

(4) 取适量过氧化氢、硝酸银胶体溶液及去离子水，混匀后调节 pH=0.5，用去离子水补足至所对应体积。其中，所述过氧化氢的终含量为 30%～50%，硝酸银的终含量为 0.01%～0.1%。所述硝酸银与所述柠檬酸和明胶的终含量比为 7：2.5：1。

产品应用 本品是一种消毒剂，可用于杀灭大肠杆菌、金黄色葡萄球菌、多杀性巴氏杆菌。消毒剂使用前稀释至 100～800 倍。

产品特性

(1) 本品克服了单一成分的缺陷，提高了消毒效果及溶液稳定性，杀菌力强，作用快。

(2) 本品杀菌效果显著增强，两有效成分（即过氧化氢和银离子）具有协同增效作用。

(3) 本品久置无银析出，pH 值稳定，有效成分含量无明显降低，产品有效期长，可实现长期使用，因此具有显著的优越性。

配方 49 新型复合型医用碘消毒剂

原料配比

原料		配比(质量份)						
		1#	2#	3#	4#	5#	6#	7#
聚乙烯吡咯烷酮碘(PVP-I)		0.5	2	2	1	1	2	2
胍类消毒剂	盐酸聚六亚甲基胍	1	0.5	—	—	1.5	—	—
	磷酸聚六亚甲基胍	—	—	0.5	1.5	—	2	2
季铵盐	十二烷基二甲基苄基溴化铵	0.08	—	—	—	—	—	—
	十四烷基二甲基苄基氯化铵	—	0.1	—	—	—	—	—
	十四烷基三甲基溴化铵	—	—	0.1	—	—	—	—
	十六烷基二甲基苄基溴化铵	—	—	—	0.2	—	—	—
	十六烷基三甲基溴化铵	—	—	—	—	0.2	—	—
	十八烷基二甲基苄基溴化铵	—	—	—	—	—	0.15	—
	十八烷基三甲基溴化铵	—	—	—	—	—	—	0.15
醇	75%乙醇	—	60	—	—	—	60	—
	95%乙醇	—	—	—	60	—	—	60
	异丙醇	60	—	60		60	—	—
非离子表面活性剂	吐温 80	—	—	—	—	—	5	—
	脂肪醇聚氧乙烯醚	—	—	6	—	—	—	—
	斯盘 80	8	—	—	—	8	—	—
	烷基糖苷	—	5	—	—	—	—	6
	蔗糖酯	—	—	—	8	—	—	—
保湿剂	甘油	—	—	—	—	—	0.1	—
	聚乙二醇 400	—	—	2	—	—	—	2
	山梨醇	1	—	—	2	—	—	—
	丙二醇	—	0.1	—	—	—	—	—
	己二醇	—	—	—	—	1	—	—
柠檬酸		适量	适量	适量	适量	适量	适量	适量

制备方法 先将聚乙烯吡咯烷酮碘、胍类消毒剂和季铵盐加入醇中；然后向其中加入非离子表面活性剂，在 30～75℃下加热混合 1～3h，加入保湿剂；最后用柠檬酸调节 pH 值为 2～5，即得所述新型复合型医用碘消毒剂。

产品应用 本品是一种新型复合型医用碘消毒剂。

产品特性 本品制备工艺简单，具有广谱杀菌效果，起效快，防止耐药菌的产生，同时具有速干、更稳定、持续杀菌时间更长等优点。用于医用消毒时分散性好、易于涂抹、渗透迅速、挥发快、不刺激、不过敏、不着色，具有洗涤能力。有很强的吸附性，无色无味、无毒无害，是一种比较理想的绿色环保型的医用碘消毒剂。

配方 50 新型皮肤消毒剂

原料配比

原料	配比(质量份)				
	1#	2#	3#	4#	5#
药用前列地尔	0.1	0.3	0.178	0.1	0.3
药用阿司匹林或其赖氨酸盐	15	30	19	30	15
分析纯无水乙醇	200	300	265	200	300
药典标准纯蜂蜜	15	30	23	30	15
2-羟丙基-β-环糊精	200	300	275	200	300
0.9%氯化钠溶液	600	1000	823	1000	600
8%氢氧化钠	适量	适量	适量	适量	适量
8%柠檬酸	适量	适量	适量	适量	适量

制备方法

(1) 把蜂蜜、2-羟丙基-β-环糊精在 80～100r/min 搅拌下，分别加入 0.9%氯化钠溶液中，分别溶解完全。

(2) 把步骤 (1) 制得的溶液在 121℃下灭菌 15min，在 60～65℃时，用 0.22μm 过滤。

(3) 过滤后溶液冷却到室温，在 80～100r/min 搅拌下，加入阿司匹林或其赖氨酸盐，溶解完全。

(4) 把前列地尔在 80～120r/min 搅拌下加入无水乙醇中，至溶解完全。

(5) 把步骤 (4) 制得的前列地尔无水乙醇溶液，在 80～100r/min 搅拌下，以滴加方式加入步骤 (3) 制得的 0.9%氯化钠溶液中，使前列地尔溶解完全。

(6) 用质量分数 8%分析纯氢氧化钠溶液调 pH 值为 8.5，用 0.22μm 过滤。

(7) 用质量分数 8%分析纯柠檬酸溶液调 pH 值为 6.5～7.5。

(8) 在 B 级无菌条件下灌装，有 10mL、20mL、30mL、50mL、60mL、80mL、100mL、200mL、300mL、500mL 规格的喷雾剂。

产品应用 本品主要用于脸部、阴道、阴茎、伤口、全身皮肤消毒。

使用方法：喷洒在所要消毒的皮肤部位，每天早上、中午、晚上洗净皮肤后喷洒，或早、晚洗净皮肤喷洒；下次消毒时，可用此消毒剂作为清洗液，清洗前次残留物，再作消毒液。

产品特性

(1) 本品可用于皮肤清洗和消毒，对皮肤具有清洗、消毒、保护、滋润作用。

(2) 本品在传统的消毒剂乙醇、0.9%氯化钠溶液、蜂蜜对皮肤消毒的基础上，使用了抗血栓、抗血小板聚集、扩张血管、改善微循环的前列地尔，改善了消毒皮肤局部血液流通，增强了消毒部位病原微生物免疫力。

配方 51 新型中药消毒剂

原料配比

原料		配比(质量份)			
		1#	2#	3#	4#
中药提取物	野菊花	9	15	12	10
	金银花	6	15	10	8

续表

原料		配比(质量份)			
		1#	2#	3#	4#
中药提取物	薄荷	10	20	15	18
	去离子水	适量	适量	适量	适量
增溶剂	吐温 80	0.05	—	—	—
	吐温 20	—	0.1	—	—
	丙二醇	—	—	0.03	—
	甘油	—	—	—	0.04
防腐剂	山梨酸钾	0.02	—	—	—
	苯甲酸钠	—	0.2	—	—
	山梨酸	—	—	0.12	—
	丙酸钙	—	—	—	0.18
甜味剂	甜菊糖苷	0.025	—	—	—
	木糖醇	—	0.05	—	—
	山梨糖醇	—	—	0.035	—
	甜蜜素	—	—	—	0.04
去离子水		加至 100	加至 100	加至 100	加至 100

制备方法

(1) 将野菊花、金银花和薄荷，加去离子水适量，浸泡，采用水蒸气蒸馏法进行蒸馏，收集蒸馏液，备用。

(2) 将蒸馏后的水溶液过滤，另器保存，备用。

(3) 药渣再加水煎煮两次，合并煎液，过滤，滤液与步骤 (2) 所得水溶液合并，浓缩，离心，过滤，滤液备用。

(4) 将增溶剂加入步骤 (1) 所得蒸馏液中，混匀，然后加入防腐剂、甜味剂，与步骤 (3) 所得滤液合并，混匀，加去离子水至全量，混匀即得。

产品应用 本品是一种有中药提取成分的用于口腔及皮肤外黏膜的消毒剂。

产品特性 由于采用了天然草药作为原料，所以本品无毒、安全，对人体没有害处，杀菌效果良好。本品应用于口腔及皮肤外黏膜消毒，对人体皮肤黏膜无刺激、无不良反应，适用范围广，使用方法简单，具有芳香气味。

配方 52 药房用消毒剂

原料配比

原料	配比(质量份)		
	1#	2#	3#
蜈蚣草	20	25	30
皂角刺	21	18	15
艾叶	28	30	32
青蒿	25	23	21
大蒜	8	9	10
麻黄	16	14	12
蔓荆子	11	13	15
冰片	14	12	10
蛇床子	10	12	14
没药	16	14	12
菟丝子	6	7	8
去离子水	适量	适量	适量

制备方法

(1) 按配比取大蒜绞汁，滤杂质，留汁液，备用。

(2) 按配比称取蜈蚣草、皂角刺、艾叶、青蒿、麻黄、蔓荆子、冰片、蛇床子、没药、菟丝子，洗净晾干，切碎后置于容器内，加入原料药总质量8～10倍的水浸泡5～6h，煮沸2～3h，提取；再次加入6～8倍量的水，煮沸1.5～2.5h，提取；最后，加入4～6倍量的水，加热煮沸1～2h，提取；合并三次提取液，过滤，得滤液，备用。

(3) 将大蒜汁液加入提取液中，搅拌均匀，再次过滤，将滤液灌装封存，55～65℃下紫外线灭菌20～30min，即可。

产品应用 本品主要用于医院药房以及市场上药房的清洁消毒。

产品特性 本品具有抑菌杀菌的效果，效果明显，无不良反应，成本低。

配方 53 液体消毒剂

原料配比

原料	配比(质量份)					
	1#	2#	3#	4#	5#	6#
聚六亚甲基双胍	0.1	0.5	1.0	1.5	2.0	1.5
季铵盐	0.5	0.2	0.3	0.3	0.05	0.25
甘油	4	5	2	3	3	0.5
非离子表面活性剂	0.5	1	0.1	0.3	0.8	0.4
水	94.9	93.29	96.5	94.75	93.95	97.2
维生素E	—	0.01	0.1	0.15	0.2	0.15

制备方法 将各组分原料混合均匀即可。

原料介绍

所述季铵盐为十二烷基二甲基苄基氯化铵、十二烷基二甲基苄基溴化铵、十四烷基二甲基苄基氯化铵、十四烷基二甲基苄基溴化铵、十六烷基二甲基苄基氯化铵、十八烷基二甲基苄基氯化铵、辛基癸基二甲基氯化铵、双癸基二甲基氯化铵、二辛基二甲基氯化铵、双十二烷基二甲基氯化铵、双十八烷基二甲基氯化铵、辛基十二烷基二甲基氯化铵其中一种或几种。

所述非离子表面活性剂为脂肪醇聚氧乙烯醚、烷基酚聚氧乙烯醚、脂肪酸聚氧乙烯酯、脂肪酸甲酯乙氧基化物、聚丙二醇环氧乙烷加成物、月桂基二甲基氧化胺、辛基二甲基氧化胺、肉豆蔻基二甲基氧化胺、失水山梨醇酯中的一种或几种。

产品应用 本品主要用于辅助生殖技术的环境和人员消毒。

产品特性 本品不含有对精子、卵子和胚胎产生毒害的挥发性有机碳类化合物；采用广谱杀菌剂聚六亚甲基双胍替代醛类化合物，无刺激性和致突变性；防止医护人员皮肤的老化，避免消毒剂对皮肤的伤害。

配方 54 医疗器材用环保型中药消毒剂

原料配比

原料	配比(质量份)		
	1#	2#	3#
五倍子	16	20	18
百部	15	17	16

续表

原料	配比(质量份)		
	1#	2#	3#
黄芪	14	16	15
金银花	10	12	11
黄连	8	11	9.5
黄芩	6	8	7
柴胡	6	7	6.5
板蓝根	3	5	4
当归	5	7	6
苦参	6	10	8
野菊	4	8	6
姜黄	2	4	3
鱼腥草	5	7	6
大黄	2	3	2.5
大风子	1	2	1.5
丁香油	1	3	2
植物粉	5	9	7
干燥剂	2	4	3
95%乙醇	34	38	36

制备方法

(1) 按要求称量各组分原料;

(2) 将五倍子、百部、黄芪、金银花、黄连、黄芩、柴胡、板蓝根、当归、苦参、野菊、姜黄、鱼腥草、大黄、大风子,按顺序加入高速粉碎机中粉碎,粉碎至100~200目,向粉碎后的混合物中加入95%乙醇,然后回流提取3~5次,每次40~50min,合并提取液并冷却10~20min,回收乙醇,得到提取液A;

(3) 将丁香油、植物粉加入高速搅拌机中搅拌,搅拌速度800~1000r/min,搅拌时间1~2h,再将混合物加入反应釜中,在温度为100~110℃下反应20~40min,得到混合物B;

(4) 将步骤(2)中制得的提取液A、步骤(3)中制得的混合物B、干燥剂加入高速混合机中,充分搅拌以使所有材料混合均匀,搅拌速度700~800r/min,搅拌时间40~50min,制得医疗器材用环保型中药消毒剂。

原料介绍

所述柴胡为北柴胡且顶端残留至少5个纤维状叶基。

所述丁香油为桃金娘科植物丁香的干燥花蕾经提取得到的挥发油。

所述植物粉为茉莉粉、薰衣草粉、腊梅粉,按照质量比1∶2∶3组成混合物。

所述干燥剂为硅胶、膨润土干燥剂、纤维干燥剂,按照质量比1∶3∶2组成混合物。

产品应用 本品是一种医疗器材用环保型中药消毒剂。

产品特性

(1) 本品绿色环保、高效、无不良反应,同时杀菌时间短、杀菌效果好。

(2) 本品无毒、无味、无腐蚀、无污染,对医疗器材安全性不会造成影响。此外,纤维干燥剂吸湿速率快,可以自然降解,对环境不会造成污染。

配方 55 医疗器械清洁消毒剂

原料配比

原料	配比(质量份)	原料	配比(质量份)
印楝子提取物	5～10	乙二醇	0.3～0.8
苦参胆碱	2～6	山梨醇	1～6
槟榔提取物	0.5～2.5	水	25～40
二甲基硬脂基氧化胺	0.1～0.5		

制备方法 首先将水加热至70～80℃，加入印楝子提取物、苦参胆碱、乙二醇、山梨醇，形成混合醇溶液，搅拌均匀；将槟榔提取物、二甲基硬脂基氧化胺相混合，搅拌均匀；最后将上述两种混合液充分混合，微热至20～30℃，搅拌均匀，冷却，静置，即制成本品。

产品应用 本品是一种医疗器械清洁消毒剂。

产品特性 本品具有清洁、消毒、灭菌等作用，温和、无刺激、无刺激性气味，制备方法简便易行，成本较低，无污染。

配方 56 医疗器械消毒剂

原料配比

原料	配比(质量份)				
	1#	2#	3#	4#	5#
二溴海因	1	2	1.3	1.7	1.5
多聚甲醛	1.6	3.8	2.0	3.4	3.2
还亮草	11	15	12	14	13
消毒药	7	13	9	11	10
岗松	8	12	9	11	10
细叶桉叶	6	8	6.5	7.5	7
苦石莲	4	7	5	6	5.5
环氧乙烷	2.2	3.8	2.6	3.4	3
Gemini 季铵盐	2	3	2.3	2.7	2.5
氯化磷酸三钠	0.5	1.5	0.8	1.2	1
绿茶水	适量	适量	适量	适量	适量
70%～90%乙醇	适量	适量	适量	适量	适量
50%乙醇	适量	适量	适量	适量	适量
去离子水	适量	适量	适量	适量	适量
1.2%～1.8%稳定剂	适量	适量	适量	适量	适量

制备方法

(1) 将苦石莲和还亮草混合，加入绿茶水浸泡40～70min，取出，文火炒干，与消毒药、岗松和细叶桉叶一同研碎成细粉，过35～65目筛，得混合细粉备用。绿茶水的量为所述原料药量的1.6～3.0倍。

(2) 将步骤(1)所得混合细粉置于50℃的70%～90%乙醇中浸泡1～4h，然后置于超声波振荡提取器中，于420W功率下进行提取，提取液在3000r/min的转速下离心8～20min，收集上层清液，备用。乙醇的量为混合细粉量的8～16倍。

(3) 向50%乙醇中边搅拌边加入二溴海因至刚好溶解，得二溴海因乙醇液；将氯化磷酸三钠溶于去离子水中，配成15%氯化磷酸三钠溶液，向该溶液中缓慢加入多聚甲醛，搅拌使之充分溶解，与二溴海因乙醇液混匀，备用。

(4) 将步骤(2)和(3)所得溶液混合，倒入烧瓶内，置于磁力搅拌器上，边搅拌边加入 Gemini 季铵盐和 1.2%～1.8%稳定剂，室温下继续搅拌 25～45min，所得溶液经超滤膜超滤后，通入环氧乙烷，封装，即得。

原料介绍 稳定剂为半胱氨酸。

产品应用 本品是一种医疗器械消毒剂。

产品特性

(1) 本品配方科学、制备简单、效果显著。

(2) 本品筛选出抗菌效果较强的多味草药进行合理配伍，制得具有快速杀菌、抗菌广谱、抑菌时间长等特点的消毒剂。

(3) 本品消毒效果好，能够快速杀死器械上的病菌，且对设备无腐蚀作用，性能稳定，保质期长。

(4) 本品不产生挥发性刺激气味，无毒、无污染，不会对患者造成身体上的伤害。

配方 57 医用防锈消毒剂

原料配比

原料	配比(质量份)		
	1#	2#	3#
钼酸钠	3	8～10	12
苯甲酸钠	0.4	0.5～0.7	0.08
氢氧化钠	8	9～10	10
次氯酸钠	0.02	0.03～0.05	0.05
薄荷脑	3	4～6	8
异丙醇	3	4～6	6
醋酸洗必泰	0.3	0.4～0.7	0.8
双氧水	0.03	0.04～0.06	0.06
蓖麻酸	0.4	0.5～0.7	0.8
去离子水	13	15～17	19

制备方法

(1) 称取原料，将氢氧化钠溶于去离子水中，自然冷却后得氢氧化钠溶液；

(2) 将钼酸钠、苯甲酸钠、异丙醇、薄荷脑和醋酸洗必泰混合后，加至氢氧化钠溶液中，搅拌 4～8min，文火加热 10～15min 后再加入次氯酸钠和双氧水，继续搅拌得第一混合物。搅拌速度为 250～350r/min。

(3) 将蓖麻酸逐滴加入第一混合物中，搅拌 3～7min 后静置 24h 过滤得滤液，即为防锈消毒剂。蓖麻酸滴加速度为 8～15 滴/s。

产品应用 本品是一种医用防锈消毒剂。

产品特性 本品防锈效果好，杀菌抑菌能力强，适合用于医疗器械的消毒。杀菌效果明显，抑菌时间长，延长了器械的使用寿命。

配方 58 医用高效消毒剂

原料配比

原料	配比(质量份)		
	1#	2#	3#
去离子水	80	90	100

续表

原料	配比(质量份)		
	1#	2#	3#
胆矾	10	13	15
渗透剂	10	13	15
防腐剂	3	4	5
抑菌剂	3	4	5
杀菌剂	3	4	5
中药粉	3	4	5
雄黄	2	3	4
金银花	2	3	4
薄荷叶提取物	2	3	4
柠檬酸	2	3	4
香味剂	1	2	3

制备方法

(1) 在容器中加入去离子水，将渗透剂、防腐剂、抑菌剂和杀菌剂放入容器中，搅拌均匀，对容器进行加热，水温在50～60℃，时间为30～40min；

(2) 将中药粉、雄黄和金银花加入容器中，搅拌均匀，继续加热，温度为60～70℃，时间为20～30min；

(3) 容器中的溶液冷却后，将胆矾加入容器中，搅拌混合均匀；

(4) 将薄荷叶提取物和柠檬酸加入容器中，搅拌均匀；

(5) 将容器中的溶液倒入过滤装置中，将溶液中残渣过滤，过滤3～5次，得到混合液；

(6) 将香味剂加入混合液中，搅拌均匀，得到消毒剂。

原料介绍

所述渗透剂为仲烷基磺酸钠。

所述防腐剂为琥珀酸。

所述抑菌剂为诺氟沙星、丁香提取液和迷迭香提取液的混合物。

所述杀菌剂为抗霉菌素、硫黄粉和石灰波尔多液的混合物。

所述中药粉为经过干燥的大青叶、水牛角和升麻的研磨混合物。

所述香味剂为薰衣草、鼠尾草和百里香的提取液混合物。

产品应用 本品是一种医用高效消毒剂。

产品特性 本品可以有效地消灭周围环境中的细菌和病毒，并且可以抑制大部分细菌和病毒的生长，使周围形成一个细菌和病毒不易生存的环境，并且加入薄荷叶提取物、柠檬酸和香味剂，使其气味清新；本品配方合理，成本低廉，适于生产和推广应用。

配方 59 医用泡沫消毒剂

原料配比

原料	配比(质量份)			
	1#	2#	3#	4#
醋酸氯己定	0.5	0.2	0.05	0.1
甘油	15	10	8	8

续表

原料	配比(质量份)			
	1#	2#	3#	4#
蜂蜜	—	—	—	6
柴胡皂苷	—	—	—	4
蚕丝蛋白肽	—	—	—	3
水溶性 α-红没药醇	—	—	—	0.3
红景天苷	—	—	—	1
艾叶油	—	—	—	2
无水乙醇	75	60	50	50
葡萄籽精油	2	1	0.1	0.1
乳化剂	0.2	0.12	0.05	2
椰油酸甜菜碱	2	0.9	0.1	0.1
生育酚	1	0.5	0.2	0.2
薰衣草精油	2	1.1	0.1	0.1
去离子水	加至 100	加至 100	加至 100	加至 100

制备方法

1#～3#的制备方法：

将醋酸氯己定溶于无水乙醇中，依次加入甘油、葡萄籽精油、椰油酸甜菜碱、生育酚、薰衣草精油；混匀后加入乳化剂、去离子水，即可制成泡沫消毒液。

4#的制备方法：

(1) 称量：按照配方称取原料。

(2) 溶解：将醋酸氯己定、柴胡皂苷、红景天苷、艾叶油、生育酚溶于无水乙醇中，搅拌（转速为500r/min），加热至60℃，保温30min，加入葡萄籽精油、薰衣草精油，混合，得A液；将甘油、蜂蜜、水溶性 α-红没药醇、椰油酸甜菜碱、蚕丝蛋白肽、乳化剂加入去离子水中，搅拌（转速为600r/min），得B液。

(3) 混合：将B液缓慢加入A液中，滴加速度为100g/min，温度为45℃，搅拌（转速为1000r/min），上述操作完毕后，静置，得医用泡沫消毒剂。

原料介绍

所述乳化剂为OP-10和三甲基硅烷氧基硅烷酯的混合物，质量比为3∶1；

所述艾叶油25℃的折射率为1.4650～1.4770，25℃的相对密度为0.89～0.91，艾叶醇的含量为99.9%；

所述蚕丝蛋白肽，分子量为700，pH值为6，甘氨酸含量40%、丙氨酸含量20%、丝氨酸含量25%；

所述葡萄籽精油，以质量分数计，包括棕榈酸8.58%，硬脂酸2.44%，油酸17%，亚油酸60%；

所述薰衣草精油为浅黄色流动液体，20℃相对密度为0.895，20℃折射率为1.4620，芳樟醇含量为40%，乙酸芳樟酯含量为35%；

所述水溶性 α-红没药醇，质量分数为89%，相对密度为0.925，折射率为1.495。

产品应用 本品是一种医用泡沫消毒剂。

产品特性

(1) 本品泡沫量丰富，泡沫体积分数为40%～46%；热储54±2℃，14天后泡沫含量的减少量仅为0.5%～1.0%。

(2) 本品对手部皮肤消毒效果好，对皮肤无刺激，皮肤柔滑，滋润，保湿。

(3) 本品抑菌时间长；挥干速度快，涂抹于手部后，5～7s内即挥干，且消毒剂在手上无残留。

(4) 本品对人手部皮肤进行消毒，30s内对大肠杆菌、金黄色葡萄球菌、铜绿假单胞菌、白色念珠菌杀灭率为99.99%～100%。

配方 60 医用手部消毒剂

原料配比

原料	配比(质量份)			
	1#	2#	3#	4#
乙醇	100	100	100	100
丁香提取物	9	3	4	8
鲜芦荟提取物	5	12	10	6
雄黄提取物	5	1	3	4
艾叶提取物	2	7	6	4
金银花提取物	11	4	9	6
冰片提取物	3	9	5	7
乌梅提取物	6	1	2	4
大青叶提取物	4	10	8	6

制备方法 将各组分原料混合均匀即可。

产品应用 本品是一种医用手部消毒剂。

产品特性 本品能够直接用于手部消毒，消毒效果好且对人体无不良反应。

配方 61 医用消毒剂

原料配比

原料	配比(质量份)					
	1#	2#	3#	4#	5#	6#
乙二醇二硬脂酸酯	5	10	6	9	7	8
十二烷基二乙醇酰胺	2	7	3	6	4	5
D-氨基葡萄糖酸	2	6	3	5	3	4
十二烷基葡糖苷	1	5	2	4	2	3
茶树油	1	4	2	3	2	3
巴巴苏油酰胺丙基胺氧化物	2	5	3	4	3	4
乙酸	2	6	3	5	3	4
羟基亚乙基二膦酸	1	4	2	3	2	3
硼酸	2	5	3	4	3	4
乙醇	20	30	22	28	24	26

制备方法 按照原料配比，将乙二醇二硬脂酸酯、十二烷基二乙醇酰胺、D-氨基葡萄糖酸、十二烷基葡糖苷、茶树油和巴巴苏油酰胺丙基胺氧化物混合搅拌均匀；再依次将得到的混合物和乙酸、羟基亚乙基二膦酸、硼酸加入乙醇中，升温至50～60℃，搅拌30～50min，待自然冷却，即得所述医用消毒剂。

产品应用 本品是一种医用消毒剂。

产品特性 本品不仅具有优良的灭菌性能，还具有良好的清洁作用；配方合理，安全环保，对人体无不良反应；制备方法简单易行，适于大范围推广应用。

配方 62 医用杀菌消毒剂

原料配比

原料	配比(质量份)							
	1#	2#	3#	4#	5#	6#	7#	8#
乙醇	40	85	45	80	50	75	60	70
新洁灵	15	40	18	35	20	32	25	30
十二烷基二乙醇酰胺	1	15	2	12	2	10	4	8
洗必泰	3	20	5	18	6	15	10	12
十二烷基葡糖苷	0.5	12	0.8	10	1	8	3	6
艾叶油	3	20	5	18	8	15	10	12
巴巴苏油酰胺丙基胺氧化物	1	12	2	10	2	8	4	6
醋酸氯己定	0.02	3	0.04	2.5	0.05	2	0.5	1
椰油酸甜菜碱	0.05	5	0.08	4	0.1	3	0.5	2
生育酚	0.1	6	0.1	5	0.2	4	1	2
羟基亚乙基二膦酸	0.5	10	0.8	9	1	6	2	4
去离子水	30	70	35	65	40	60	50	55

制备方法 将醋酸氯己定溶于乙醇中，依次加入新洁灵、十二烷基二乙醇酰胺、洗必泰、十二烷基葡糖苷、艾叶油、巴巴苏油酰胺丙基胺氧化物、椰油酸甜菜碱、生育酚、羟基亚乙基二膦酸；搅拌均匀后加入去离子水，搅拌均匀即得医用消毒剂。第一次搅拌的速度为100～300r/min；第二次搅拌的速度为200～500r/min，第二次搅拌的时间为0.8～2h。

产品应用 本品是一种医用消毒剂。

产品特性 本品不仅具有优良的灭菌性能，还具有良好的清洁作用。消毒剂配方合理，安全环保，对人体无不良反应。

配方 63 医用抗菌消毒剂

原料配比

原料	配比(质量份)				
	1#	2#	3#	4#	5#
乙醇	20	30	23	28	25
纳米二氧化钛抗菌剂	5	9	6	8	7
薄荷提取物	10	15	12	14	13
十二烷基二乙醇酰胺	5	10	6	8	7
十二烷基葡糖苷	5	10	6	8	7
艾叶油	7	12	8	10	9
肉桂醛	2	8	4	6	5
去离子水	50	60	53	57	55

制备方法

(1) 将薄荷提取物溶于乙醇中，得到第一混合物。

(2) 向第一混合物中按原料配比依次加入纳米二氧化钛抗菌剂、十二烷基二乙醇酰胺、十二烷基葡糖苷、艾叶油、肉桂醛，搅拌混匀得到第二混合物。搅拌速度为150～300r/min，搅拌时间为2h。

(3) 按比例向第二混合物中加入去离子水，再经过超声振荡混匀即得到医用抗菌消毒剂。

原料介绍 所述薄荷提取物的提取方法为：将薄荷叶粉碎成粉末，进行超临界二氧化碳法萃取，分离得到固态萃取物和液态萃取物，在固态萃取物中加入去离子水，加热后保温搅拌，过滤之后即得到薄荷提取物。所述的加热温度为70～80℃。

产品应用 本品是一种医用消毒剂。

产品特性

(1) 本医用消毒剂在使用过程中消毒时效长，在使用之后很长时间内都不会使患者的伤口感染细菌。

(2) 通过在组分中添加纳米二氧化钛抗菌剂和薄荷提取物，两者独有的消毒功能提高了医用消毒剂的消毒效果，延长了消毒时效。

配方 64 医用环保消毒剂

原料配比

原料	配比(质量份)	原料	配比(质量份)
艾叶提取物	5～10	月桂酸	10～20
薰衣草提取物	5～10	乙醇	80～100
藿香	3～5	碘	1～2
乙二醇硬脂酸酯	5～8	醋酸	5～10
莫西沙星	10～15	水	50～80
三氯羟基二苯醚	5～10		

制备方法 将各组分原料混合均匀即可。

产品应用 本品是一种医用消毒剂。

产品特性 本品清洁消毒效果好、时效长、易于保存、成本低廉、高效低毒、对人体及环境无害。

配方 65 抑菌时间长的医用泡沫消毒剂

原料配比

原料	配比(质量份)		
	1#	2#	3#
醋酸氯己定	0.3	0.5	0.7
水溶性 α-松油醇	2	1.0	1
车前草提取物	7	8	10
甘油	15	17	19
葡萄籽精油	2	3	5
蚕丝蛋白肽	3	4	6
茯苓提取物	5	7	8
地榆提取物	6	7	8
艾叶油	2	3.4	4.5
乳化剂	0.2	0.4	0.5
椰油酸甜菜碱	2	2.5	3.1
生育酚	1	1.2	2
薰衣草精油	2	2.8	3.5
去离子水	加至100	加至100	加至100

制备方法

(1) 将醋酸氯己定、蚕丝蛋白肽、地榆提取物、艾叶油、生育酚加入甘油中，搅拌（转速为600r/min)，加热至45℃，保温20min，加入葡萄籽精油、薰衣草精油，混合，得A液。

(2) 将水溶性α-松油醇、车前草提取物、茯苓提取物加入去离子水中，搅拌（转速为800r/min)，温度为35℃，保温15min，得B液。

(3) 将B液缓慢加入A液中，滴加速度为80g/min，温度为40℃，搅拌（转速为850r/min)；滴加完毕后，加入乳化剂、椰油酸甜菜碱，搅拌10min（转速为1200r/min)，静置，得泡沫消毒剂。

原料介绍

所述茯苓提取物为浅黄色粉末，茯苓多糖含量为45%，水分＜4%，灰分＜7%，细度100目。

所述地榆提取物，粒度为200目，含鞣质17%，含三萜皂苷3.5%，含槲皮素2.5%。

所述车前草提取物，桃叶珊瑚苷的含量为98%。

所述艾叶油，25℃的折射率为1.4680，25℃的相对密度为0.90，艾叶醇的含量为99.0%。

所述蚕丝蛋白肽，分子量为700，pH值为6，甘氨酸含量40%、丙氨酸含量20%、丝氨酸含量25%。

产品应用 本品是一种抑菌时间长的医用泡沫消毒剂。

产品特性

(1) 本品对人手部皮肤进行消毒，15s内对大肠杆菌的杀灭率达99.7%～100%；对金黄色葡萄球菌杀灭率达99.6%～99.999%；对铜绿假单胞菌杀灭率达99.97%～99.999%；对结核杆菌杀灭率达99.1%～99.9%；对流感病毒杀灭率达98.4%～99.8%；对白色念珠菌杀灭率达99.8%～99.999%。抑菌时间长，用于皮肤外伤，促进伤口愈合，提高伤口愈合率。

(2) 本品对手部皮肤无刺激，具有滋润皮肤、增加皮肤水分的作用。

配方 66 用于病房床上用品的消毒剂

原料配比

原料	配比(质量份)		
	1#	2#	3#
艾叶	40	45	50
紫苏	25	30	35
碳酸氢钠	10	12.5	15
薰衣草精油	8	10	12
甘草	30	35	40
黄连	15	20	25
百里香	17	20	23
桂皮油	13	14	15
山苍子油	9	12	14
山梨酸	8	9	10
雪松叶	18	20	22

续表

原料	配比(质量份)		
	1#	2#	3#
蜂胶	12	14	16
乌梅	7	8	9
玄参	8	9	10
柠檬草	16	17	18
十二烷基硫酸钠	10	12.5	15
三聚磷酸钠	4	5	6
75%乙醇	20	25	30
无水乙醇	27	30	37
食盐	8	9	10
无水硫酸钠	9	10	11
去离子水	适量	适量	适量

制备方法

(1) 细化筛分：将艾叶与紫苏、百里香、柠檬草混合投入超微粉碎机中进行粉碎，过120目筛，然后收集混合粉末备用；将甘草切片，直径为5～10mm，厚度为3～5mm，然后置于研钵中进行研磨至呈细小粉末状，过80目筛并收集得到的甘草粉末；将乌梅去核，然后放入80～100℃的干燥箱中进行干燥至水分含量在2%以下，再投入粉碎机中进行粉碎并过40目筛收集；将玄参、黄连放入40～50℃的去离子水中，然后加入碳酸氢钠搅拌5～10min并于通风橱内密封放置36～44h，放置完成后捞出并置于温度为-60～-50℃的冷冻干燥机中进行干燥至水分含量在5%以下，然后投入粉碎机中进行粉碎，过40目筛并收集得到的粉体。

(2) 提取纯化：将步骤(1)中得到的混合粉末与去离子水以质量比为(1～3)∶(3～7)混合拌匀，然后于80～90℃下进行蒸馏50～60min，蒸馏完成后过滤并在得到的滤液中加入食盐，搅拌，静置20～30min，再加入无水硫酸钠去除水分并过滤收集得到的混合液体；将步骤(1)中得到的粉体放入75%乙醇中搅拌10～15min，然后密封静置20～24h，完成后再将其进行过滤，收集得到的滤液并置于旋转蒸发仪中进行减压浓缩30～40min，减压浓缩时的温度为50～60℃，收集得到的浓缩液密封保存；将步骤(1)中得到的乌梅粉与雪松叶混合置于含16～18个直径为3～5mm钢球的球磨机中进行球磨处理，处理完成后与无水乙醇混合置于萃取罐中并密封，然后通入二氧化碳并加压至20～30MPa，再将萃取罐内温度升至55～65℃并萃取90～120min，完成后过滤，收集得到的萃取液，萃取时二氧化碳的动态流量为40～50kg/h。

(3) 溶合强化：将薰衣草精油、桂皮油及山苍子油置于搅拌机中搅拌30～40min，然后收集并加入蜂胶密封置于温度为120～150℃的蒸汽室内进行热化处理40～50min，处理完成后转入真空搅拌机中并调整功率为30～40kW，然后加入步骤(2)得到的混合液体及浓缩液处理10～20min，处理完成后调整真空搅拌机功率为120～150kW并加入步骤(1)得到的甘草粉末及步骤(2)得到的萃取液，混合搅拌处理30～40min，处理完成后置于140～160目的过滤机中进行过滤，再将得到的滤液置于静态平板式处理室中进行强化处理0.4～0.6s，处理完成后投入压力为50～60MPa的均质机中并加入山梨酸、十二烷基硫酸钠及三聚磷酸钠进行均质60～

70s，均质完成后于120目的过滤机中过滤，所得滤液即为用于病房床上用品的消毒剂。强化处理时的电场频率为10～14Hz、电场强度为20～40kV/cm。

产品应用 本品用作病房床上用品的消毒。

产品特性 本品具有良好的清洁、抑菌及抗病毒性能，且用量小，使用后的去污率可达94.6%以上，抑菌抗病毒率可达97.8%以上。

配方 67 用于放射室的消毒剂

原料配比

原料	配比(质量份)		
	1#	2#	3#
聚维酮碘	22	24	27
褐藻多糖硫酸酯	21	23	26
过氧乙酸	14	16.8	19.5
苦苣	17	22	27
马兜铃	15	18	24
薰衣草	15	18	24
仙人掌	13	16	19
芦荟	12	14.5	17
草决明	12	14.5	17
黄芪	11	13.3	15.5
茵陈	10	12.3	14.5
川贝母	8	10.2	12.5
菊花	8	10.2	12.5
富硒茶叶	5	6	7
甘草	4	5	6
硝酸银	2	3.2	4.5
85%乙醇	适量	适量	适量
去离子水	适量	适量	适量

制备方法

(1) 将聚维酮碘、褐藻多糖硫酸酯、过氧乙酸、硝酸银依次加入55%～60%(质量分数)的60℃的去离子水中，搅拌均匀，得到混合液A。

(2) 按照仙人掌13～19份、芦荟12～17份、草决明12～17份、黄芪11～15.5份、川贝母8～12.5份、甘草4～6份比例准确称量草药，将其粉碎至70～90目，混合均匀，得到物料C；将驯化后的地衣芽孢杆菌、纳豆芽孢杆菌、酵母菌按照活菌数比例2：1：2制备成发酵剂D；将物料C、发酵剂D、去离子水按照体积比1：(0.2～0.4)：18的比例发酵25～30h，并控制发酵温度38～40℃，转速350r/min，通气量25～30L/min，得到发酵液M。

(3) 将苦苣、马兜铃、薰衣草、茵陈、菊花、富硒茶叶加4倍量的85%乙醇提取三次，每次1.8h，合并三次提取液，得到提取液N，过滤，将残渣加水煎煮两次，合并两次滤液，得到液体L；将混合液A、发酵液M、提取液N、液体L加入反应釜中，然后加去离子水搅拌混合2h，成为均相澄明的液体，即得放射室的消毒剂。

产品应用 本品主要用于放射室的消毒。

产品特性 本品中聚维酮碘、褐藻多糖硫酸酯能够降低放射室的辐射对皮肤黏膜的刺激，增强消毒效果，杀菌力强，能够直接杀灭细菌、真菌，杀菌速度快。溶液中的过氧化氢和银离子能够大大增强杀菌效果。

配方 68 预防手术部位感染的皮肤黏膜消毒剂

原料配比

原料	配比(质量份)			
	1#	2#	3#	4#
小马齿苋	86	79	72	65
大蒜	84	77	70	63
八仙草	84	77	70	63
地菍	79	73	65	59
鸭儿芹	77	71	63	57
槐枝	77	71	63	57
土囵儿	74	66	60	54
蕨根	74	66	60	54
肿节风	67	59	53	47
金挖耳	67	59	53	47
苦参	65	57	51	45
美穗草	61	54	48	42
榕树叶	61	54	48	42
姜黄	54	46	41	36
石荠苎	54	46	41	36
小檗	39	34	30	25
醋液	适量	适量	适量	适量
去离子水	适量	适量	适量	适量

制备方法

(1) 将小马齿苋、大蒜、八仙草、美穗草和榕树叶捡净，绞汁，滤杂质，留汁液备用。

(2) 将地菍、槐枝、金挖耳、苦参和小檗放入容器中，加入10倍量去离子水浸泡4h后，加热煮沸4h，提取；第二次加入8倍量去离子水加热煮沸3h，提取；第三次加入6倍量去离子水加热煮沸2h，提取；合并三次所得提取液，过滤，得滤液备用。

(3) 将鸭儿芹、蕨根、肿节风、姜黄和石荠苎微波烘干，研末，得到过180目的细粉，备用。

(4) 将土囵儿浸入3倍体积量的醋液中4～6h，取出烘干，研末，得到过120目的细粉，备用。

(5) 将步骤(1)～(4)所制得的汁液、滤液和细粉混合，并加入10～12倍量的去离子水，搅拌溶解均匀后，加热煮沸1h，置60℃以下，静置1h，过滤，得滤液，将滤液灌装封存，121℃热压灭菌30min，包装，即为所述的预防手术部位感染的皮肤黏膜消毒剂。

产品应用 本品是一种预防手术部位感染的皮肤黏膜消毒剂。

产品特性 本品所选药材配伍相宜，具有杀菌能力强、作用速度快、稳定性强、无毒性、易溶于水、价格低廉等优点，且对人体皮肤无刺激、无腐蚀性，能够预防术后手术部位感染，可提高患者术后愈合效率。

配方 69 止血钳用消毒剂

原料配比

原料	配比(质量份)	原料	配比(质量份)
金银花提取液	3	去离子水	95
艾叶提取液	3	防腐剂	0.8
过氧化氢	2.5	次氯酸钠	0.2
茉莉花提取液	4	生物酶	6
硫酸铜	5	亚氯酸盐	7

制备方法 将各组分原料混合均匀即可。

原料介绍 所述的生物酶是凝血酶。所述的防腐剂是富马酸二甲酯。

产品应用 本品是一种止血钳用消毒剂。

产品特性 本品原料易得，使用方便，能够有效地消毒止血钳，对于人的皮肤无损害，气味不刺鼻，香味浓郁，不伤手，成本低。

配方 70 草药皮肤消毒剂

原料配比

原料		配比(质量份)					
		1#	2#	3#	4#	5#	6#
双氯苯双胍己烷		1.1	1.2	1	1.2	1.2	1.1
碘		1.2	1.2	1	1.3	1.1	2
醇类	异丙醇	50	48	45	—	—	—
	1.6%的乙醇	—	—	—	55	—	—
	丙二醇	—	—	—	—	46	—
	山梨醇	—	—	—	—	—	50
单链季铵盐类	苯扎溴铵	0.3	0.3	0.2	0.5	0.3	0.3
生物酶	蛋白酶和脂肪酶	0.12	0.12	0.1	—	—	—
	淀粉酶	—	—	—	0.15	—	0.12
	蛋白酶、脂肪酶及淀粉酶的混合物	—	—	—	—	0.13	—
草药提取物		35	37	30	40	36	35

制备方法 将各组分原料混合均匀即可。

原料介绍 所述草药提取物包括芦荟提取物、洋甘菊提取物、金银花提取物、奇异果提取物、大蒜提取物、生姜提取物、石榴皮提取物、艾蒿提取物、鱼腥草提取物、甘草提取物、板蓝根提取物和茶叶提取物一种或几种混合物。

产品应用 本品是一种温和、无刺激、高效消毒的草药皮肤消毒剂。

产品特性 本品有效解决现有皮肤消毒剂引起过敏、消毒效果差等问题，通过草药提取物而实现温和、无刺激、修复的效果。

配方 71 中药消毒剂

原料配比

原料	配比(质量份)					
	1#	2#	3#	4#	5#	6#
五倍子	10	25	15	20	17	13
忍冬	10	25	15	20	19	19
生栀子	15	30	20	25	23	24

续表

原料	配比(质量份)					
	1#	2#	3#	4#	5#	6#
白蔹	10	25	15	20	18	21
赤芍	5	20	10	15	13	16
青黛	20	35	25	30	27	31
马齿苋	5	25	10	20	15	12
金樱子	20	35	25	30	27	30
覆盆子	5	20	10	15	13	16
生姜	15	30	20	25	24	24
白茅根	10	25	15	20	18	20
毫菊	10	25	15	20	17	22
苦参	5	25	10	20	15	18
苍术	20	35	25	30	27	34
佩兰	5	25	10	20	15	23
穿心莲	10	30	15	25	20	25
地锦草	5	25	10	20	15	25
地榆	10	25	15	20	17	19
薄荷叶	5	25	10	20	15	20
甘草	15	30	20	25	22	23
95%乙醇	适量	适量	适量	适量	适量	适量
医用级乙醇	适量	适量	适量	适量	适量	适量
去离子水	适量	适量	适量	适量	适量	适量

制备方法 将中药各组分按质量份比例混合后，进行超微粉碎，得到超微粉，向超微粉中加入占药物总质量 8 倍的质量分数为 95%的乙醇，然后回流提取 3 次，每次 40~60min，合并提取液并冷却 10min，回收乙醇；向提取液中加入医用级乙醇，充分搅拌，再经 16 层纱布过滤，滤液中加入去离子水，每千克原料制成含乙醇量 25%~35%的消毒剂 2000mL。

产品应用 本品是一种中药消毒剂。

产品特性

(1) 本品具有良好的除菌效果，对空气中细菌杀菌率达到 99%以上。

(2) 本品药物配伍相宜，具有广谱杀菌效果，无刺激，杀菌能力强，且药材易得，各药材均无不良反应，长期使用也不会损伤皮肤，使用安全。

三、空气消毒剂

配方 1 除甲醛、甲苯空气消毒剂

原料配比

原料	配比(质量份)			
	1#	2#	3#	4#
艾叶	10	12	15	15
藏青果	10	15	20	18
甘草	10	15	20	18
金银花	5	8	10	6
连翘	5	8	10	6
茉莉	5	8	10	6
氨基酸	1	2	3	3
碳酸氢钠	适量	适量	适量	适量
二氯异氰尿酸钠	0.5	0.7	1	1
螯合剂	0.5	0.7	1	1
去离子水	适量	适量	适量	适量

制备方法 按配方称取艾叶、藏青果、甘草、金银花、连翘、茉莉粉碎，加入8～12倍pH值为9～11的去离子水浸泡20～25min后，加热提取2～3次，加热温度为88～93℃，每次1.5～2h；合并提取液，过滤，加活性炭脱色，过滤，滤液浓缩至原体积的1/3；按配方称取氨基酸、二氯异氰尿酸钠及螯合剂并加入浓缩液中，搅拌溶解直至形成均一的溶液即得。

原料介绍

所述金银花为金银花叶子。

所述螯合剂为聚天冬氨酸。

所述pH值为9～11的水溶液是在去离子水中加入碳酸氢钠调节得到。

产品应用 本品是一种除甲醛、甲苯空气消毒剂。

产品特性

本品由植物性原材料化学成分复配而成，对室内消毒的同时，除去空气中的甲醛和二甲苯等有害气体，杀菌消毒效果好。与纯化学消毒剂相比，大量的植物性材料的加入减少了化学成分的使用，配方无毒，无刺激，无不良反应无金属腐蚀性，不会造成二次污染，消毒效果好。

配方 2　除去甲醛、甲苯的空气消毒剂

原料配比

原料	配比(质量份)		
	1#	2#	3#
艾叶	20	25	30
茉莉	10	11	12
丁香酚	10	11	12
广藿香	16	17	18
苦皮藤素	12	13	14
菊酯	10	15	20
藏青果	11	12	13
连翘	12	13	14
龙葵	10	15	20
甘草	10	15	20
金银花	11	12	13
去离子水	100	150	200
碳酸氢钠	适量	适量	适量

制备方法

(1) 将艾叶、茉莉、苦皮藤素、藏青果、连翘、龙葵、甘草、金银花粉碎，加入10倍pH值为9～11的去离子水浸泡20～25min后，加热提取2～3次，每次1.5～2h，合并提取液，过滤；

(2) 向上述滤液中加入丁香酚、广藿香、菊酯，过滤，滤液浓缩至原体积的1/3，搅拌溶解直至形成均一的溶液即得。

产品应用　本品是一种除甲醛、甲苯空气消毒剂。

产品特性　本品在对空气消毒的同时，能有效除去空气中的甲醛、甲苯，无不良反应，无二次污染。

配方 3　复方空气消毒剂

原料配比

原料	配比(质量份)		
	1#	2#	3#
鲎素抗菌肽	3	3.5	4
海洋吲哚生物碱	3	3.5	4
香薷提取物	3	3	3.5
虎杖提取物	3	3	3.5
贯众提取物	2	2	2.5
鱼腥草提取物	2	2	2.5
N-三甲基壳聚糖	6	6.5	7
聚六亚甲基胍	8	9	10
去离子水	70	67.5	63

制备方法

(1) 按配比将香薷提取物、虎杖提取物、贯众提取物及鱼腥草提取物混合均匀，形成混合液；

(2) 将上述混合液进行吸附过滤至无色透明液体，用硅藻泥吸附器在45℃将杂

质及色素吸附过滤为无色透明液；

(3) 将鲎素抗菌肽、N-三甲基壳聚糖按比例混合均匀，加入上述冷却后的无色透明液中；

(4) 按配比加入聚六亚甲基胍、海洋吲哚生物碱及去离子水，搅拌均匀；

(5) 静置、分装、检验合格入库。

原料介绍 本品原料中有鲎素抗菌肽，鲎又称马蹄蟹，是一种生活在海洋中的大型底栖节肢动物，是动物界具有独特进化地位的活化石之一。鲎素抗菌肽是从鲎血细胞小颗粒分离提取的一类抗菌肽，具有抗细菌、抗真菌、抗病毒、抑制肿瘤细胞增殖和诱导癌细胞分化的生物活性，是一类具有巨大潜在应用价值的抗菌肽。

产品应用 本品主要用于医疗机构空气的杀菌消毒，也可用于家庭、宾馆、商场、学校、银行、办公室及汽车等环境中的空气消毒。

产品特性

(1) 消毒杀菌效果显著，对医院内常见致病菌的杀灭尤为显著；

(2) 使用范围广，适合于各种环境场所和各类人群所处的空气环境消毒、杀菌；

(3) 无毒、无刺激、无腐蚀性、对人体无害；

(4) 本品化学性质极为稳定，杀菌持续性强；

(5) 生物制剂，绿色环保；

(6) 本品可以有效去除封闭环境中的病原微生物，祛除异味清新空气，有效控制病毒、细菌等空气中传染源的传播，对物体表面及人体皮肤黏膜、呼吸道均无刺激。

配方 4 复方中药空气消毒剂

原料配比

原料	配比(质量份)	
	1#	2#
含有柠檬醛挥发油	40	50
含有桉叶素挥发油	30	10
含有 α-松油挥发油	1	5
含有 β-桉叶醇挥发油	20	20
含有柠檬烯挥发油	8	12
稀释剂	1	3

制备方法

(1) 按照本品所含组分分别称取各挥发油组分和稀释剂；

(2) 将称取的各挥发油组分和稀释剂进行混合，搅拌均匀即可。

原料介绍

所述的含有柠檬醛挥发油是以山苍子为原料采用水蒸气蒸馏法蒸馏获得。该蒸馏法蒸馏提取所述含有柠檬醛挥发油过程中，控制料液比为1∶(10～100)，水温80～100℃，时间为1～4h，优选控制料液比为1∶10，水温80～100℃，时间为2h。待蒸馏液冷却后进行水油分离，收集油相，即为含有柠檬醛挥发油。

所述的含有柠檬醛挥发油柠檬醛含量≥65%。

所述的含有桉叶素挥发油是以桉叶为原料采用水蒸气蒸馏法蒸馏提取获得。该蒸馏法蒸馏提取所述含有桉叶素挥发油过程中，控制料液比为1∶(10～100)，水温

80～100℃，时间为1～4h，优选控制料液比为1∶10，水温80～100℃，时间为2h。待蒸馏液冷却后进行水油分离，收集油相，即为含有桉叶素挥发油。

所述含有桉叶素挥发油桉叶素含量≥70%。

所述的含有β-桉叶醇挥发油是以苍术为原料采用水蒸气蒸馏法蒸馏提取获得。在具体实施时，该蒸馏法蒸馏提取所述β-桉叶醇挥发油过程中，控制料液比为1∶(10～100)，水温80～100℃，时间为1～4h，优选控制料液比为1∶10，水温80～100℃，时间为2h。待蒸馏液冷却后进行水油分离，收集油相，即为β-桉叶醇挥发油。

所述含有β-桉叶醇挥发油β-桉叶醇含量≥65%。

所述的含有柠檬烯挥发油是以陈皮为原料采用水蒸气蒸馏法蒸馏提取获得。在具体实施时，该蒸馏法蒸馏提取所述含有柠檬烯挥发油过程中，控制料液比为1∶(10～100)，水温80～100℃，时间为1～4h，优选控制料液比为1∶10，水温80～100℃，时间为2h。待蒸馏液冷却后进行水油分离，收集油相，即为含有柠檬烯挥发油。

所述含有柠檬烯挥发油柠檬烯含量≥85%。

所述的含有α-松油挥发油是以茶树为原料、乙醇为溶剂采用微波萃取获得；在具体实施时，所述微波萃取α-松油烯挥发油过程中，以乙醇的水溶液为溶剂，微波功率100～5000W，萃取时间为10～60min，温度为50～85℃，料液比为1∶(8～20)。优选的微波功率为500W，萃取时间为30min，温度为65℃．料液比为1∶8，萃取后除去乙醇。其中，乙醇的水溶液体积分数为但不仅仅是70%。

所述的含有α-松油烯挥发油α-松油烯含量≥75%。

所述的稀释剂选用食品级无水乙醇。

产品应用 本品是一种复方中药空气消毒剂。

使用方法：将本品进行自然弥散或者置于发热系统中受热进行蒸发。

产品特性

(1) 本品根据“芳香化烛”的理论选用中药所含的有效功能挥发油作为基本物质，通过这些挥发油组分的复配，使得本品具有广谱抗菌效果和抗病毒作用。另外，所选用的挥发油具有香味，且无毒，因此不会对人体健康造成伤害，而且其香味还能调节人的心情，改善精神状态。本品成分均为挥发油，不含有中药材的不可溶固体物质，因此，其在消毒过程中不会造成室内的粉尘和烟雾现象，其使用安全性高。

(2) 利用本品组分挥发油的挥发特性，采用外加热量的方式辅助加速各挥发油组分挥发至空气中，达到杀菌消毒的目的。其使用方法简单，消毒效果好。

配方5 高效健康空气杀菌消毒剂

原料配比

原料	配比(质量份)		
	1#	2#	3#
有机溶剂	15	19	17
杀菌植物精油	0.5	1.1	0.8
亚氯酸盐	1	2	1.5
花香提取液	2	4	3

续表

原料		配比(质量份)		
		1#	2#	3#
硫酸盐		1	3	2
钠盐		2	4	3
稳定剂	钙锌稳定剂	1	2	1.5
中药添加物		6	8	7
杀菌协同剂		4	8	6
去离子水		120	140	130
有机溶剂	丙二醇	1	1	1
	乙醇	3	3	3
	异丙醇	1	1	1
杀菌植物精油	艾叶油	4	4	4
	丁香油	1	1	1
	连翘油	2	2	2
	广藿香油	3	3	3
亚氯酸盐	亚氯酸钠	1	1	1
	亚氯酸钾	1	1	1
	亚氯酸钙	1	1	1
硫酸盐	硫酸铜	1	1	1
	硫酸铝钾	3	3	3
钠盐	海藻酸钠	1	1	1
	硬脂酸钠	2	2	2
	次氯酸钠	2	2	2
花香提取液	菊花提取液	2	2	2
	玫瑰花提取液	1	1	1
	金银花提取液	1	1	1
杀菌协同剂	苯甲酸	1	1	1
	山梨酸	2	2	2
中药添加物	山芝麻	2	2	2
	马棘	1	1	1
	见风消	2	2	2
	芸香草	1	1	1
	香茶菜	1	1	1
	节节花	2	2	2
	去离子水	适量	适量	适量

制备方法

（1）按要求称量准备各组分原料；

（2）将中药添加物经清洗、晾干后，加入高速粉碎机中粉碎，向粉碎后的混合物中加5倍质量的水，超声提取两次，每次1～3h，超声波功率为40～60kW，减压浓缩得到浓缩液A；

（3）将有机溶剂、杀菌植物精油、杀菌协同剂、稳定剂、花香提取液加入高速搅拌机中，在温度为5～9℃，搅拌转速为100～150r/min下搅拌15～25min，得到混合液B；

（4）将去离子水加热到50～60℃，加入亚氯酸盐、硫酸盐、钠盐，在转速为300～400r/min下搅拌20～30min，再加入步骤（2）制备的浓缩液A、步骤（3）制备的混合液B，继续搅拌10～20min，再加入均质机中，在温度为30～40℃，压力为8～10MPa，转速为3000～4000r/min下均质8～10min，冷却灌装得到高效健康空气杀菌消毒剂。

产品应用 本品是一种高效健康空气杀菌消毒剂。

产品特性

(1) 本品采用杀菌植物精油、中药添加物与其他杀菌协同剂相互配伍、优化组合，最大限度地增强了产品的抗菌消毒功效，同时主材料均为植物提取物，生态环保，对人体无毒无害，最大限度地保护了健康。

(2) 本品添加的杀菌植物精油具有抑菌和抗病毒作用，气味芳香、清新空气、消除异味，而且可以给使用者带来清新舒适、头脑清醒的感觉。

(3) 本品是一种安全无毒环保型的消毒剂，其消毒效果较好，对人体无毒无害，具有抑菌、抗病毒、芳香持久、经济适用的特点，有益于人体的健康；同时，本品成本较低、原料易得、工艺简明，易于操作和实现工业化生产。

配方 6 环保型空气清新消毒剂

原料配比

原料	配比(质量份)		
	1#	2#	3#
二氧化氯	25	15	20
薄荷脑	10	5	8
薰衣草精油	10	5	8
生姜精油	3	2	2.5
茶树油	0.8	0.5	0.7
月桂基二甲基氧化胺	0.8	0.5	0.7
改性凹凸棒土	3	1	2
负载有阴离子的活性炭	1.5	0.8	1
聚六亚甲基胍	2	1	1.5
乳化分散剂	1	1	1
去离子水	适量	适量	适量

制备方法

(1) 将二氧化氯、月桂基二甲基氧化胺和聚六亚甲基胍加入去离子水中，超声波处理10min，得溶液A，冷藏保存，备用。

(2) 将改性凹凸棒土和搭载有阴离子的活性炭放入多向混合运动机混合均匀，得混合物B，并利用研磨机研磨至纳米级颗粒。

(3) 将溶液A、混合物B、薄荷脑、薰衣草精油、生姜精油、茶树油以及乳化分散剂装入密闭高速乳化分散机中，在真空度为1500～2000Pa下，以250～300r/min搅拌10～20min，再以1200～1500r/min乳化分散15～20min后密闭分装。

原料介绍

所述改性凹凸棒土的制备方法为：将原矿土进行超声速气流粉碎，过250目筛，200～300℃条件下烘干，加入3%的聚乙二醇200和50%的去离子水微波处理5～8min，离心脱水之后烘干处理2h，研磨至300目，即得改性凹凸棒土。

所述搭载有阴离子的活性炭的制备方法为：将含有阴离子的氧化物加入活性炭中，超声波处理40min，充分混合，加入去离子水，在1500～1700℃的高温下灼烧分解2h，冷却至室温，干燥后在超声速气流的作用下粉碎至纳米级颗粒，即得。

所述的乳化分散剂为丙二醇脂肪酸酯。

产品应用 本品是一种环保型空气清新消毒剂。

产品特性

(1) 本品具有优异的抑菌性以及稳定性，产品中含有多种抗菌成分，具有相当强的广谱抑菌、杀菌的作用。

(2) 本品中的薄荷脑、薰衣草精油、生姜精油以及茶树油含有高效润肤成分，即使在室内使用时接触到人体的肌肤，也不会对人体产生不良反应，反而对皮肤起滋润和保湿的作用，且油性润肤成分覆盖在皮肤表面，使消毒剂中的刺激成分不会接触到肌肤，进而达到保护肌肤的效果。同时，添加的各种天然植物精油能够保证空气清新，对人体无害，对环境无害，达到保护环境的目的。

(3) 本品中添加的改性凹凸棒土能够提高消毒剂的稳定性，保持消毒剂的作用成分的活性。同时，改性之后的凹凸棒土增大了比表面积，能够更快速和更大程度地吸附空气中的重金属离子。

(4) 本品制备方法及工艺简单，设备简单，只需要进行简单的搅拌；原料来源丰富，价格便宜，成本低。

配方 7 具有除甲醛、甲苯功能的空气消毒剂

原料配比

原料	配比(质量份)					
	1#	2#	3#	4#	5#	6#
艾叶	10	12	15	12	13	12
金银花	5	8	10	7	9	8
连翘	5	8	10	7	9	8
白芷	5	8	10	8	8	8
苦瓜	5	8	10	7	9	9
桑叶	5	8	10	7	9	9
柚子皮	5	6	10	6	8	7
柠檬皮	5	8	10	8	8	9
芦荟	5	8	10	8	9	9
茉莉	5	8	10	7	9	8
地榆	5	8	10	8	9	8
去离子水	适量	适量	适量	适量	适量	适量

制备方法 称取规定量的艾叶、金银花、连翘、白芷、苦瓜、桑叶、柚子皮、柠檬皮、芦荟、茉莉、地榆混合后，加入上述材料总质量5～7倍的去离子水浸泡30～40min，水煎煮提取1～3次，每次提取时间1.5～2h；合并提取液，过滤，浓缩，加活性炭脱色；过滤，取出滤液，调制成原材料含量为5%～8%的空气消毒剂。

产品应用 本品是一种具有除甲醛、甲苯功能的空气消毒剂。

使用方法：在室内采用喷雾器喷洒本品，先喷150mL，20min后再喷150mL，20min后30m^2室内细菌的平均死亡率为93.5%，甲醛含量平均值为0.02mg/m^2，甲苯含量平均值为0.04mg/m^2。

产品特性 本品在对室内消毒的同时，除去空气中的甲醛和二甲苯等有害气体。与化学消毒剂相比，本品为中药与植物性成分，无毒，无刺激，无金属腐蚀性，不

会造成二次污染，消毒效果好。

配方 8 可用作空气消毒剂的组合物

原料配比

原料		配比(质量份)		
		1#	2#	3#
天然挥发性含硫有机物	大蒜精油	34.9	—	—
	蒜汁发酵浓缩液	—	1000(体积份)	—
	蒜汁	—	—	1000(体积份)
氧化剂	30%过氧化氢	—	80(体积份)	—
	过氧乙酸	80(体积份)	—	80(体积份)
自来水		加至1000(体积份)	—	—

制备方法 将各组分原料混合均匀即可。

原料介绍

所述的天然挥发性含硫有机物可以来自新鲜大蒜、大蒜干制品（蒜片、蒜粉、蒜粒等）、大蒜精油、蒜汁，但不包括化学合成的烯丙基二硫醚、三硫醚或它们的混合物。

所述的氧化剂可以是过氧化氢，也可以是过氧化苯甲酰、过氧乙酸等。

产品应用 本品是一种可用作空气消毒剂的组合物。

使用方法：可以喷施的方式散播在局部环境中，也可以加热熏蒸的方式令其挥发进入空气中。

产品特性 本品以大蒜及其制品或提取物中所含有的天然挥发性含硫有机化合物为抗菌、消炎、抗病毒，预防动物疾病，促进动物健康的基本有效成分，既可保证预防动物疾病的效果，又无任何有毒有害的风险，使局部环境的空气得到净化，杀灭细菌、真菌、病毒和支原体等病原微生物，阻止气源性传染病的传播，预防疾病，尤其是禽流感、SARS、非洲猪瘟等疫病，具有广阔的应用前景。

配方 9 空气除臭杀菌消毒剂

原料配比

原料	配比(质量份)		
	1#	2#	3#
琼脂	6～12	9	12
乙二醇	6～8	7	8
六氯双酚	4～8	6	8
焦亚硫酸钠	10	12	16
苯甲酸钠	8	10	12
硫酸亚铁	6	8	10
脂肪醇聚乙烯醚	8	12	16
甘油	4	6	8
戊二醇	4	5	6
乙酸丁酯	4	5	6

续表

原料	配比(质量份)		
	1#	2#	3#
丁醇	4	5	6
丙烯酸钠	4	5	6
苯二甲酸二辛酯	8	10	12
丙三醇	8	12	8～16
异丙醇	4	8	12
三乙醇胺	8	12	20
聚丙烯酸	4	6	8
去离子水	80	90	100

制备方法 将各组分原料放入搅拌容器中，煮沸 30min，用脱脂棉过滤，制成消毒液。

产品应用 本品是一种空气除臭杀菌消毒剂。

产品特性 本品制作简单，生产原料无毒性，使用效果好，环保，对人体无害，无不良反应，具有很好的杀菌作用，且对皮肤有滋润和保湿作用。

配方 10 空气除臭消毒剂

原料配比

原料	配比(质量份)		
	1#	2#	3#
高活性活性炭	60	70	80
焦亚硫酸钠	10	12	16
苯甲酸钠	8	10	12
硫酸亚铁	6	8	10
脂肪醇聚乙烯醚	8	12	16
甘油	4	6	8
戊二醇	4	5	6
乙酸丁酯	4	5	6
丁醇	4	5	6
丙烯酸钠	4	5	6
苯二甲酸二辛酯	8	10	12
丙三醇	8	12	8～16
异丙醇	4	8	12
三乙醇胺	8	12	20
聚丙烯酸	4	6	8
去离子水	80	90	100

制备方法 将各组分原料放入搅拌容器中，煮沸 30min，用脱脂棉过滤，制成消毒液。

产品应用 本品是一种空气除臭消毒剂。

产品特性 本品制作简单，采用的生产原料无毒性，使用效果好，环保，对人体无害，无不良反应，具有很好的杀菌作用，且对皮肤有滋润和保湿作用。

配方 11　空气净化消毒剂

原料配比

原料	配比(质量份)		
	1#	2#	3#
植物精油	0.2	1	0.5
苦参碱	0.02	3	2
百里香酚	0.01	0.1	0.05
蛇床子素	0.02	3	2
植物纯露	15	50	45
食品级乙醇	10	20	15
pH 调节剂	适量	适量	适量
去离子水	适量	适量	适量

制备方法

(1) 取植物精油 0.2～1 份，苦参碱 0.02～3 份，百里香酚 0.01～0.1 份，蛇床子素 0.02～3 份，与植物精油相对应搭配使用的植物纯露 15～50 份，食品级乙醇 10～20 份；

(2) 将苦参碱 0.02～3 份和蛇床子素 0.02～3 份溶于 2～6 份的食品级乙醇中，得到第一混合溶液；

(3) 将百里香酚 0.01～0.1 份溶于 2～4 份的食品级乙醇中，不停搅拌直至溶解得到第二混合溶液；

(4) 取植物精油 0.2～1 份溶于剩余的食品级乙醇中，不停搅拌直至完全溶解得到第三混合溶液；

(5) 将第一、第二和第三混合溶液分别静置 12～36h 后再将三者混合均匀，然后加入与植物精油对应搭配使用的植物纯露 15～50 份，加入适量去离子水配平，并加入适量 pH 调节剂使得最终混合溶液的 pH 值保持在 6～7 之间，将最终的混合溶液静置 10～15 天直到完全融合成为均一透明的液体即可。

原料介绍

所述的植物精油为茉莉精油、青竹精油、薰衣草精油、茶树精油、洋甘菊精油或迷迭香精油。

所述的植物纯露分别为茉莉纯露、薰衣草纯露、茶树纯露、洋甘菊纯露或迷迭香纯露。

产品应用　本品是一种空气净化消毒剂。

产品特性

(1) 本品各组分配伍稳定、互相促进，特别是加入植物纯露能促进各种植物源组分相互作用，最大程度地发挥消毒、杀菌等净化空气的功效，同时提高这些杀菌成分在相互配伍时的均一性和稳定性。

(2) 本品主要采用植物源杀菌消毒复合配方，安全无毒，无不良反应，无残留，随时使用，能够有效地抑杀空气中的细菌、病毒，其杀菌率达到 99.7%。

配方 12 空气清新消毒剂

原料配比

原料	配比(质量份)			
	1#	2#	3#	4#
艾叶	5	10	8	7
金银花	5	10	8	7
地锦草	5	10	8	8
连翘	5	10	8	7
苦参	5	10	8	8
黄连	3	8	5	6
白芷	5	10	8	7
桉叶	3	5	4	5
茶叶	5	10	9	9
柏树叶	1	3	2	2
二氯甲烷	适量	适量	适量	适量
75%～85%乙醇	适量	适量	适量	适量
30%～35%乙醇	适量	适量	适量	适量

制备方法

(1) 分别称取艾叶 5～10 份、金银花 5～10 份、地锦草 5～10 份、连翘 5～10 份、苦参 5～10 份、黄连 3～8 份、白芷 5～10 份、桉叶 3～5 份、茶叶 5～10 份、柏树叶 1～3 份，打碎备用。

(2) 将步骤 (1) 中称取的茶叶浸泡 30min 后，加入所称取茶叶质量 15～20 倍的二氯甲烷，超声萃取 15～20min，过滤，取出滤液置于旋转蒸发仪浓缩致干，得茶叶提取物。旋转蒸发浓缩的温度为 50～55℃。

(3) 将步骤 (1) 中称取的艾叶、金银花、地锦草、连翘、苦参、黄连、白芷、桉叶、柏树叶混合后加入药材总质量 8～10 倍的 75%～85%乙醇提取 3 次，合并提取液，浓缩至一半，在浓缩完成后放置 5～10min。

(4) 将步骤 (3) 中的浓缩液加入步骤 (2) 中的茶叶提取物中，搅拌溶解，加入活性炭脱色，过滤，取出滤液加入适量质量分数为 30%～35%乙醇即得空气清新消毒剂。

产品应用 本品是一种空气清新消毒剂。

使用方法：在室内采用喷雾器喷洒本品，先喷 150mL，20min 后再喷 150mL，20min 后，30m² 室内细菌的平均死亡率为 95%。

产品特性

(1) 本品能有效提取中药材中的具有消毒功能的有效成分，提高消毒剂的消毒效果，本品采用二氯甲烷作为溶剂，采用超声萃取方法提取茶叶中的有效成分，提取得到的有效成分中不但含有抗菌物质，还含有棕榈酸及萜烯类化合物，能吸附性地除去空气中的异味物质，同时茶叶提取物中含有香味的成分，使空气保持清新。

(2) 本品选用中药配方，无毒，无刺激，无金属腐蚀性，不会造成二次污染，消毒效果好；本品将金银花和连翘联用，其抗菌范围互补，能杀灭多种致病菌。

配方 13 空气杀菌消毒剂

原料配比

原料		配比(质量份)		
		1#	2#	3#
甲壳素		12	13	14
精油	薰衣草精油	3.2	3.6	4.4
	茶树精油	4.8	5.4	6.6
纳米二氧化钛抗菌剂		8	9	10
纳米银抗菌剂		9	11	13
液体石蜡		11.5	13	15
防冻剂	氯化钙	0.5	1	2
防腐剂	甲基异噻唑啉酮	0.5	0.7	1
增稠剂	羟甲基纤维素钠	0.5	0.8	1
水		50	42.5	33

制备方法 先将水置于反应釜中，然后将液体石蜡溶于反应釜的水中，待完全溶解并使其溶液温度降至常温后，依次加入甲壳素、精油、纳米二氧化钛抗菌剂和纳米银抗菌剂，使其全部溶解；搅拌下加入防冻剂、防腐剂和增稠剂形成混合液即得。

产品应用 本品是一种空气杀菌消毒剂。

产品特性

(1) 本品配伍合理、科学，各组分相互配合、协同作用，在保证环保安全的基础上具有很好的杀菌消毒效果。

(2) 采用无机杀菌剂与天然精油复配使用可快捷高效地达到祛味、杀菌、消毒效果，且使用后环保安全，无残留，对人体无刺激性、不伤身体。

(3) 本品对大肠杆菌、金黄色葡萄球菌和白色念珠菌的杀菌率均在 90%以上，均高于普通的空气杀菌消毒剂。

配方 14 植物草药空气消毒剂

原料配比

原料	配比(质量份)				
	1#	2#	3#	4#	5#
石香柔	10	5	15	8	12
艾叶	12	15	10	12	14
兰香草	8	5	10	7	6
地锦草	12	10	15	12	13
大青叶	20	30	15	24	18
佩兰	8	5	10	6	8
蛇床子	8	10	5	8	7
金银花	12	15	10	12	13
薄荷	8	10	5	7	8
乙醇水溶液(7：3)	适量	适量	适量	适量	适量
50%的乙醇	90	80	100	90	100

制备方法 向配方量的石香柔、艾叶、兰香草、地锦草、大青叶、佩兰、蛇床子、金银花和薄荷中加入总质量6～8倍的乙醇水溶液进行提取，提取3遍，合并提取液，浓缩一半体积后，用活性炭脱色，然后浓缩至干，加入80～100份的50%的乙醇即得。

产品应用 本品主要用于教室、电影院、办公室等人流大、空气流通性差的场所的消毒和杀菌。

产品特性 本品空气净化、消毒效果好，通过对植物草药的提取物进行复配，所制备的空气消毒剂在消毒的同时可以去除异味，能够保持室内空气清香。

配方 15 绿色环保的空气消毒剂

原料配比

原料	配比(质量份)		
	1#	2#	3#
碘	0.03	0.04	0.05
溴	0.01	0.01	0.02
戊二醛	2	2.5	3
乙酸锌	2	3	4
对碘苯甲醚	8.5	10	17
碳酸盐	3	4	5
乙醇	24	30	40
去离子水	加至100	加至100	加至100

制备方法 将各组分原料混合均匀即可。

产品应用 本品是一种新型的空气消毒剂。

产品特性

(1) 本品消毒作用明显，毒性小，无刺激性气味，对空气环境影响小，不损害人们的身体健康，绿色环保。

(2) 本品能达到安全、有效的空气消毒，克服了化学消毒剂高刺激性、腐蚀性、漂白性和毒性等缺点。

配方 16 含中药提取液空气消毒剂

原料配比

原料	配比(质量份)	
	1#	2#
乙醇	8	9
去离子水	8	9
磷酸三油醇酯	3	4
羟基氯化铝	5	6
香精	2	3
甘油	2	3
中药提取液	50	55

续表

原料		配比(质量份)	
		1#	2#
中药提取液	艾叶	5	6
	苍术	8	9
	薄荷	6	7
	菊花	4	5
	川贝	3	4
	丹参	9	10
	藿香	5	6
	去离子水	适量	适量

制备方法

(1) 将原料中的去离子水加入反应釜中，加热升温至60～80℃，然后将原料中的磷酸三油醇酯和甘油加入反应釜中，搅拌直至全部溶解；

(2) 待搅拌均匀后，将原料中的羟基氯化铝和乙醇进行预先混合搅拌均匀，得到的混合溶液全部加入反应釜中，搅拌混合均匀后，将原料中的中药提取液加入其中，搅拌混合均匀后，降温冷却；

(3) 待步骤(2)产物冷却后，将原料中的香精滴加进反应釜中，控制转速为2000～2500r/min进行搅拌，混合均匀后，冷却，出料包装，即可。

原料介绍

所述的香精为薰衣草提取物，其制备方法为：将薰衣草的花瓣加入锅中，加入其质量2倍的水，加热至30～50℃后，恒温静置4～5h，然后进行去渣取汁，得到的汁液即为香精。

所述的中药提取液的制备方法为：将中药原料全部清洗后，兑入去离子水浸泡2～3h，取出晾干后，切段放入煎锅中兑入总质量2倍的去离子水，加热至沸腾后，再次恒温煎熬3～4h后，停火，冷却，去渣取汁，留下的液体即为中药提取液。

产品应用 本品是一种空气消毒剂。

产品特性 本品制备方便简单，环保，无污染，原料易得，设备投资少，便于操作，制备的空气消毒剂使用效果好，对人体无刺激和不良反应，杀菌消毒效果显著，安全可靠。

配方 17 含草药的空气消毒剂

原料配比

原料	配比(质量份)		
	1#	2#	3#
广藿香	1.5	2	1.8
香叶	1.0	1.5	1.2
胡桃叶	1.5	1.0	1.4
苍术	5.0	4.5	4.6
厚朴	2.5	3	2.8
四季青	2.0	3	2.6
茉莉花	0.8	0.5	0.7
去离子水	适量	适量	适量

制备方法

(1) 按原料配比分别称取广藿香、香叶、胡桃叶，并采用水蒸气蒸馏法进行提取，分别得到广藿香挥发油、香叶挥发油、胡桃叶挥发油；

(2) 按原料配比分别称取苍术、厚朴、四季青、茉莉花，并分别加入2～3倍去离子水，水浴提取1～3次，过滤，浓缩至膏状物，分别得到苍术提取膏状物、厚朴提取膏状物、四季青提取膏状物、茉莉花提取膏状物；

(3) 将步骤(1)制得的广藿香挥发油、香叶挥发油、胡桃叶挥发油和步骤(2)制得的苍术提取膏状物、厚朴提取膏状物、四季青提取膏状物、茉莉花提取膏状物混合，再加入消毒剂常用基质配制成液体。

产品应用 本品是一种空气消毒剂。

产品特性

(1) 本品可降低空气的致病菌，防止致病菌经过空气、飞沫传播，以及预防传染病的交叉感染。

(2) 由于本品采用的原料属于中药材，与化学药剂相比，其对人体刺激性小，使用安全，其气味宜人，易于被人们所接受。

配方18 草药空气消毒剂

原料配比

原料	配比(质量份)		
	1#	2#	3#
蛇床子	40	40	50
大青叶	15	20	15
虎杖	5	5	5
山芝麻	1	1	1
马棘	10	10	10
见风消	5	5	5
节节花	12	10	10
地桃花	12	9	9
蒸馏水	适量	适量	适量
甲醛	适量	适量	适量

制备方法 取蛇床子、大青叶、虎杖、山芝麻、马棘、见风消、节节花、地桃花混合，水蒸煮2h，提取混合液，备用。药渣、余下药液再加水煎煮2次，每次1h。合并2次煎出液，浓缩，静置24h，取上清液，加甲醛至含甲醛量达30%，静置48h，取上清液，加入蒸馏水制成含甲醛10%的低甲醛药液，摇匀，即得。

产品应用 本品是一种新型的空气消毒剂。

使用时经喷雾雾化对空气进行消毒，使用量为$10g/m^3$。

产品特性

(1) 本品将中医药与化学消毒剂巧妙结合，消毒作用明显，毒性小，无刺激性气味，对空气环境影响小，不损害人们的身体健康，绿色环保。

(2) 本品能达到安全、有效的空气消毒，克服了化学消毒剂高刺激性、腐蚀性、漂白性和毒性等缺点。

配方 19 环保空气消毒剂

原料配比

原料	配比(质量份)	
	1#	2#
甲醛	60	50
诺氟沙星	7	7
壬基酚聚氧乙烯醚	3	3
去离子水	加至 100	加至 100

制备方法 将各组分原料混合均匀即可。

产品应用 本品是一种新型的空气消毒剂。

使用时经喷雾雾化对空气进行消毒，并使得最终每立方米的空间中含有 10g 该空气消毒剂。

产品特性

(1) 本品消毒作用明显，毒性小，无明显刺激性气味，对空气环境影响小，不损害人们的身体健康。

(2) 本品在有人条件下，能达到安全、有效的空气消毒。

配方 20 含有草药和甲醛空气消毒剂

原料配比

原料	配比(质量份)		
	1#	2#	3#
艾叶	1	2	3
苍术	1	2	2.5
板蓝根	0.5	1	2
黄芩	0.3	—	1
佩兰	0.2	0.5	0.8
野菊花	1	1.5	2
厚朴	0.5	1	1.5
蒸馏水	适量	适量	适量
甲醛	适量	适量	适量

制备方法 按原料配比取艾叶、苍术、板蓝根、黄芩、佩兰、野菊花以及厚朴，混合，水蒸煮 2h，提取混合液，备用。药渣、余下药液再加水煎煮 2 次，每次 1h，合并 2 次煎出液，浓缩，静置 24h。取上清液，加甲醛至含甲醛量达 20%，静置 48h，取上清液，加入蒸馏水制成含甲醛 10%的低甲醛药液，摇匀，即得。

产品应用 本品主要用于家庭和公共场所的卫生预防，是一种新型的空气消毒剂。

使用时经喷雾雾化而达到对空气进行消毒，使用量为 $10g/m^3$。

产品特性

(1) 本品将中医药与化学消毒剂巧妙结合，消毒作用明显，毒性小，无刺激性气味，对空气环境影响小，不损害人们的身体健康，绿色环保。

（2）本品特别是在有人条件下，能达到安全、有效的空气消毒，克服了化学消毒剂高刺激性、腐蚀性、漂白性和毒性等缺点。

配方 21 复配型空气消毒剂

原料配比

原料	配比(质量份)		
	1#	2#	3#
甲醛	50	60	70
加替沙星	4	4	4
氯己啶	2	3	5
月桂酸	3	5	8
去离子水	加至 100	加至 100	加至 100

制备方法 将各组分原料混合均匀即可。

产品应用 本品是一种新型的空气消毒剂。

使用时经喷雾雾化而达到对空气进行消毒，并使得最终每立方米的空间中含有10g该空气消毒剂。

产品特性

（1）本品消毒作用明显，毒性小，无刺激性气味，对空气环境影响小，不损害人们的身体健康，绿色环保。

（2）本品特别是在有人条件下，能达到安全、有效的空气消毒，克服了化学消毒剂高刺激性、腐蚀性、漂白性和毒性等缺点，广泛应用于家庭和公共场所的卫生预防。

配方 22 喷雾型空气消毒剂

原料配比

原料	配比(质量份)				
	1#	2#	3#	4#	5#
薄荷	10	15	20	25	30
艾叶	8	10	11.5	13	15
苦参	5	10	12.5	15	20
丁香	1	4	5.5	7	10
金银花	2	5	6	7	10
月桂叶	2	5	6	7	10
佩兰	1	4	5.5	7	10
鱼腥草	3	7	9	11	15
黄柏	5	6	7.5	9	10
紫花地丁	5	6	7.5	9	10
连翘	10	11	12.5	14	15
甘草	10	11	12.5	14	15
80%乙醇	适量	适量	适量	适量	适量

制备方法

（1）按规定量称取薄荷、艾叶、苦参、丁香、金银花、月桂叶、佩兰、鱼腥草、黄柏、紫花地丁、连翘、甘草混合；

(2) 向混合原料中加入6～8倍量的80%乙醇回流提取3次，合并提取液；

(3) 浓缩至酒精度为10%～15%，制成喷雾剂。

产品应用 本品主要用于空气消毒。

产品特性 本品原料易得，成本低，配制简便，消毒效果好，无刺激，可有效净化空气。

配方23 空气消毒剂

原料配比

原料	配比(质量份)			
	1#	2#	3#	4#
金银花	10	12	13	15
连翘	10	12	13	15
黄连	5	6	8	10
桉叶	5	6	8	10
二氯异氰脲酸钠	0.5	0.6	0.8	1
螯合剂	0.5	0.6	0.8	1
月桂精油	0.5	0.6	0.8	1
乳化剂	0.5	0.6	0.8	1
乙醇	适量	适量	适量	适量
去离子水	30	32	35	40

制备方法

(1) 按上述配方称取金银花、连翘、黄连、桉叶，加入4～6倍量的乙醇提取3次，合并提取液，过滤，蒸馏浓缩至一半后加入活性炭脱色，备用；

(2) 按上述配方取月桂精油、乳化剂、螯合剂、二氯异氰脲酸钠，先将月桂精油与乳化剂混合搅拌均匀，然后加入螯合剂、二氯异氰脲酸钠和去离子水，搅拌直至形成均一的液体；

(3) 合并步骤 (1) 与步骤 (2) 制得的溶液，搅拌均匀即得。

原料介绍

所述乳化剂为卵磷脂。

所述螯合剂为聚天冬氨酸、葡萄糖酸钠中的一种或两种。

产品应用 本品主要用于空气消毒。

产品特性

(1) 本品采用中药与化学成分复配，减少了化学成分的使用，提高了消毒效果，配方无毒，无刺激，无金属腐蚀性，不会造成二次污染，消毒效果好。

(2) 该空气消毒剂在消毒的同时，除去空气中的异味，保持空气清新。

配方24 空气杀菌消毒剂

原料配比

原料	配比(质量份)		
	1#	2#	3#
二氧化氯母体	2	5	3
藿香	6	3	4

续表

原料	配比(质量份)		
	1#	2#	3#
薄荷	2	4	3
冰片	6	2	4
菖蒲	2	4	3
艾叶	2	1	2
蒸馏水	适量	适量	适量

制备方法 按配方称取各中药，按常规方法水提干燥，与二氧化氯母体混合，加少量黏合剂压片，即得。所述各中药用水煎煮2次，合并煎液，浓缩至干。

产品应用 本品主要用于空气消毒。

产品特性 本品环保性好，使用效果好且方便。

配方25 环境友好的空气消毒剂

原料配比

原料	配比(质量份)	
	1#	2#
大青叶提取液	13	25
紫苏叶提取液	2	5
芦荟精华	1	3
丁香精油	0.	1
天然栀子精油	0.5	1
莫西沙星	1	1
乙醇	30	50
水	加至100	加至100

制备方法 将各组分原料混合均匀即可。

产品应用 本品主要用于空气消毒。

产品特性 本品消毒效果较好，环境友好，生产成本低。

配方26 安全无毒空气消毒剂

原料配比

原料	配比(质量份)		
	1#	2#	3#
双氧水	5	8	10
二氧化氯	4	6	8
月桂酸二乙醇酰胺	1	2	3
诺氟沙星	0.5	0.7	1
乙醇	12	14	16
薄荷油	2	3	4
艾叶提取液	4	5	8
茶树精油	2	3	4
薄荷油	1	2	3
藿香	0.5	0.7	1
去离子水	35	40	45

制备方法 将各组分原料混合均匀即可。

产品应用 本品主要用于空气消毒。

产品特性 本品不含芳香制剂，安全无毒，无刺激性气味，对身体无害，杀菌效果好。

配方 27 醋酸氯苯胍亭空气消毒剂

原料配比

原料	配比(质量份)		
	1#	2#	3#
醋酸氯苯胍亭	10	15	20
脂肪醇聚乙烯醚	8	12	16
甘油	4	6	8
苯甲酸钠	2	4	6
碳酸钠	3	4	5
戊二醇	4	5	6
乙酸丁酯	4	5	6
丁醇	4	5	6
丙烯酸钠	4	5	6
邻苯二甲酸二辛酯	8	10	12
丙三醇	8	12	16
异丙醇	4	8	12
三乙醇胺	8	14	20
维生素 E	2	3	4
聚丙烯酸	4	6	8
去离子水	60	70	80

制备方法 将各组分原料放入搅拌容器中，煮沸 30min，用脱脂棉过滤，制成消毒液。

产品应用 本品主要用于空气消毒。

产品特性 本品制作简单，采用的生产原料无毒性，消毒剂的使用效果好，环保，对人体无害，无不良反应，具有很好的杀菌作用，且对皮肤有滋润和保湿作用。

配方 28 除甲醛等挥发性气味的空气消毒剂

原料配比

原料	配比(质量份)		
	1#	2#	3#
活性炭	10	15	10
膨润土	15	30	25
硅藻泥	15	20	18
海泡石	10	15	12
石灰石	20	35	30
金银花	5	10	6
连翘	3	5	3
黄芩	3	5	3
蒲公英	5	10	8
野菊花	3	5	4
大青叶	3	5	4
甘油	1	3	2
乙醇	适量	适量	适量

制备方法

（1）按配方称量活性炭 10～15 份、膨润土 15～30 份、硅藻泥 15～20 份、海泡石 10～15 份、石灰石 20～35 份，然后依次放入超声波粉碎机进行粉碎，并通过搅拌机搅拌均匀制成粉末备用；

（2）按配方称量金银花 5～10 份、连翘 3～5 份、黄芩 3～5 份、蒲公英 5～10 份、野菊花 3～5 份、大青叶 3～5 份，通过超声波粉碎机粉碎至 30 目以下，然后加入乙醇，在 80℃回流提取 10h 以上，得到提取液；

（3）利用离心机以 3000r/min 的速度离心提取液 15min，取上层清液，减压蒸馏去除乙醇，加入步骤（1）制得粉末和 1～3 份甘油，85℃加热搅拌 2h，制得空气消毒剂。

产品应用 本品主要用于空气消毒。

产品特性 本品工艺简单，制造成本低，制造的空气消毒剂能够有效地吸附各种固体颗粒物质以及微生物污染物，同时能够除去甲醛等挥发性气体。

配方 29 含植物提取物空气消毒剂

原料配比

原料		配比(质量份)				
		1#	2#	3#	4#	5#
植物提取物		35	30	40	35	38
醇类	丙二醇和山梨醇的混合物	25	—	—	—	—
	乙醇	—	20	—	—	—
	异丙醇	—	—	30	—	—
	乙醇、异丙醇、丙二醇和山梨醇的混合物	—	—	—	30	—
	山梨醇	—	—	—	—	30
乙酸		9	8	10	10	90
Na_2SO_3		3	2	4	2	2
NH_4Cl		3	2	4	3	4
精油		2.5	2	3	2.5	2
柠檬酸		1.5	1	2	1.5	2
无菌水		加至 100	加至 100	加至 100	加至 100	加至 100

制备方法

（1）按配方分别称取 Na_2SO_3、NH_4Cl 和柠檬酸，并加入至按配方称取的醇类中，搅拌至均匀，得混合物Ⅰ；

（2）向混合物Ⅰ中加入按配方分别称取的植物提取物和乙酸，搅拌，并在 65～85℃条件下加热 30～45min，然后静置 50～70min，得混合物Ⅱ；

（3）向混合物Ⅱ中加入按配方称取的精油，边加无菌水边搅拌，并在 30～45℃条件下加热 10～15min，然后静置 20～30min，得产品，即空气消毒剂。

原料介绍

所述植物提取物包括吊兰、虎尾兰、长春藤、芦荟、龙舌兰、扶郎花、菊花、绿萝、秋海棠、鸭拓草、意大利黑杨、山刺槐、苦楝花、洋甘菊、金银花、奇异果、大蒜、生姜、石榴皮、艾蒿、鱼腥草、柠檬、甘草、板蓝根和茶叶提取物。

产品应用 本品是一种高效、持久的空气消毒剂。

产品特性 通过本品的使用，实现对空气中甲醛、苯等有害物质高效、持久的除去，以及空气中所含有害微生物等的除去，保持空气清新，满足市场需求，保证人体健康，提高生活质量。

配方 30 空气用杀菌消毒剂

原料配比

原料		配比(质量份)			
		1#	2#	3#	4#
亚氯酸钠		20	25	10	25
二氯异氰尿酸钠		20	12	25	12
酸性物质	硼酸	5	5	—	—
	柠檬酸	—	—	1	—
	酒石酸	—	—	—	3
崩解剂	碳酸氢钠	8	15	—	5
	羧甲基淀粉钠	5	5	15	10
碱性物质	十二烷基硫酸钠	—	—	40	—
	硫酸氢钠	30	30	—	20
无水硫酸钠		15	20	10	15
聚乙二醇 6000		5	8	3	5

制备方法 称取所述的原料，将亚氯酸钠与碳酸氢钠、无水硫酸钠混合 15～20min，再将二氯异氰尿酸钠与聚乙二醇 6000、羧甲基淀粉钠加入上述混合物中混合 10～15min，最后加入硼酸（或柠檬酸、酒石酸）和硫酸氢钠（或十二烷基硫酸钠），再将混合物制成片剂。

产品应用 本品主要用于新装修的家庭或人群密集的公共场所空气的杀菌、消毒，同时也能广泛应用于医疗卫生、食品行业和养殖业等多种行业的消毒和杀菌。

使用方法：将本品置于空气中用于杀菌、消毒，去除甲醛。

产品特性

(1) 将本品置于空气中用于杀菌、消毒，作用时间持续长达 1 个月。与二氧化氯水溶液制剂相比，本品具有同样的杀菌、消毒和防霉等效果，同时还具有便于携带，使用方便，安全高效，杀菌、消毒持续时间长等特点。

(2) 本品片剂不仅菌落去除率高，杀菌效果好，而且杀菌速度快。

(3) 本品既可以在空气中直接杀菌、吸收甲醛，还可以溶解于水中，高效无毒，生产工艺简单，生产成本低，所需生产设备少，具有很好的经济效果。

配方 31 生物空气清新消毒剂

原料配比

原料	配比(质量份)	原料	配比(质量份)
樟脑	2	紫苏叶油	1
薄荷脑	3.5	广藿香油	1
桉油	3	迷迭香油	1
冰片	2	水	10(体积)
丁香油	1	乙醇	加至 100(体积)

制备方法

(1) 将各原料混合搅拌溶解；

(2) 将步骤 (1) 中得到的产物密封静置至少 24h，取上层清液即为空气清新消毒剂。

产品应用 本品主要用于住房、卧室、洗漱间、客厅、厨房、汽车、办公室等场所消毒，不仅具有杀菌消毒、预防流感、驱虫防蚊、清新空气的作用，同时还有提神醒脑的作用，对人体无不良反应，老人、小孩及体虚体弱者均可使用。

在使用时，可以喷在手绢、纸巾等物品上闻其香味治疗感冒，也可以直接喷在空气中，清新空气，消毒杀菌。

产品特性

(1) 本品原料绿色天然，使用安全；

(2) 本品在室内使用时能够作为香薰；

(3) 本品制作方法、操作简单，成品效果佳。

配方 32 室内空气消毒剂

原料配比

原料			配比(质量份)		
			1#	2#	3#
草药提取液			45	55	50
杀菌剂			35	36	35.5
植物精油			32	33	32.5
活化颗粒	柠檬酸		20	—	—
	酒石酸		—	25	—
	草酸		—	—	22.5
助剂			17	19	18
去离子水			75	80	77.5
草药提取液	五倍子		15	17	16
	黄连		12	13	12.5
	白掌		10	11	10.5
	金银花		7	9	8
	厚朴		4	6	5
	35%～45%乙醇		适量	适量	适量
杀菌剂	稳定性载体	硅藻土	15	—	—
		海泡石	—	17	—
		沸石	—	—	16
	纳米氧化锌		12	13	12.5
	纳米二氧化碳		10	11	10.5
	纳米二氧化硅		8	9	8.5
	二氧化氯		8	9	8.5
	去离子水		20	23	21.5
植物精油	艾草精油		12	13	12.5
	薄荷精油		10	11	10.5
	薰衣草精油		8	9	8.5

续表

原料			配比(质量份)		
			1#	2#	3#
助剂	阳离子表面活性剂	季铵盐化合物	8	9	8.5
	防腐剂	甲基异噻唑啉酮	6	8	7
	增稠剂	羟丙基甲基纤维素	4	5	4.5
	分散剂	六偏磷酸钠	3	4	3.5

制备方法

(1) 制备草药提取液：按照配比称取五倍子、黄连、白掌、金银花和厚朴，将其粉碎并过40～60目筛，混合均匀得到粉剂；向粉剂中加入10～15倍质量份的35%～45%乙醇，在超声波辅助下，60～80℃回流提取20～30min，提取3次，将提取到的滤液合并，冷藏放置6～8h后，在55～85℃条件下减压浓缩回收乙醇，得到的浓缩液即为所述草药提取液，备用。

(2) 制备杀菌剂：将二氧化氯溶于去离子水，然后按照配比依次加入稳定性载体、纳米氧化锌、纳米二氧化碳和纳米二氧化硅，混合均匀，得到所述杀菌剂。

(3) 将步骤(1)得到的草药提取液和步骤(2)得到的杀菌剂混合，然后按照配比依次加入剩余原料，以200～300r/min的转速搅拌均匀，得到所述室内空气消毒剂。

原料介绍

所述艾草精油的制备方法为：取艾草并粉碎，过80～90目筛得到艾草粉末，加入10～15倍质量份的乙醇溶液，浸泡8～10h，乙醇溶液的浓度为45%～50%，浸泡完毕后微波提取40～50min，微波功率为500～600W，提取结束后过滤，将滤液旋蒸浓缩至无醇味为止，得到所述艾草精油。

所述薄荷精油的制备方法为：取薄荷叶并粉碎，过110～120目筛得到薄荷叶粉末，加入4～6倍质量份的乙醇溶液，浸泡6～8h，乙醇溶液的浓度为30%～50%，浸泡完毕后于50～55℃下超声提取30～40min，提取结束后，过滤，将滤液旋蒸浓缩，至无醇味为止得到所述薄荷精油。

所述薰衣草精油的制备方法为：取薰衣草并粉碎，过50～80目筛得到薰衣草粉末，置于烧杯中，加入2～3倍质量份的去离子水，放在电炉上加热40～50min，冷却后，用布氏漏斗进行抽滤，保留滤液得到所述薰衣草精油。

产品应用 本品主要用于室内空气消毒。

产品特性

(1) 本品无毒、无刺激、气味清新、消毒除菌效果好且持续效果久。

(2) 本品对人体皮肤无刺激，对呼吸系统没有损害，使用方便；使用时，不仅可以装在喷壶中进行喷洒，而且还可以装在加湿器中，对室内进行消毒，有效改善室内环境，保护人们的身体健康。

(3) 本品在原料中添加草药提取液，环保，无毒，能杀灭多种致病菌，防止致病菌经过空气、飞沫传播，以及预防传染病的交叉感染。

配方 33　天然清香的空气消毒剂

原料配比

原料	配比(质量份)			
	1#	2#	3#	4#
涩梨叶	8	12	10	10
苦瓜	12	8	10	10
五香草	3	1	2	1
樟树叶	6	4	5	4
白杨树皮	6	4	5	6
吐温 80	1	1	1	1
65%乙醇	适量	适量	适量	适量
蒸馏水	适量	适量	适量	适量

制备方法　取五香草、樟树叶，粉碎，用水蒸气蒸馏法提取挥发油至尽，收集挥发油备用；药渣连同涩梨叶、苦瓜、白杨树皮按每克药材加入 6mL 溶媒的比例，加入体积分数为 65%的乙醇加热回流提取 2 次，每次 1.5h；合并提取液，减压回收乙醇并浓缩至每毫升药液相当于 1g 生药的浓度；加入吐温 80 及前述挥发油，混合均匀，即得。

产品应用　本品主要用于列车、航空器、医院、车站等密闭场所的空气消毒。

产品特性　本品采用中药作为原料，气味芳香，消毒效果显著。

配方 34　预防流感的空气消毒剂

原料配比

原料	配比(质量份)				
	1#	2#	3#	4#	5#
黄芪	5	6	7.5	9	10
白术	10	11	12.5	14	15
防风	10	11	12.5	14	15
当归	3	4	5.5	7	8
白芍	5	8	10	12	15
金银花	20	23	25	27	30
苦杏仁	10	13	15	17	20
藿香	5	10	12.5	15	20
白芷	5	6	7.5	9	10
柴胡	20	25	30	35	40
菖蒲	20	25	27.5	30	35
茯苓	5	10	12.5	15	20
甘草	30	33	35	37	40
板蓝根	30	33	35	37	40
80%乙醇	适量	适量	适量	适量	适量

制备方法

(1) 按规定定量称取黄芪、白术、防风、当归、白芍、金银花、苦杏仁、藿香、白芷、柴胡、菖蒲、茯苓、甘草、板蓝根混合；

（2）向混合原料中加入6～8倍量的80％乙醇，回流提取3次，合并提取液；

（3）浓缩至酒精度为10％～15％，制成喷雾剂。

产品应用 本品主要用于预防流感时的空气消毒。

产品特性 本品可以有效杀死空气中的病菌，净化空气，减少流感传播。

配方35 植物空气消毒剂

原料配比

<table>
<tr><th colspan="2" rowspan="2">原料</th><th colspan="3">配比(质量份)</th></tr>
<tr><th>1#</th><th>2#</th><th>3#</th></tr>
<tr><td colspan="2">花卉类</td><td>5</td><td>16</td><td>8</td></tr>
<tr><td colspan="2">艾叶</td><td>8</td><td>15</td><td>12</td></tr>
<tr><td rowspan="12">浸膏</td><td>防风</td><td>3</td><td>8</td><td>4</td></tr>
<tr><td>栀子</td><td>2</td><td>12</td><td>6</td></tr>
<tr><td>夏枯草</td><td>5</td><td>10</td><td>8</td></tr>
<tr><td>白芷</td><td>3</td><td>9</td><td>5</td></tr>
<tr><td>薄荷</td><td>1</td><td>12</td><td>7</td></tr>
<tr><td>陈皮</td><td>2</td><td>9</td><td>5</td></tr>
<tr><td>荆芥</td><td>6</td><td>15</td><td>12</td></tr>
<tr><td>百部</td><td>6</td><td>15</td><td>9</td></tr>
<tr><td>樟树皮</td><td>9</td><td>18</td><td>14</td></tr>
<tr><td>苦参</td><td>2</td><td>10</td><td>4</td></tr>
<tr><td>知母</td><td>2</td><td>10</td><td>5</td></tr>
<tr><td>25％～85％乙醇</td><td>适量</td><td>适量</td><td>适量</td></tr>
<tr><td rowspan="6">花卉类</td><td>金银花</td><td>6</td><td>12</td><td>8</td></tr>
<tr><td>菊花</td><td>3</td><td>8</td><td>6</td></tr>
<tr><td>夜来香花</td><td>2</td><td>6</td><td>5</td></tr>
<tr><td>玫瑰花</td><td>2</td><td>8</td><td>4</td></tr>
<tr><td>芫花</td><td>1</td><td>6</td><td>3</td></tr>
<tr><td>去离子水</td><td>适量</td><td>适量</td><td>适量</td></tr>
<tr><td rowspan="3">薄荷脑</td><td>颗粒粒径均为50目</td><td>0.1</td><td>—</td><td>—</td></tr>
<tr><td>颗粒粒径均为150目</td><td>—</td><td>0.6</td><td>—</td></tr>
<tr><td>颗粒粒径均为50～150目</td><td>—</td><td>—</td><td>0.1～0.6</td></tr>
<tr><td rowspan="3">冰片</td><td>颗粒粒径均为80目</td><td>0.08</td><td>—</td><td>—</td></tr>
<tr><td>颗粒粒径均为50目</td><td>—</td><td>0.36</td><td>—</td></tr>
<tr><td>颗粒粒径均为50～150目</td><td>—</td><td>—</td><td>0.08～0.36</td></tr>
</table>

制备方法

（1）原料称取：按照上述各原料质量份称取原料。

（2）花卉类有机物质萃取：将金银花、菊花、夜来香花、玫瑰花和芫花表面清洗干净，放入烘箱中烘干（烘干温度50～60℃，烘干至水分含量低于20％），研磨成粉；向粉末状混合物中加入4～5倍量的去离子水后，置于超声水浴锅中进行超声萃取，超声时间4～8h，水浴温度65～80℃；萃取结束后，离心悬浊液，取上层油状物质，即为花卉类有机物质。

(3) 分别将艾叶、防风、栀子、夏枯草、白芷、薄荷、陈皮、荆芥、百部、樟树皮、苦参和知母投入粉碎机中进行物料粉碎，粉碎颗粒粒径至20～100目后，混合均匀；向混合物料中加入适量的乙醇，升温至65～80℃，持续搅拌，浸泡10～18h，过滤，获取滤液和滤渣，滤渣进行两次浸提，将两次得到的滤液合并，混合均匀后，浓缩得到浸膏，将浸膏烘干至水分含量至8%以下，即得浸膏粉，备用。乙醇为25%～85%（体积分数）乙醇，乙醇的用量为混合物料的3～5倍量。浓缩是指将混合均匀后的滤液抽真空减压至－0.08～0.01MPa，置于40～65℃下水浴，得到浸膏。持续搅拌的转速为200～500r/min。

(4) 将步骤(2)中制得的花卉类有机物质和步骤(3)制得的浸膏粉与冰片和薄荷脑混合后，研磨30～75min，至物料完全混合均匀，即得植物空气消毒剂，密封保存。

产品应用 本品是一种植物空气消毒剂，将空气消毒剂和水按照1∶(100～300)的比例进行混合稀释，喷洒至空气中，即可消毒杀菌。

产品特性

(1) 本品不仅含有多种天然草药植物，杀菌成分丰富，细菌不易产生抗性，而且不含刺激性化学物质，对人体健康和环境无害；本品原料成本低，制备方法简单，安全度高，无任何易燃易爆物质，适合工业化规模生产。

(2) 本品的制备使用乙醇作为提取溶剂，可以回收利用，减少生产成本；花卉类有机物质萃取时，花卉烘干和浸提时的温度均不高于100℃，避免花卉中的有机及挥发物质流失；花卉中的有机物质既可以杀灭空气中的部分细菌，同时也可以改善空气中的气味，清新空气。

配方36 植物型空气消毒剂

原料配比

原料	配比(质量份)	原料	配比(质量份)
金银花	13	乳化剂	1
连翘	13	螯合剂	1
辣蓼	10	有机酸	1
忍冬	10	45%～50%乙醇	适量
黄芩	8	去离子水	30～40
茶树精油	1		

制备方法

(1) 称取金银花13份、连翘13份、辣蓼10份、忍冬10份、黄芩8份，加入4～6倍量的45%～50%乙醇提取3次，合并提取液，过滤，蒸馏浓缩至一半后加入活性炭脱色，备用；

(2) 取茶树精油、乳化剂、螯合剂、有机酸各1份，先将茶树精油与乳化剂混合搅拌均匀，然后加入螯合剂、有机酸和去离子水30～40份，搅拌直至形成均一的液体；

(3) 合并步骤(1)与步骤(2)制得的溶液，搅拌均匀即得。

原料介绍

所述乳化剂为烷基苷。

所述螯合剂为聚天冬氨酸、葡萄糖酸钠中的一种或两种。

所述金银花优选金银花叶子。

产品应用 本品是一种植物型空气消毒剂。

产品特性

(1) 本品采用中药与化学成分复配，减少了化学成分的使用，提高了消毒效果，配方无毒，无刺激，无金属腐蚀性，不会造成二次污染，消毒效果好。

(2) 本品具有优良的消毒效果，在消毒的同时，除去空气中的异味，保持空气清新。

配方 37 草药空气杀菌消毒剂

原料配比

原料	配比(质量份)	原料	配比(质量份)
紫苏	12	桔梗	20
菊花	25	川贝	10
金银花	25	艾叶	25
大青	12	乙醇	适量
防风	25	蒸馏水	适量
藿香	20	香精	适量

制备方法 将配方中的草药成分加蒸馏水浸泡 4～6h，煎熬 2～3h，过滤，滤液冷却后加入乙醇和香精，灌装，即得。

产品应用 本品是一种草药空气杀菌消毒剂，广泛用于居家及公共场所。

产品特性 本品原料简单易得，工艺简洁，能够净化空气、消除异味，同时又能利用芳香开窍的草药发出气味防止感冒、肝炎、脑炎等流行性疾病，还能杀灭室内门把手、门窗拉手等物品上的细菌，安全，无不良反应。

配方 38 中药消毒剂

原料配比

原料	配比(质量份)		
	1#	2#	3#
艾草	30	10	30
大蒜	1	1	1
金银花	30	15	12
香叶	5	21	21
鱼腥草	30	13	13
黄芪	2	10	10
苹果叶	—	—	21
苦瓜	—	—	15
食醋	适量	适量	适量
15%～45%乙醇	适量	适量	适量
绿原酸	30	23	30

制备方法

(1) 按质量份称取各组分，将艾草、金银花、香叶、鱼腥草、黄芪、苹果叶以质量比为 1∶(5～10)置于体积分数为 15%～45%的乙醇中回流提取 1～3 次，合并后减压除去其中的乙醇，得浓缩后提取液；

(2) 向步骤 (1) 中所得提取液中加入活性炭，静置 12h 后过滤，浓缩得 25℃下相对密度为 1.3～2.8 的提取物；

(3) 将大蒜粉碎后置于食醋 [大蒜与食醋的质量比为 1∶(3～10)] 中，超声 30～40min，过滤，得滤液；

(4) 将苦瓜粉碎后加水打汁 (苦瓜与水质量比为 1∶5)，得滤液。

(5) 将步骤 (2) 提取物，步骤 (3)、步骤 (4) 滤液及绿原酸混合，得成品。

产品应用 本品是一种中药消毒剂。

使用时，与去离子水以质量比为 1∶(10～99)的比例稀释后即可。

产品特性

(1) 本品中的主要活性成分是以绿原酸为代表的多元酚类，它们对多种微生物均有一定抑制作用，尤其对金黄色葡萄球菌、大肠杆菌、白色葡萄球菌、铜绿假单胞菌等具有较明显的杀灭作用。

(2) 本品适用于南方等易滋生铜绿假单胞菌的潮湿环境的空气消毒，对大肠杆菌的杀菌率达到 99.5%。

四、农牧养殖业消毒剂

配方1 苯扎溴铵消毒剂

原料配比

原料	配比(质量份)		
	1#	2#	3#
去离子水	70	70	70
90%苯扎溴铵	20	20.5	21
十二烷基硫酸钠	9	8.5	8
药用强化剂	1	1	1

制备方法

(1) 将配方量的去离子水送入搅拌罐，边搅拌边加热使罐内温度达到45～50℃，然后缓慢加入配方量的90%苯扎溴铵，搅拌反应0.5～0.6h。

(2) 降温至常温，继续搅拌，缓慢加入配方量的十二烷基硫酸钠和药用强化剂，搅拌0.1～0.2h后停止，得到成品。

产品应用 本品是一种苯扎溴铵消毒剂，主要用于禽类的消毒杀菌，尤其对革兰氏阳性菌的杀灭能力强。

产品特性 本品制备设备及工艺简单，无有毒有害气体和液体排放，产品性质稳定，杀菌能力较强。

配方2 雏鸡鸡舍空气消毒剂

原料配比

原料	配比(质量份)	原料	配比(质量份)
桉树叶	18	山楂	3
艾叶	10	飞扬草	3
佩兰	6	紫锥菊	5
满山香	5	七里香	2
白花蛇舌草	6	麦冬	6
款冬花	5	纳米甲壳质	2
香根草	4	无水乙醇	适量
香叶天竹葵	5	去离子水	适量
石香薷	8		

制备方法

(1) 将15～20份桉树叶、8～13份艾叶、6～10份佩兰、5～7份满山香、5～8

份白花蛇舌草、4～6份款冬花、3～7份香根草、4～7份香叶天竹葵、5～10份石香薷、2～6份山楂、3～5份飞扬草、5～8份紫锥菊、2～4份七里香、4～8份麦冬放入其总质量3～4倍的去离子水中，煮沸1.2～1.4h后过滤得第一滤液和滤渣备用；

（2）将步骤（1）所得的滤渣放入其总质量5～6倍的无水乙醇中，在提取时施加超声波（频率为26～32kHz）处理，提取3～4h后过滤得第二滤液备用；

（3）将上述步骤所得的第一滤液和第二滤液混合后，再向其中加入1～3份纳米甲壳质，搅拌均匀后即可。

原料介绍 所述纳米甲壳质的粒径为5～10nm。

产品应用 本品主要用于雏鸡鸡舍空气消毒。

产品特性

（1）本品灭菌消毒效果好、见效快、无不良反应，可提高雏鸡体质。

（2）本品是将天然草药中提炼出的有效成分配制成液体药剂，所含成分对常见的传染性细菌、真菌、病毒等有很好的抑制、杀灭作用，消毒效果好，添加的纳米甲壳质本身具有一定的杀菌效果，混入药剂中与有效成分吸附，进一步增强了药效的发挥。

（3）本品具有淡淡的芳香，改善鸡舍的空气环境，且对人畜的皮肤、黏膜、眼睛、呼吸道等无刺激性，无毒、无害，利于雏鸡的生长发育。此外，雏鸡吸入本品后，常患的白痢病、慢性呼吸道疾病、流行性感冒等疾病的发病率均有所下降，机体体质得到改善，成活率大大提高。

配方3 纯植物鸡舍消毒剂

原料配比

原料	配比(质量份)	
	1#	2#
何首乌	20	15
黑芝麻	15	20
防风草	10	20
五星蒿	20	15
梧桐子	25	35
女贞子	15	20
牛膝	30	20
柏子仁	25	30
迷迭香	20	15
熟地黄	20	30
胡桃仁	25	10
南天竹子	20	25
去离子水	适量	适量

制备方法 按上述质量份称取各中药组分，混合捣碎，置入砂锅中，在砂锅中添加总重5～8倍的去离子水，在70～90℃的温度下煎煮3～4h，过滤后得本品。

产品应用 本品是一种纯植物鸡舍消毒剂。

产品特性 本品具有很好的杀菌、抑菌作用，能够有效地抑制和杀灭环境中的致病细菌、真菌和病毒，同时对于各种寄生虫也有抑制和杀灭作用，特别是对大肠杆菌、金黄色葡萄球菌和痢疾杆菌具有很好的抑制作用。

配方 4 鸡舍防禽流感消毒剂

原料配比

原料	配比(质量份)	
	1#	2#
非离子表面活性剂	10	11
多元醇	8	9
黄芪多糖	2	6
白屈菜水提液	5	7
白茅根水提液	6	7
北苍术水提液	5	6
山梨醇	6	7
磷酸二氢钠	8	9
乳化分散剂	10	11
去离子水	25	30

制备方法

(1) 选用一搅拌罐，按配方量将原料中的黄芪多糖、白屈菜水提液、白茅根水提液、北苍术水提液加入其中，然后加入去离子水，混合搅拌均匀。

(2) 将原料中的非离子表面活性剂、多元醇和乳化分散剂进行预混合后，再次添加入步骤 (1) 中的搅拌罐中，再次搅拌均匀；然后将山梨醇和磷酸二氢钠滴入罐中，继续搅拌均匀后，出料，即可得到鸡舍防禽流感消毒剂。

产品应用 本品是一种鸡舍防禽流感消毒剂。

用法用量：每年春夏季节按照 0.5mL/10m^2 的量进行喷洒，每日喷洒 3 次，优选为早中晚各一次；秋冬季节按照每 0.3mL/50m^2 的量进行喷洒，每日喷洒 2 次，优选为早晚各一次。

产品特性 本品采用天然杀菌成分，配方合理，安全，便于增强蛋鸡抵抗力，防病抗病，对禽流感病毒进行源头控制，无不良作用，不污染环境，作用迅速，价格低廉。

配方 5 鸡舍空气消毒剂

原料配比

原料	配比(质量份)				
	1#	2#	3#	4#	5#
欧绵马	105	110	120	90	100
猕猴桃根	75	90	60	70	80
孩儿茶	43	50	30	40	45
荔枝草	150	120	180	140	160
铁色箭	45	30	60	40	50
金沸草	45	30	60	40	50
商陆	50	40	60	45	55
蜜桶花	75	90	60	70	80
空心苋	45	60	30	40	50
白鹤灵芝	35	20	50	30	40
杜松实	20	10	30	20	25
石油醚、乙酸乙酯和/或浓度为50%～60%的乙醇	适量	适量	适量	适量	适量

制备方法 按照原料配比称取各中药组分，并进行粉碎处理（粉碎至 50～100 目），采用石油醚、乙酸乙酯和/或浓度为 50%～60%的乙醇浸提 3～6h，浸提完毕后滤除残渣，得鸡舍空气消毒剂成品。

产品应用 本品是一种鸡舍空气消毒剂。

产品特性 本品无毒且抗病原微生物活性强，各中药药剂相互配伍，具有协同增效的作用，能杀灭多种病原菌微生物，杀菌效果非常好，很好地防止鸡被流行性病毒或其他病毒所侵害。本品制备方法简单，适于推广应用。

配方 6 鸡舍消毒剂

原料配比

原料	配比(质量份)	
	1#	2#
洋葱原液	5～10	7
地榆浸出液	5～10	7
六氯酚	0.5～1	0.8
福尔马林(甲醛含量 40%)	1～3	2
优氯净	0.5～1	0.8
畜禽安	0.01～0.02	0.01

制备方法 将上述原料按配方比例混合搅拌均匀即可。

原料介绍

所述的洋葱原液的制作方法是：取洋葱若干放入榨汁机进行榨汁，得到的汁液用 200 目过滤网进行过滤，得到的液体即为洋葱原液。

所述的地榆浸出液的制作方法是：取地榆根放入 200 倍水中浸泡 12h，再煎煮 20min 后得到汁液，用 200 目过滤网进行过滤，得到的液体即为地榆浸出液。

产品应用 本品是一种鸡舍消毒剂。

使用方法：将本品加水 300 倍稀释后在鸡舍内喷雾。

产品特性 本品采用洋葱原液和地榆浸出液作为消毒剂的主要原料，洋葱原液具有杀灭金黄色葡萄球菌、白喉杆菌等作用，地榆浸出液能在 1min 内杀死伤寒、副伤寒的病原物和痢疾杆菌的各菌系；二者配合化学消毒剂，具有不会使病菌产生抗药性，且消毒能力强等作用。

配方 7 鸡舍用消毒剂

原料配比

原料	配比(质量份)	
	1#	2#
聚维酮碘	0.8	1
福尔马林	5	4
生石灰粉	3	6
邻苯二甲醛	5	4
癸甲溴铵	1	2
中药组合物	10	8
去离子水	加至 100	加至 100

续表

原料		配比(质量份)	
		1#	2#
中药组合物	大黄	13	15
	穿心莲	25	30
	生石灰粉	5	6
	邻苯二甲醛	4	5
	癸甲溴铵	2	3
	艾叶	13	15
	去离子水	适量	适量

制备方法

(1) 按原料配比称取各中药原料混合，加入混合物 20 倍的去离子水，在密闭容器中加热至沸腾，并保持沸腾 30min，而后冷却至室温，采用纱布过滤，得到滤液；

(2) 称取聚维酮碘、福尔马林、邻苯二甲醛和癸甲溴铵混合得到溶液；

(3) 将步骤 (1) 得到的滤液、步骤 (2) 得到的溶液混合，加入生石灰粉，以 300r/min 的速度搅拌均匀，即得到鸡舍消毒剂。

产品应用 本品是一种鸡舍使用的消毒剂。

产品特性 本品具有很好的杀菌、抑菌作用，能够有效地抑制和杀灭环境中的致病细菌、真菌和病毒，同时对于各种寄生虫也有抑制和杀灭作用，特别是对大肠杆菌、金黄色葡萄球菌和痢疾杆菌具有很好的抑制作用。

配方 8 鸡舍用抗菌消毒剂

原料配比

原料		配比(质量份)
氢氧化钠		0.9
福尔马林		4
碘酒		4
过氧乙酸		2
高锰酸钾		2
氧化钙		6
组合物		8
去离子水		加至 100
组合物	艾叶	12
	苍术	18
	金银花	15
	野菊花	9
	黄芩	15
	大蒜	12
	去离子水	适量

制备方法

(1) 按原料配比称取各药材原料混合，加入混合物 20 倍的去离子水，在密闭容器中加热至沸腾，保持沸腾 30min，而后冷却至室温，采用纱布过滤，得到滤液；

(2) 称取氢氧化钠、福尔马林、碘酒、过氧乙酸、高锰酸钾混合得到溶液；

(3) 将步骤 (1) 得到的滤液、步骤 (2) 得到的溶液混合，加入氧化钙，以300r/min的速度搅拌均匀，即得到鸡舍用抗菌消毒剂。

产品应用 本品是一种鸡舍用抗菌消毒剂。

产品特性 本品具有很好的杀菌、抑菌作用，能够有效地抑制和杀灭环境中的致病细菌、真菌和病毒，特别是对大肠杆菌、金黄色葡萄球菌和痢疾杆菌具有很好的抑制作用。

配方 9 可减少病害的鸡舍用消毒剂

原料配比

原料	配比(质量份)				
	1#	2#	3#	4#	5#
乙醇溶液	20	25	30	35	40
知母	11	12	13	14	15
梓叶	1	2	4	26	7
大黄	20	26	27	28	30
青皮	5	6	8	11	12
厚朴	2	3	3.5	4	5
藿香	1	2	3.5	5	6
香薷	10	11	12.5	14	15
贯众	3	3.5	4	4.5	5
穿心莲	6	7	7.5	8	9
碳酸氢钠	5	7	8.5	10	12
阳离子表面活性剂	3	3.5	4	4.5	5
苹果醋	1	2	3	4	5
柠檬酸	2	3	5	7	8
淘米水	适量	适量	适量	适量	适量

制备方法

(1) 按原料配比称取各原料；

(2) 将大黄、穿心莲、梓叶混合粉碎；然后将混合物碎叶置于20倍的淘米水中，在密闭容器中加热至沸腾，并保持沸腾10～20min，而后冷却至室温，采用纱布过滤，得到滤液；

(3) 将碳酸氢钠、苹果醋、柠檬酸进行混合得到混合液B；放入冷库冷冻（温度−20℃）10min，取出，文火加热1～2h，得酸性液。

(4) 将知母、青皮、厚朴、藿香、香薷和贯众粉碎后置于乙醇溶液中，浸泡（每次浸泡时间为1～2h）提取3次，过滤，得到提取液。

(5) 将步骤 (2) 得到的滤液、步骤 (3) 得到的酸性液和步骤 (4) 得到的提取液置于容器中混合搅拌10～20min，注入阳离子表面活性剂，搅拌混合10min得到消毒剂。

原料介绍 所述阳离子表面活性剂为癸甲溴铵溶液。

产品应用 本品是一种可减少病害的鸡舍用消毒剂。

产品特性

(1) 本品具有很好的杀菌、抑菌作用，能够有效地抑制和杀灭环境中的致病细菌、真菌和病毒，同时对于各种寄生虫也有抑制和杀灭作用。

(2) 本品可以减少鸡群病害，进而保证鸡的生长状态良好。

配方 10 山鸡养殖场消毒剂

原料配比

原料		配比(质量份)	
		1#	2#
苦楝叶		20	25
樟脑叶		15	15
皂角叶		10	15
甘草		10	10
大黄		5	5
茶枯粉		8	8
辣椒籽粉		0.5	0.5
水		300	300
炉甘石粉		3	4
烟秆灰		3	2
芒硝		1	1
竹醋		6	8
洗衣粉		4	4
除味剂		4	6
高铁酸钠		3	3
硫代硫酸钠		2	1
次亚磷酸钠		1	2
除味剂	榕树叶	25	20
	杨桐叶	15	20
	茵陈草	15	10
	微晶纤维素	—	5
	硫酸化蓖麻油	3	3
	沸石粉	10	8
	柠檬酸钠	1	0.5
	活性白土	4	6
	石棉绒	1	1
	陶瓷微粉	5	3
	六神曲	2	2
	茶籽粉	2	3
	聚合氯化铝	2	2
	硅微粉	2	1

制备方法

(1) 将苦楝叶、樟脑叶、皂角叶、甘草和大黄送入冷冻干燥机中，经充分冷冻干燥后粉碎成粉末，再与茶枯粉和辣椒籽粉充分混合，然后将混合物加入水中，浸泡 30min 后送入球磨机中，球磨至细度小于 50μm，即得物料Ⅰ；

(2) 将炉甘石粉、烟秆灰和芒硝充分混合，并利用球磨机球磨至细度小于50μm，然后加热至100～105℃保温混合15min，即得物料Ⅱ；

(3) 向物料Ⅰ中加入物料Ⅱ、竹醋、洗衣粉、除味剂、高铁酸钠、硫代硫酸钠和次亚磷酸钠，充分混合均匀。

原料介绍

所述除味剂的制备方法为：

(1) 将榕树叶、杨桐叶和茵陈草经充分冷冻干燥后粉碎成粉末，再加入微晶纤维素和硫酸化蓖麻油，混合均匀，即得粉料Ⅰ；

(2) 向沸石粉中加入柠檬酸钠，研磨15min，再加入活性白土和石棉绒，继续研磨10min，即得粉料Ⅱ；

(3) 向粉料Ⅰ中加入粉料Ⅱ、陶瓷微粉、六神曲、茶籽粉、聚合氯化铝和硅微粉，充分混合均匀。

产品应用 本品是一种山鸡养殖场消毒剂。

产品特性 本品以植物成分为主要原料，辅以多种助剂制得，味道温和，无刺鼻味道，并且消毒效果好，能有效杀灭养殖场中病菌和虫害，为山鸡的健康生长提供良好环境。其中，除味剂的添加能有效驱除养殖场内的异味，从而减少蝇蚊的滋生。

配方11 鸭笼消毒剂

原料配比

原料	配比(质量份)		原料	配比(质量份)	
	1#	2#		1#	2#
过氧乙酸	8	9	薰衣草	12	14
碳酸钠	5	6	大黄	4	3.5
亚氯酸盐	4	4	醋酸	6	8
蒲公英	19	19	薄荷	4	4.5
苦参	6	7	生石灰	8	7
甲酚	6	5	桔梗	7	7
艾叶	25	26	水	1700	1700
除虫菊	11	14			

制备方法

(1) 按原料配比取蒲公英、苦参、艾叶、除虫菊、薰衣草、大黄、桔梗，加10～15倍量的水煎煮1～2次，每次45～60min，合并煎液，过滤，得到组分A；

(2) 将过氧乙酸、碳酸钠、亚氯酸盐、甲酚、醋酸放入含水的反应罐中，加热至30～50℃，搅拌30～40min，加入生石灰、薄荷，搅拌15～20min，得到组分B；

(3) 将组分A倒入组分B中，搅拌20～35min，即得。

产品应用 本品是一种鸭笼消毒剂。

产品特性 本品原料易得，制备方法简单，效果显著，可高效杀灭或抑制病毒，阻止病菌的传播，对运送的肉鸭无不良影响，成本低。

配方12 鸭舍空气消毒剂

原料配比

原料		配比(质量份)		原料		配比(质量份)	
		1#	2#			1#	2#
甲酚		12~14	13	中药制剂	黄柏	6~8	6~8
去离子水		15~17	16		苦参	4~5	4~5
三氯羟基二苯醚		3~5	4		菊花	2~4	2~4
非离子表面活性剂		8~10	9		白鲜皮	1~3	1~3
香精		1~3	2		木香	10~12	10~12
甘油		1~3	2		藿香	2~4	2~4
中药制剂		15~25	20		去离子水	适量	适量
中药制剂	艾叶	1~3	1~3				

制备方法

(1) 将原料中的去离子水加入反应釜中，加热升温至80~100℃，然后将原料中的甲酚和三氯羟基二苯醚加入反应釜中，搅拌直至全部溶解；

(2) 将原料中的非离子表面活性剂和甘油预先混合搅拌均匀，得到的混合溶液全部加入步骤(1)中的反应釜中，搅拌混合均匀后，将原料中的中药制剂加入其中，搅拌混合均匀后，降温冷却；

(3) 待步骤(2)冷却后，将原料中的香精滴加进反应釜中，搅拌混合均匀后，冷却，出料包装，即可。

原料介绍

所述的香精为薄荷叶提取物，其制备方法为：将薄荷叶加入锅中，加入其质量1倍的水，加热至20℃后，恒温静置4~5h，然后进行去渣取汁，得到的汁液即为香精。

所述的中药制剂制备方法为：将原料全部清洗后，兑入水浸泡4h，取出晾干后，切段放入煎锅中，兑入总质量3倍的水，加热至沸腾后，恒温煎熬6h，停火，冷却，去渣取汁，留下的液体即为中药制剂。

产品应用 本品是一种鸭舍空气消毒剂。

产品特性 本品制备方便简单，环保无污染，原料易得，设备投资少，便于操作，使用效果好，对家禽无刺激和不良反应，杀菌消毒效果显著，安全可靠。

配方13 蚕具消毒剂

原料配比

原料	配比(质量份)		
	1#	2#	3#
去离子水	89	89	89
85%二氯异氰尿酸钠粉剂	6	6.5	7
苯扎溴铵	3	3.5	3
药用强化剂	1	1	1

制备方法

(1) 将配方量的去离子水送入搅拌罐，将温度升高至40~45℃，边搅拌边加入配方量的 85%二氯异氰尿酸钠粉剂，搅拌均匀。

(2) 降温至常温，加入配方量的苯扎溴铵和药用强化剂，搅拌均匀后即得成品。

产品应用 本品主要用于蚕具消毒。

产品特性 本品所用设备少，生产工艺简单，投资小，产品的生产与使用均对人体和蚕无害，可充分满足蚕具的消毒需求，能在常温下迅速杀灭多角体病毒、细菌芽孢、真菌孢子、微粒子原虫孢子等多种病原微生物。

配方 14 蚕用复合消毒剂

原料配比

原料		配比(质量份)				
		1#	2#	3#	4#	5#
主剂	二氧化氯粉末	100	100	105	115	110
	碱式次氯酸镁	80	100	85	95	90
辅剂	两性离子表面活性剂十二烷基乙氧基磺基甜菜碱	40	60	45	55	50
干燥剂	硅胶	80	100	85	95	90

制备方法 将各组分原料混合均匀即可。

原料介绍

所述的主剂粉末的粒度为 300～400 目。

所述的辅剂在使用之前，加入清水中，配成 5%～10%的水溶液。

所述的主剂、辅剂以及干燥剂分开独立包装。

产品应用 本品是一种蚕用复合消毒剂。

使用方法：消毒前先用清水清洗一遍蚕室和蚕具，风干 12h，再将主剂均匀地撒在蚕室内和蚕具上；待主剂停留 1～2h 后，清理回收主剂粉末，再将辅剂配成 5%～10%的水溶液喷洒蚕室和蚕具；待 20～30min 后，用清水洗净辅剂；在蚕室和蚕座上放上干燥剂，使蚕室处于干燥状态。

该蚕用复合消毒剂使用于蚕室及蚕具上，不可使用于蚕体和桑叶。

消毒环境的 pH 值在 7.5～8.5 之间。干燥后的相对湿度为 45%～55%。

产品特性 本品具有稳定性好、杀菌谱广、杀菌效果好、高效、不受环境条件影响以及环保的特点。

配方 15 蚕用消毒剂

原料配比

原料		配比(体积份)		
		1#	2#	3#
中药杀菌液		30	60	45
二氧化氯消毒剂	经柠檬酸活化后有效含量为 17.5mg/L 的二氧化氯溶液	8	—	—
	经柠檬酸活化后有效含量为 10.8mg/L 的二氧化氯溶液	—	1	—
	经柠檬酸活化后有效含量为 14.5mg/L 的二氧化氯溶液	—	—	5

续表

原料		配比(体积份)		
		1#	2#	3#
聚维酮碘消毒剂	含有效碘 2g/L 的聚维酮碘溶液	5	—	—
	含有效碘 4g/L 的聚维酮碘溶液	—	1	—
	含有效碘 3.5g/L 的聚维酮碘溶液	—	—	2
印楝素乳油	浓度 0.81mg/L 的 0.3%印楝素乳油	5	—	—
	浓度 2.0mg/L 的 0.3%印楝素乳油	—	15	—
	浓度 1.25mg/L 的 0.3%印楝素乳油	—	—	10
中药杀菌液	芦荟	30	15	20
	苦参	20	40	30
	烟叶	50	18	35
	大叶桉	10	20	12
	苦皮藤	10	25	18
	金银花	8	15	10
	蛇床子	25	10	17
	除虫菊	8	15	12
	百部	30	12	25
	滑石粉	10	20	15
	50%～70%乙醇	适量	适量	适量

制备方法 将各组分原料混合均匀即可。

原料介绍

所述二氧化氯消毒剂为经活化剂活化后有效含量为 10.8～17.5mg/L 的二氧化氯溶液；所述聚维酮碘消毒剂为含有效碘 2～4g/L 的聚维酮碘溶液。

所述中药杀菌液制备方法为：按配方取各组分药材，将其粉碎至 100～200 目，采用醇提法提取两次。第一次加入料液质量比为(1∶8)～(1∶12)的体积分数为 50%～70%的乙醇溶液，回流提取 180min；第二次加入料液质量比为(1∶7)～(1∶10)的体积分数为 50%～70%的乙醇溶液，回流提取 150min；合并提取液，将所得提取液浓缩成有效成分浓度为 300mg/L 的中药杀菌液。

产品应用 本品是一种蚕用消毒剂，也适用于蔬菜和果蔬作物的病害防治。

本品现用现配，使用时将各组分进行充分混合，然后喷施于蚕室、蚕具、蚕体、蛹体等，视养蚕的不同时期进行喷施，可以一天 1～2 次，也可以 2～5 天喷施一次。

产品特性 本品以具有杀菌、杀虫作用的中药杀菌液复配二氧化氯消毒剂、聚维酮碘消毒剂、印楝素乳油，各组分均为绿色环保的物质；具有杀菌谱广、杀菌效果好、周期短，且无化学残留，对环境无污染等特点，有利于对养蚕期间的病虫害进行防治。

配方 16 蚕室蚕具用消毒剂

原料配比

原料	配比(质量份)			
	1#	2#	3#	4#
咯菌腈	0.5	0.5	0.7	0.3
霜霉威盐酸盐	0.4	0.3	0.3	0.2
水	1000	1000	1000	1000

制备方法 将各组分原料混合均匀即可。

产品应用 本品是一种蚕用消毒剂。

蚕室、蚕具消毒步骤如下：将蚕用消毒剂按 200～300mL/m^2 的喷施量喷施于蚕室、蚕具上，或将蚕具浸渍于本品中 20～40min，即可。

产品特性

（1）将咯菌腈与霜霉威盐酸盐混合后制备蚕用消毒剂，咯菌腈与霜霉威盐酸盐联合具有协同促进作用，提高杀灭家蚕白僵菌效果。

（2）本品安全高效，对动物无致畸、致突变、致癌作用，属于生态环境安全的环境友好型杀菌剂。

（3）本品施用方法简单，有利于大范围推广应用。

配方 17 含 PVP-Ⅰ的用于养殖小蚕的消毒剂

原料配比

原料	配比(质量份)	
	1#	2#
PVP-Ⅰ	0.2～0.5	4
漂粉精	0.2～0.5	0.3～0.4
碘甘油	0.2～0.5	0.3～0.4
甲醛	0.2～0.5	0.3～0.4
乙醇	40～50	40～50
去离子水	加至 100	加至 100

制备方法 将各组分原料混合均匀即可。

产品应用 本品是一种用于养殖小蚕的消毒剂。

产品特性 本品由于添加了 PVP-I，提高了消毒效果，并且对小蚕无伤害，从而提高了小蚕的存活率。

配方 18 含醋酸氯己定的小蚕共育消毒剂

原料配比

原料	配比(质量份)	
	1#	2#
醋酸氯己定	0.1～0.5	0.3
十二烷基二甲基苄基氯化铵	0.2～0.7	0.4～0.6
苯扎溴铵	0.2～0.7	0.3～0.6
对氯间二甲苯酚	0.1～0.6	0.2～0.6
次氯酸钠	35～45	35～45
去离子水	加至 100	加至 100

制备方法 将各组分原料混合均匀即可。

产品应用 本品是一种用于小蚕共育的消毒剂。

产品特性 本品由于添加了醋酸氯己定，提高了消毒效果，并且对小蚕无伤害，从而提高了小蚕的存活率。

配方 19　含碘酊的蚕室消毒剂

原料配比

原料	配比(质量份)	
	1#	2#
碘酊	0.1	0.3
苯扎溴铵	0.2～0.7	0.3～0.6
来苏尔	0.2～0.7	0.4～0.6
戊二醛	0.1～0.6	0.2～0.6
乙醇	35～45	35～45
去离子水	加至 100	加至 100

制备方法　将各组分原料混合均匀即可。

产品应用　本品是一种用于蚕室的消毒剂。

产品特性　本品由于添加了碘酊，提高了消毒效果，并且对小蚕无伤害，从而提高了小蚕的存活率。

配方 20　含二溴海因的蚕室消毒剂

原料配比

原料	配比(质量份)	
	1#	2#
二溴海因	0.2～0.5	0.4
苯扎溴铵	0.2～0.5	0.3～0.4
三氯异氰尿酸钠	0.2～0.5	0.3～0.4
复方络合碘	0.2～0.5	0.3～0.4
乙醇	40～50	40～50
去离子水	加至 100	加至 100

制备方法　将各组分原料混合均匀即可。

产品应用　本品是一种用于蚕室的消毒剂。

产品特性　本品由于添加了二溴海因，提高了消毒效果，并且对小蚕无伤害，从而提高了小蚕的存活率。

配方 21　含过氧乙酸的用于养殖小蚕的消毒剂

原料配比

原料	配比(质量份)	
	1#	2#
过氧乙酸	0.2～0.5	0.4
甲醛	0.2～0.5	0.3～0.4
复合酚	0.2～0.5	0.3～0.4
烧碱	0.2～0.5	0.3～0.4
乙醇	40～50	40～50
去离子水	加至 100	加至 100

制备方法 将各组分原料混合均匀即可。

产品应用 本品是一种用于养殖小蚕的消毒剂。

产品特性 本品由于添加了过氧乙酸，提高了消毒效果，并且对小蚕无伤害，从而提高了小蚕的存活率。

配方 22 含聚六亚甲基双胍的小蚕共育消毒剂

原料配比

原料	配比(质量份)	
	1#	2#
聚六亚甲基双胍	0.1～0.5	0.3
苯酚	0.2～0.7	0.3～0.6
过氧化氢	0.2～0.7	0.4～0.6
二甘氨酸盐酸盐	0.1～0.6	0.2～0.6
乙醇	35～45	35～45
去离子水	加至100	加至100

制备方法 将各组分原料混合均匀即可。

产品应用 本品是一种用于小蚕共育的消毒剂。

产品特性 本品由于添加了聚六亚甲基双胍，提高了消毒效果，并且对小蚕无伤害，从而提高了小蚕的存活率。

配方 23 含来苏尔的蚕室消毒剂

原料配比

原料	配比(质量份)	
	1#	2#
来苏尔	0.5～0.8	0.7
过氧乙酸	0.1～0.6	0.2～0.6
高锰酸钾	0.2～0.7	0.3～0.6
二氯异氰尿酸钠	0.2～0.7	0.4～0.6
乙醇	35～45	35～45
去离子水	加至100	加至100

制备方法 将各组分原料混合均匀即可。

产品应用 本品是一种用于蚕室的消毒剂。

产品特性 本品由于添加了来苏尔，提高了消毒效果，并且对小蚕无伤害，从而提高了小蚕的存活率。

配方 24 用于人工饲料养蚕的防腐消毒剂

原料配比

原料	配比(质量份)	原料	配比(质量份)
酸性陶土	99.25	聚甲醛原粉	0.15
山梨酸钾	0.30	多菌灵原药(有效成分含量大于95%)	0.30

制备方法 将酸性陶土、山梨酸钾、聚甲醛原粉和多菌灵原药分别用粉碎机粉

碎至100～150目，然后将酸性陶土进行高温烘干灭菌，再按照原料配比将各组分用搅拌机混合均匀，密封包装。

产品应用 本品用于人工饲料养蚕的防腐消毒。

产品特性

(1) 本品在养蚕眠期使用，防止或延迟家蚕人工饲料变质，并具有蚕体、蚕座消毒和吸湿隔离作用，以提高人工饲料养蚕的群体发育整齐度。

(2) 本品对家蚕无不良影响，各种原料的防腐性能和抗菌谱互补，能有效延缓人工饲料霉变，减少蚕病发生。

配方 25 柞园消毒剂

原料配比

原料	配比(质量份)					
	1#	2#	3#	4#	5#	6#
十二水磷酸钠	1.5	2.5	1.5	2.5	2.5	—
三氯异氰尿酸钠	1.0	1.5	—	—	—	1.5
二海因	—	—	1	1.5	—	—
水	1000	1000	1000	1000	1000	1000

制备方法 将各组分溶于水混合均匀即可。

产品应用 本品用于柞园中的“小蚕场”、“大蚕场”及“营茧场”的消毒。

“小蚕场”为饲养1～3龄柞蚕的场地；“大蚕场”为饲养4～5龄柞蚕的场地；“营茧场”为柞蚕吐丝结茧的场地。

使用方法：在越冬柞叶脱落后，选择晴天，用农用喷雾器喷洒药液于柞树枝干及地面。

产品特性 本品解决了柞蚕生产中无法有效控制的残留于柞园中的病原微生物侵染柞蚕的难题，可以有效预防柞蚕核型多角体病毒病和柞蚕空胴病这两种主要传染性病害的发生。

配方 26 藏獒犬舍草本除菌消毒剂

原料配比

原料	配比(质量份)		
	1#	2#	3#
竹汁	65	90	82
大蒜	55	80	69
海螵蛸粉末	30	50	40
青礞石粉	20	45	32
板蓝根	8	12	10
穿心莲	3	8	5
雷丸	2	8	6
白鲜皮	3	8	5
香榧子	4	9	6
厚朴	4	9	7
木通	5	9	7
苦参	5	8	6

续表

原料	配比(质量份)		
	1#	2#	3#
黄丹	3	8	5
天竺葵	4	9	6
竹茹	3	7	5
葛根	6	12	9
余甘子	4	12	8
楤木	3	8	5
诃子	3	8	5
石榴子	2	5	4
五灵脂	1	5	3
乌奴龙胆	1	5	2
苦瓜藤	3	8	5
梧桐叶	8	14	12
桑叶	8	12	10
艾叶	10	15	12
石榴皮	4	9	7
海盐	5	12	8
中药浸提用水	适量	适量	适量
去离子水	120	200	180

制备方法

(1) 将大蒜榨汁，与竹汁混合，得到混合液；

(2) 将板蓝根、穿心莲、雷丸、白鲜皮、香榧子、厚朴、木通、苦参、黄丹、天竺葵、竹茹加水煎煮两次，第一次加入6～8倍的水煎煮1～3h，第二次加入4～6倍的水煎煮1～2h，合并两次煮液，过滤，得到中药液；

(3) 将葛根、余甘子、楤木、诃子、石榴子、五灵脂、乌奴龙胆、苦瓜藤加5～7倍的水，在30～45℃下浸提1～3h，得到浸提液；

(4) 将梧桐叶、桑叶、艾叶、石榴皮加1～2倍的水，研磨，得到浆液；

(5) 将步骤(1)的混合液、步骤(2)的中药液、步骤(3)的浸提液、步骤(4)的浆液混合，加入海螵蛸粉末、青礞石粉、海盐以及去离子水，搅拌均匀即可。

产品应用 本品用于藏獒犬舍除菌消毒。

产品特性 本品有效地消除了化学试剂对于藏獒的不良反应，其中的成分相互作用。定期喷洒犬舍，不但有利于犬舍的消毒除菌，提升犬舍的卫生环境，而且还可以预防螨虫等有害物所引起的藏獒常见的皮肤病等，从而提升藏獒的品质。

配方 27 宠物用无色碘消毒剂

原料配比

原料	配比(质量份)			
	1#	2#	3#	4#
碘	1	1	1	1
二甲基乙酰胺	2(体积份)	2.5(体积份)	3(体积份)	4(体积份)
质量分数为25%的浓氨水	0.5(体积份)	—	—	—
质量分数为26%的浓氨水	—	0.6(体积份)	—	—
质量分数为27%的浓氨水	—	—	0.73(体积份)	—
质量分数为28%的浓氨水	—	—	—	0.8(体积份)

制备方法

(1) 将碘溶解在二甲基乙酰胺中，得到均匀的混合溶液。碘与二甲基乙酰胺的混合温度为0～4℃。

(2) 将步骤 (1) 制得的混合溶液以一定的比例倒入浓氨水中，混合均匀，在阴凉条件下密封储存，即得该宠物用无色碘消毒剂。混合溶液在0～4℃环境下倒入浓氨水中。

产品应用 本品是一种宠物用无色碘消毒剂，其储存温度为0～4℃。

使用方法：摇匀所述宠物用无色碘消毒剂，按照1∶10000的体积比与水稀释使用。

产品特性 本品对大肠杆菌的杀灭效果优异，本品释放的氨能较好杀灭典型宠物寄生虫蛔虫，大大减少人畜共患病的传播概率。本品制备方法简单，具备同时杀灭细菌与寄生虫的特殊消毒优势。

配方 28 家庭宠物狗舍用消毒剂

原料配比

原料	配比(体积份)							
	3#	4#	5#	6#	7#	8#	9#	10#
脂肪酸消毒剂	0.08	0.11	0.14	0.17	0.2	0.23	0.26	0.29
鱼腥草的萃取油	0.52	0.84	1.16	1.48	1.8	2.12	2.44	2.76
蛇床子的萃取油	0.52	0.84	1.16	1.48	1.8	2.12	2.44	2.76
木瓜和茴香的萃取油	0.52	0.84	1.16	1.48	1.8	2.12	2.44	2.76
表面活性剂十八烷基硫酸钠	0.52	0.84	1.16	1.48	1.8	2.12	2.44	2.76
80%食用乙醇	2.54	3.08	3.62	4.16	4.7	5.24	5.78	6.32
去离子水	95.3	93.45	91.6	89.75	87.9	86.05	84.2	82.35

制备方法

(1) 按原料配比分别称取脂肪酸消毒剂、鱼腥草的萃取油、蛇床子的萃取油、木瓜和茴香的萃取油、表面活性剂十八烷基硫酸钠、80%食用乙醇、去离子水；

(2) 将步骤 (1) 称取的脂肪酸消毒剂、鱼腥草的萃取油、蛇床子的萃取油、木瓜和茴香的萃取油、表面活性剂十八烷基硫酸钠、80%食用乙醇搅拌混匀，得到混合物；

(3) 向步骤 (2) 得到的混合物中加入去离子水，混合均匀，得到成品；

(4) 检测，储存，即得。

产品应用 本品是一种家庭宠物狗舍用消毒剂。

使用方法：在狗舍内壁的顶部上铺设喷水管网路，喷水管网路以狗舍内壁顶部的正中为中心向四侧扩散，喷水管网路的出水口可以用旋转喷水的方式喷洒消毒剂，将制备好的本品加压送入喷水管网路并由喷水管网路的出水口旋转喷出，喷洒消毒剂的时间应在喂食的2h以后。

产品特性 本品采用植物萃取液进行杀菌消毒，杀菌效果好，对狗嗅觉灵敏的鼻子无刺激性和腐蚀性、安全无毒，并通过液状喷洒，增加施药范围，并且施药均匀，易溶解，药效明显，解决了市场现有的消毒剂集中喷洒、自由扩散而刺激性强、有腐蚀性的问题，对于嗅觉灵敏的狗鼻子来说，这种气味是致命的，更加影响宠物狗的健康。

配方 29 犬类生产环境消毒剂

原料配比

原料	配比(质量份)	原料	配比(质量份)
去离子水	适量	川楝子	8
乙醇	25	茉莉花	7
大黄	2	苯扎溴铵	1
乌梅	2	十二烷基硫酸钠	1
二溴海因	2	碘	5
艾草	5	三氯羟基二苯醚	2
薰衣草	5	磷酸二氢钠	2
藿香	5	羟基亚乙基二膦酸	3
金银花	8		

制备方法

(1) 将大黄、乌梅、二溴海因、艾草、薰衣草、藿香、金银花、川楝子、茉莉花按原料配比称取后置入容器中，加入5倍量去离子水进行熬制；

(2) 将5倍量的去离子水熬制剩余1倍量后进行过滤，取药汁备用；

(3) 将药汁进行澄清，澄清后取上清液加入去离子水、乙醇、苯扎溴铵、十二烷基硫酸钠、碘、三氯羟基二苯醚、磷酸二氢钠和羟基亚乙基二膦酸即制得消毒剂。

产品应用 本品是一种犬类生产环境消毒剂。

产品特性 本品能够有效杀灭犬类生产环境产生的细菌，同时能够去除产生的难闻气味，防止病菌传播，提高犬类的成活率。

配方 30 草鱼、对虾混养池塘用水体消毒剂

原料配比

原料	配比(质量份)		
	1#	2#	3#
单过硫酸氢钾	70	50	57
苹果酸	5	15	15
氯化钠	6	10	2
黄连提取物	19	25	26

制备方法 将各组分混合均匀即制得。

产品应用 本品主要用于草鱼、对虾混养池塘用水体消毒。

使用方法：当进行养殖池塘水体彻底消毒时，其使用浓度为水体的1%；当进行养殖池塘水体表面消毒时，其使用浓度为水体的0.5%；当进行养殖池塘中细菌和病毒的常规控制时，其使用浓度为0.5×10^{-6}；在养殖池塘疾病高发期使用时，其使用浓度为1×10^{-6}。

产品特性

(1) 本品既能够有效杀灭水产养殖池塘中的主要病原微生物，又不会对草鱼和对虾造成不良影响，同时具有无残留、无公害的优点。

(2) 本品能够有效预防多种水产病菌，包括细菌（弧菌）、病毒和真菌，用于各类海、淡水鱼虾养殖。

(3) 本品使用方便，作用迅速，作用方式多样。

配方 31 防治水产养殖细菌性疾病的中药消毒剂

原料配比

原料	配比(质量份)			
	1#	2#	3#	4#
黄连	40	45	20	50
黄芩	80	60	80	100
栀子	40	45	50	20
鱼腥草	40	50	50	30
60%～75%乙醇	适量	适量	适量	适量
去离子水	适量	适量	适量	适量

制备方法

(1) 按质量配比将黄连清洗后粉碎成粗粉，用含有质量分数为60%～75%乙醇对粗粉分别进行回流提取三次，得到乙醇提取液，合并待用；

(2) 按质量配比将黄芩、栀子、鱼腥草切片，然后分别加10倍量的水煎煮3次，第一次2h，第二、三次各1h，合并煎液，浓缩至适量，加乙醇，使醇含量达到70%，搅拌均匀，静置过夜，过滤，取上清液；

(3) 将上清液与乙醇提取液混合后浓缩至乙醇回收完毕，将得到的浓缩液冷却后加入75%乙醇溶解，过滤，收集滤液，即得到防治水产养殖细菌性疾病的中药消毒剂成品。

产品应用 使用时，将本品按100～150mL/(亩·m) 使用，一天一次，连续使用3天后，养殖水体中的鱼死亡现象消失，使用7天后养殖水体恢复正常。

产品特性 本品具有明显的杀毒作用，其吸收快，疗效好，且不良反应小，无药物残留，符合安全兽药、保障动物源食品安全的要求，是一种较为理想的防治水产养殖细菌性疾病的中药消毒剂。该中药消毒剂的有效成分能够有效抑制并杀灭细菌，不会产生药物残留，使用方便，成本较低，不易产生耐药性。

配方 32 改良型水产养殖用消毒剂

原料配比

原料	配比(质量份)		
	1#	2#	3#
氯化钠	6	9	12
二溴海因	20	30	40
迷迭香酸	4	6	8
六亚甲基四胺	8	13	16
氨基磺酸	5	8	10
碳酸钠	5	10	15
单过硫酸氢钾	20	25	30
碳酸氢钠	10	15	20

续表

原料	配比(质量份)		
	1#	2#	3#
乙酰壳聚糖	11	16	18
褐藻多糖	3	4	6
海洋生物复合溶菌酶	10	15	18
多聚偏磷酸钠	8	12	14
蜂胶提取物	8	10	12
黄连提取物	12	15	20

制备方法 将各组分原料混合均匀即可。

产品应用 本品主要用于水产养殖各个方面，如海参、虾、螃蟹、食用鱼、观赏鱼等养殖的场地和水质杀菌、消毒、灭藻。

产品特性 本改良型水产养殖用消毒剂，具有速溶、易溶、成本低、安全环保等优点既能有效杀灭水产养殖池塘中主要病原微生物，又对养殖动物无不良影响，且无残留。

配方 33 高效水产养殖消毒剂

原料配比

原料	配比(质量份)		
	1#	2#	3#
二溴海因	6	7	9
迷迭香酸	3	3	4
蜂胶提取物	9	10	11
黄连提取物	12	12	14
氨基磺酸	14	14	18
氯化钠	4	5	7
过碳酸钠	6	6	7
过碳酸酰胺	2	2.5	2

制备方法 将各组分原料混合均匀即可。

产品应用 本品是一种水产品养殖杀菌剂。

产品特性 本品能够将水产养殖中池塘水进行高效的消毒、杀菌，且具有高效、低毒、无残留、无公害的特点，有利于保护环境，且能够在杀菌与消毒的同时，对水产品具有良好的保护作用。

配方 34 高效渔业消毒剂

原料配比

原料	配比(质量份)	
	1#	2#
乙酰壳聚糖	5	6
褐藻多糖	3	2
蜂胶提取物	2	3
海洋生物复合溶菌酶	16	18
去离子水	10	15
多聚偏磷酸钠	5	6

续表

原料	配比(质量份)	
	1#	2#
迷迭香酸	10	10
六亚甲基四胺	10	10
氨基磺酸	13	10
苹果酸	13	10

制备方法 将各组分原料混合均匀即可。

产品应用 本品是一种高效渔业消毒剂。

产品特性 本品具有高效、低毒、无残留、无公害的特点，有利于良好地保护环境，且能够在杀菌与消毒的同时，对水产品具有良好的保护作用。

配方 35 环保水产养殖消毒剂

原料配比

原料	配比(质量份)					
	1#	2#	3#	4#	5#	6#
过碳酸钠	3	10	4	5	6	8
过碳酸酰胺	5	10	6	7	8	9
蛭弧菌	2	5	2.5	3	3.5	4
金银花	10	20	12	14	16	18
板蓝根	10	30	13	16	20	25
大青叶	10	30	13	16	20	25

制备方法

(1) 将蛭弧菌接种于有宿主菌的培养基中，进行扩繁增殖，待用。宿主菌培养基的温度为20～40℃。

(2) 将金银花、大青叶、板蓝根晒干，研磨成粉末，待用。

(3) 将过碳酸钠、过碳酸酰胺、步骤(1)得到的蛭弧菌以及步骤(2)得到的粉末混合搅拌均匀，研磨，得到混合粉末。

(4) 将步骤(3)得到的混合粉末通过颗粒制备机，制备成粒径为3～10mm的颗粒，得到颗粒状环保水产养殖消毒剂。

原料介绍 所述蛭弧菌为弧形状噬菌蛭弧菌。所述宿主菌培养基的环境pH值为6～9。

产品应用 本品是一种环保水产养殖消毒剂。

产品特性

(1) 本品消毒效果好，抗菌能力强，还可以提供水产动物生长所需的活性氧，无毒，且对水产动物生长无害，有利于环境保护。

(2) 该环保水产养殖消毒剂中的过碳酸钠，遇水可以释放大量的氧气，放氧速度比较快，价格也比较便宜。

(3) 该环保水产养殖消毒剂中的蛭弧菌，可以进入宿主菌细胞质中，立即大量生殖，从而杀死宿主菌。

(4) 本品制备方法简单，成本低，制备过程中无有毒物质释放，有利于环境保护。

配方 36 水产养殖池塘消毒剂

原料配比

原料		配比(质量份)		
		1#	2#	3#
聚维酮碘		24.9	20	18
中药消毒剂		22	19.9	24.8
苯扎溴铵		5	5	4
戊二醛		0.1	0.1	0.2
乙醇		适量	适量	适量
壳聚糖		12	15	10
氯化钠		12	10	15
苹果酸		12	14	10
生石灰		6	9	8
活性炭		6	7	10
去离子水		适量	适量	适量
中药消毒剂	金银花	1	1	1
	黄连	1	1	1
	去离子水	适量	适量	适量

制备方法 将各组分原料投入球磨机中，球磨混合，磨至250～450目细度；取出，加入搅拌罐中，按照总质量3倍的量添加去离子水，搅拌均匀后，过滤后即可；选用料筒直接包装即得水产养殖池塘消毒剂。

原料介绍

所述中药消毒剂的制备方法为：将金银花、黄连按1∶1的比例进行粉碎混合，然后加去离子水浸泡1h后煎煮三次，每次加水量为药材总量的8～120倍，各煎煮1～1.5h；并煎液，浓缩至相对密度为1.05以上，过滤，滤液合并，冷却后在搅拌下缓慢加入乙醇，使乙醇含量达到40%；静置12h，过滤，回收乙醇，即得中药消毒剂成品。

产品应用 本品是一种水产养殖池塘消毒剂。

当进行养殖池塘水体彻底消毒时，其使用浓度为水体的1%～1. 5%。

当进行养殖池塘水体表面消毒时，其使用浓度为水体的0.3%～0.6%。

当进行养殖池塘中细菌和病毒的常规控制时，其使用浓度为(0.5～1.2) $\times 10^{-6}$。

产品特性

(1) 本品既能够有效杀灭水产养殖池塘中的主要病原微生物，又不会对养殖的水产品造成不良影响。同时，制备方法简单，环保无污染，具有无残留、无公害的优点。

(2) 本品生产工艺简单、使用方便、安全、无不良反应、无二次污染、无残留。投放量少，可替代普通杀菌消毒剂，杀掉水中的微生物、细菌，并可使水的使用期限加长，降低换水频率。

(3) 本品可有效防治养殖水体中产生的细菌性疾病，并且可以增加养殖水体中水产品的免疫能力，有效率可达99%以上。

配方 37 水产养殖灭菌消毒剂

原料配比

原料	配比(质量份)		
	1#	2#	3#
六偏磷酸钠	32	43	46
氨基己糖	15	18	24
氯化钠	2	5	6
石蒜	3	4	6
秦皮	1	2	3
过碳酰胺	11	17	24
硅藻土	4	6	7
抗坏血酸	1	3	4
富马酸	2	4	6
醋酸	适量	适量	适量

制备方法 先按原料配比称量各组分，将原料加入混合机中，加入适量的醋酸，在45～50℃下搅拌均匀制成混合料，将混合料制成粒度为10～30目颗粒物，即可。

产品应用 本品主要是一种水产技术领域应用的水产养殖灭菌消毒剂。

本品使用浓度为(0.3～0.6)$\times 10^{-6}$。

产品特性 本品绿色无毒害，同时具有良好的消毒杀菌效果；制备方法简单，易于掌握。

配方 38 水产养殖用杀菌消毒剂

原料配比

原料	配比(质量份)		
	1#	2#	3#
焦硫酸钠	20	27	18
氯化钠	30	35	40
二氯异氢尿酸钠	28	20	15
亚氯酸钠	35	40	30
硫酸钙	15	18	20
酒石酸	15	10	10
次氯酸钙	23	30	18
去离子水	200	300	300

制备方法

(1) 先将去离子水倒入搅拌罐，在常温下，在搅拌的同时加入其他原料，后搅拌至全部溶解；

(2) 搅拌均匀后即得成品。

产品应用 本品主要用于虾、螃蟹、海参、食用鱼、观赏鱼等养殖的水体杀菌、消毒，长期使用可有效改善水质，修复生态环境。

产品特性 本品生产工艺简单，使用方便，安全、无不良反应，无二次污染、无残留。投放量少，可替代普通杀菌消毒剂，杀掉水中的微生物、细菌，并可使水的使用期限加长，降低换水频率。

配方 39 水产养殖用消毒剂

原料配比

原料	配比(质量份)	原料	配比(质量份)
二氧化氯	5～7	花椒	2～4
二溴海因	3～5	硫酸铜	0～0.5
生石灰	3～5	硫酸亚铁	0～0.2
大蒜	2～4		

制备方法 将各组分原料混合均匀即可。

产品应用 本品是一种水产养殖用水体消毒剂。

产品特性 本品为自然无公害的消毒剂，可改善水质，具有消毒彻底、切断病毒传染、净化水质、达到无害标准、自然无毒性、提高水产养殖成活率等优点。

配方 40 水产养殖水体消毒剂

原料配比

原料	配比(质量份)		
	1#	2#	3#
单过硫酸氢钾	75	50	45
氨基磺酸	15	15	25
苹果酸	3	15	15
氯化钠	2	10	2
多聚偏磷酸钠	1	3	3
黄连提取物	4	7	10

制备方法 将上述组成按原料配比混合均匀即可。

产品应用 本品是一种水产养殖水体消毒剂。

按照所需浓度配成水溶液使用，池塘彻底消毒时，其使用浓度为1%；表面消毒时，其使用浓度为0.5%；养殖池塘中细菌和病毒的常规控制时，其使用浓度为0.5×10^{-6}；疾病高发期使用时，其使用浓度为1×10^{-6}。

产品特性

(1) 本品既能有效杀灭水产养殖池塘中的主要病原微生物，又对养殖动物无不良影响，且无残留。

(2) 原料易得，配制简单。

(3) 可有效预防多种水产病菌，包括细菌（弧菌）、病毒和真菌，用于各类海、淡水鱼虾养殖。

(4) 使用方便，作用迅速，作用方式多样。

(5) 对养殖动物安全，对环境友好。

(6) 本水产养殖水体消毒剂针对性强，具有高效、低毒、无残留、无公害的特点。

配方 41 水产养殖专用消毒剂

原料配比

原料			配比(质量份)					
			1#	2#	3#	4#	5#	6#
A剂			3	3	3	3	3	3
B剂			1.4	1.5	1.6	1.5	1.6	1.5
A剂	四羟甲基硫酸磷		28	32	30	35	36	34
	过硫酸氢钾		12	10	15	13	9	11
	偏硼酸钠		8	6	6	9	10	8
	冰醋酸		1	20	10	12	5	14
	水		6	5	10	1	5	7
	增氧剂	过氧化钠	4	—	8	5	—	—
		过氧化钙	—	3	—	—	4	6
B剂	中药提取液		22	23	24	24	22	23
	麦饭石		38	36	40	40	36	38
	大蒜素		6	7	8	4	8	5
	柠檬酸		8	8	6	10	10	5
	水		5	8	10	8	6	5
	邻香草醛和乙基麦芽酚组合物		3	—	—	—	—	3
	乙基麦芽酚		—	4	—	—	—	—
	邻香草醛		—	—	4	5	—	—
	丁香油、乙基麦芽酚组合物		—	—	—	—	4	—
	中药提取液	茼蒿	25	30	28	28	26	25
		金银花	26	24	28	30	25	20
		白头翁	18	22	25	30	15	24
		白果	加至100	加至100	加至100	加至100	加至100	加至100

制备方法

(1) A剂的制备：按原料配比称取原料，将冰醋酸与水共混，然后将偏硼酸钠加入其中，再将剩余物质至少均分两次加入其中，搅拌均匀后，即得A剂。

(2) B剂的制备：将麦饭石、水共混，然后向其中加入柠檬酸，45℃搅拌20～25min，在40℃条件下保温反应1～2h，取出后真空干燥得粉末，将粉末与剩余其他物质共混，搅拌均匀后，即得B剂。

(3) 将A剂、B剂共混，然后送入造粒机中造粒，所得颗粒过25目筛即得。

产品应用 本品是一种水产养殖专用消毒剂。

产品特性

(1) 本品制备工艺简单，制得的消毒剂相较于传统氯制消毒剂，安全环保，具有良好的消毒杀菌效果，且对水质、水产品生长具有一定的改善效果，从本质上提高了水产养殖的经济效益。

(2) 本品采用化学试剂配合中药提取液双重杀菌，不仅可用于水体的消毒杀菌，同时提高了水体的净化效果，配合麦饭石、柠檬酸有效改善了水中溶解氧的含量和对重金属离子的吸附性。另外，中药提取液具有良好的除味作用，降低了消毒剂对水产品的刺激性。

配方 42　水产用消毒剂

原料配比

原料	配比(质量份)		
	1#	2#	3#
戊二醛	9.2	10.8	10
苯扎溴铵	9.2	10.8	10
乳化剂	0.09	0.11	0.1
去离子水	81.51	78.29	79.9

制备方法

(1) 按所述配方取戊二醛、苯扎溴铵、乳化剂和去离子水，加入循环配液罐，搅拌 15～20min，配成溶液；

(2) 将配成的溶液送入灌装机，灌装规格为 980～1020mL/瓶；

(3) 将灌装后的溶液进行加盖密封并包装，得到成品。

原料介绍　所述乳化剂为 SC-100，该乳化剂有利于稳定分散溶液。

产品应用　本品是一种水产用消毒剂。

使用方法：每 $1m^3$ 水体添加该消毒剂 1.5g，将被消毒物药浴 10min。

产品特性　通过采用循环配液罐来配制，能保证用更短的时间混匀溶液，循环配液罐的搅拌桨有利于分散液体，使得苯扎溴铵在溶液中乳化均匀，更能与戊二醛协同增强抗菌效果，同时还使溶液形成稳定相平衡，提高了消毒剂的稳定性。

配方 43　水产用长效缓释双层片状消毒剂

原料配比

原料			配比(质量份)			
			1#	2#	3#	4#
缓释层	聚六亚甲基胍盐酸盐		15	20	10	0.1
	水溶性骨架材料	羟丙基甲基纤维素 K100M	35	—	—	—
		羟乙基纤维素	—	40	—	—
		羧甲基纤维素钠	—	—	—	35
		海藻酸钠	—	—	30	—
		甲基纤维素	—	—	10	3
	促渗材料	羟丙基甲基纤维素 E5	10	10	—	—
		微晶纤维素	—	—	10	—
	黏合剂	羟丙纤维素	—	—	—	3
		聚维酮	5	5	5	—
	填充剂	磷酸氢钙	32	—	—	—
		碳酸钙	—	22	22	—
		淀粉	—	—	—	10
		滑石粉	—	—	10	—
	润滑剂	微粉硅胶	2	2	2	2
		硬脂酸镁	1	1	1	—

续表

原料			配比(质量份)			
			1#	2#	3#	4#
长效层	聚六亚甲基胍盐酸盐		25	30	25	25
	醇溶性骨架材料	PVB	45	—	—	—
		乙基纤维素	—	40	—	—
		丙烯酸树脂	—	—	45	—
		聚氯乙烯	—	—	—	25
	促渗材料	HPMC E5	—	5	5	—
		微晶纤维素	5	—	—	5
	黏合剂	甲基纤维素	—	—	—	3
		聚维酮	5	5	5	—
	填充剂	磷酸氢钙	23	22	21	—
		淀粉	—	—	—	5
	润滑剂	微粉硅胶	1	1	2	2
		硬脂酸镁	1	1	1	—

制备方法

(1) 缓释层和长效层分别单独制粒。所述缓释层的制粒方法：将聚六亚甲基胍盐酸盐、水溶性骨架材料、促渗材料、填充剂混合均匀成干料，将黏合剂用95%乙醇溶解完全后，加入混合好的干料中制粒，干燥、整粒后加入润滑剂混合均匀得缓释层颗粒。所述长效层的制粒方法：将聚六亚甲基胍盐酸盐、促渗材料、黏合剂、填充剂混合均匀成干料，将醇溶性骨架材料用95%乙醇溶解完全后，加入混合好的干料中制粒，干燥、整粒后加入润滑剂混合均匀得长效层颗粒。

(2) 将缓释层颗粒和长效层颗粒分别加入双层压片机的料斗中，压片即得。

产品应用 本品主要是一种水产用长期缓释双层片状消毒剂。

产品特性

(1) 本品双层片状消毒剂，创造性地把亲水型骨架缓释技术和不溶蚀型骨架缓释技术有机结合起来，缓释层在8h内将药物释放完毕，但是这部分在水中不崩解，而成凝胶状，只将主药成分释放到水中，在短时间内达到有效杀菌消毒浓度；长效层轻微溶胀，但也不会崩解，除了主药，辅料均被包裹在不溶蚀型骨架里，不会对水体造成污染，释放期达45天以上，可维持水中杀菌消毒剂长期在有效浓度范围内，克服了聚六亚甲基胍盐酸盐液体制剂或粉末制剂无法达到缓释长效的缺点，解决了快速杀菌消毒和长期有效的问题，降低了劳动强度，方便了水产养殖者。

(2) 本品不含氯元素，克服了传统技术中含氯、碘、醛消毒剂挥发造成的环境污染问题；本品制备方法简单、易操作，解决了冷冻法制造缓释消毒剂生产困难及生产成本过高的问题。

配方 44 饲养鱼用高效消毒剂

原料配比

原料	配比(质量份)									
	1#	2#	3#	4#	5#	6#	7#	8#	9#	10#
大青叶提取物	3	2	3	4	3.5	4	5	3	4.5	5

续表

原料	配比(质量份)									
	1#	2#	3#	4#	5#	6#	7#	8#	9#	10#
黄连提取物	12	14	13	12	11	10	9	8	7	6
苹果酸	8	6	7	8	9	10	11	8.5	9	10
乙酰壳聚糖	16	19	18	17	16	15	14	12	9	8
碳酸钠	72	62	65	67	70	72	74	76	78	79
氯化钠	12	14	13	11	10	11	10	12	13	12
生石灰	6	6	7	8	9	10	8	9	10	6

制备方法 将各组分按照原料配比称重，混合均匀，计量，分装。

产品应用 本品是一种饲养鱼用高效消毒剂。将本品按120～140mL/(亩·m)使用，一天一次，连续使用3天后，养殖水体中的鱼死亡现象消失，使用7天后养殖水体恢复正常。

产品特性

(1) 本品既能够有效杀灭水产养殖池塘水体中的主要病原微生物，又不会对养殖鱼造成不良影响，同时无残留、无公害。

(2) 本品生产工艺简单，使用方便，安全、无不良反应、无二次污染、无残留。投放量少，可替代普通杀菌消毒剂，杀掉水体内的微生物、细菌，并可使水的使用期限加长，降低换水频率。

(3) 本品可有效防治水产养殖细菌性疾病，并且可以增加养殖水体中水产品的免疫能力，有效率可达100%。

配方45 净化水产养殖水环境的消毒剂

原料配比

原料		配比(质量份)	
		1#	2#
聚二甲基二烯丙基氯化铵		13	15
微生物絮凝剂		26	39
片剂过碳酸钠		6	8
生物酶		10	12
纤维素		8	10
复合维生素		3	5
复合维生素	维生素A	0.6	0.7
	维生素C	2	4
	维生素E	4	6

制备方法 将各组分原料混合均匀即可。

产品应用 本品是一种净化水产养殖水环境的消毒剂。

产品特性 采用上述配方后，微生物絮凝剂具有生物分解性、安全性，高效、无毒、无二次污染，克服了无机高分子和合成有机高分子絮凝剂本身的缺陷，最终实现无污染排放。采用聚二甲基二烯丙基氯化铵为有机消毒剂，具有用量小、絮凝能力强、效率高等特点。

配方 46　新型鱼种消毒剂

原料配比

原料	配比(质量份)		
	1#	2#	3#
氯化钾	2	4	3
硝酸钾	1	3	2
硫酸铜	2	4	3
氯化钠	1	3	2
氢氧化钠	0.3	0.6	0.5
草酸钠	3	5	4
过硫酸铵	1	3	2
水	300	400	350

制备方法　按原料配比将各组分混合，分散均匀后即可得成品。

产品应用　本品是一种新型鱼种消毒剂。

产品特性　本品具有使用效果良好、制备工艺简单、成本低廉等优点。

配方 47　用于水产养殖池的消毒剂

原料配比

原料		配比(质量份)			
		1#	2#	3#	4#
表面活性剂	吐温 80	9	10	—	—
	斯盘 80	—	—	9.5	—
	硬脂酸	—	—	—	9.8
助表面活性剂	乙醇	4	5	—	—
	正丁醇	—	—	4.5	—
	异戊醇	—	—	—	4.2
油相	乙酸乙酯	11	13	—	—
	棕榈酸乙基乙酯	—	—	—	11.5
	硅油	—	—	12	—
芬布芬		0.9	1.2	0.9～1.2	0.9～1.2
水		加至 100	加至 100	加至 100	加至 100

制备方法　将各组分原料混合均匀即可。

原料介绍

所述表面活性剂，是指一类加入后能使其溶液体系的界面状态发生明显变化的物质，在本品中表面活性剂包括但不限于十二烷基苯磺酸钠、季铵化物、卵磷脂、氨基酸、甜菜碱、脂肪酸甘油酯、硬脂酸、斯盘、吐温等。

所述助表面活性剂是指能改变表面活性剂的表面活性及亲水亲油平衡性，从而影响体系的相态的成分，包括但不限于乙醇、正丙醇、异丙醇、正丁醇、异丁醇、正戊醇、异戊醇、1-己醇、2-己醇、1-辛醇、2-辛醇、杂醇油、对壬基酚等。油相是指可用于形成乳液的各类成分。

产品应用　本品主要用于水产养殖池的消毒。

产品特性　将抗菌成分芬布芬制备成纳米乳液，使得水溶性显著提升，可作为水体环境的致病微生物防治药物。制备的产品在水溶性、有效成分含量等方面突出，能够充分发挥杀菌功效。

配方 48 用于水产养殖的消毒剂

原料配比

原料	配比(质量份)	原料	配比(质量份)
生石灰	20	嗜酸乳杆菌	1～2
硫酸铜	1～2	三氯异氰尿酸	1～2
环氧乙烷	1～2	高锰酸钾	0～1
过氧乙酸	1～2	高铁酸钾	0～1
过氧化氢	1～2		

制备方法 将各组分原料混合均匀即可。

产品应用 本品是一种用于水产养殖的消毒剂。

产品特性 通过自然无公害的本品来改善水质，具有消毒彻底、切断病毒传染、净化水质达到无害标准、无毒性、提高水产养殖成活率等优点。

配方 49 用于水产养殖环境的消毒剂

原料配比

原料	配比(质量份)	原料	配比(质量份)
即溶全透明增稠粉	11～21	三聚磷酸钠	3～8
纯碱	17～32	氯化钠	10～25
元明粉	9～13	邻苯二甲醛	8～13
烷基酚醚	8～16	乳铁蛋白	0.1～0.5
月桂酸二乙醇酰胺	1～3	过硼酸钠	3～8
十二烷基苯磺酸	1～5	蛭弧菌粉末	0.001～0.006

制备方法 将各组分原料混合均匀即可。

产品应用 本品是一种用于水产养殖环境的消毒剂。

产品特性 本品利用生物防治的方法，高效、环保，对水产养殖动物不会产生有害物质残留，制备方法简单，成本较低，适合大规模应用。

配方 50 鱼塘消毒剂

原料配比

原料	配比(质量份)		
	1#	2#	3#
硫酸铜	2	4	3
明矾	3	6	5
漂白粉	10	20	16
生石灰	10	20	16
亚硝酸钠	2	4	3
氯化钠	1	3	2
聚磷酸铵	3	8	6
碳酸钙	10	20	16

制备方法 按原料配比将各组分混合，分散均匀后即可得成品。

产品应用 本品是一种用于鱼塘的消毒剂。

使用时，将消毒剂与水按质量比为1∶50混合，按5g/亩水塘使用。

产品特性 本品具有使用效果良好、制备工艺简单、成本低廉等特点。

配方 51 水产、畜禽用消毒剂

原料配比

原料		配比(质量份)	
		1#	2#
聚六亚甲基双胍或丙酸聚六亚甲基胍		15	20
草药制剂		88	85
四羟甲基硫酸磷		3	1
羟基乙酸		2	1
草药制剂	萹蓄	30	28
	黄芩	60	60
	柴胡	9	10
	水	适量	适量

制备方法 按配方将各组分常温下混合均匀即得。

原料介绍 所述的草药制剂是将各组分混合均匀后，煮沸2～3h，冷却后得到。

产品应用 本品是一种水产、畜禽养殖中的消毒剂。

产品特性

(1) 本品对大肠杆菌、金黄色葡萄球菌、白色念珠菌、淋球菌、沙门氏菌、铜绿假单胞菌、李斯特菌、痢疾杆菌、黑曲霉菌、布鲁氏杆菌、副溶血弧菌、溶藻弧菌、鳗弧菌、嗜水气单胞菌、硫酸盐还原菌、铁细菌、腐生菌具有完全杀灭作用。

(2) 本品对水生动物致病弧菌具有很强杀灭作用，对海产养殖动物的存活、生长和发育均无明显影响。

(3) 本品应用于水体中，可以在很低的浓度下即能够起到很好的杀菌消毒作用。通过中草药制剂中的萹蓄、黄芩佐以柴胡可以对水体中的养殖动物起到增强免疫力作用，以及具有止血杀菌的作用。特别配合羟基乙酸，在使用过程中可以使得中草药制剂的成分更好地析出而被养殖动物吸收。

(4) 本品对水生动物毒性低，基本不影响虾类卵的孵化率和无节幼体的变态率。本品对南美白对虾、大菱鲆、刺参和杂色鲍的存活无明显影响。

配方 52 畜牧养殖用消毒剂

原料配比

原料	配比(质量份)						
	1#	2#	3#	4#	5#	6#	7#
苦地胆	15	22	13	18	20	25	10
白芷	15	25	13	18	20	22	10
苦楝叶	15	25	13	18	20	22	10
野菊花	15	22	13	18	20	25	10

续表

原料	配比(质量份)						
	1#	2#	3#	4#	5#	6#	7#
肉桂叶	10	12	8	12	10	15	5
榆耳	10	12	8	12	10	15	5
毛茛	10	12	8	12	10	15	5
当归	10	10	8	12	8	12	5
侧柏叶	7	7	6	8	6	8	3
半夏	7	8	6	8	7	10	3
无患子	7	9	6	8	7	10	3
荆芥	5	8	4	6	7	10	1
90%～95%乙醇	适量	适量	适量	适量	适量	适量	适量
去离子水	适量	适量	适量	适量	适量	适量	适量

制备方法

(1) 分别称取苦地胆 10～30 份、白芷 10～30 份、苦楝叶 10～30 份、野菊花 10～30 份、肉桂叶 5～20 份、榆耳 5～20 份、毛茛 5～20 份、当归 5～15 份、侧柏叶 3～12 份、半夏 3～12 份、无患子 3～12 份，混合，粉碎，获得粉料；将上述粉料加入超临界 CO_2 萃取釜中，以 90%～95%乙醇为夹带剂进行萃取，将萃取物进行冷冻离心，除去杂质，得到提取物Ⅰ。所述萃取的压力为 20～30MPa，萃取温度为 50～60℃，CO_2 流体流量为 60～70L/h，萃取时间为 2～3h。

(2) 称取荆芥 1～10 份，粉碎，加入其质量 1～2 倍的水，采用水蒸气蒸馏法进行提取，冷凝，离心，获得提取物Ⅱ。所述水蒸气蒸馏法的蒸馏时间为 1～2h。

(3) 将所述提取物Ⅰ和提取物Ⅱ合并，混合均匀，即得消毒剂。

产品应用 本品主要用于畜牧养殖消毒。

使用方法：将本品加水或醇溶液稀释至所需倍数，即可作为禽畜养殖场的消毒剂。

产品特性 本品由纯草药提取获得，多种草药复配，相互补益，所获提取物对于禽畜养殖过程中常见的病害等具有显著的预防和控制作用，而且提取物自然，无害，易于降解，对禽畜无毒杀、腐蚀和刺激作用。本品安全环保，对禽畜无危害，可有效防治禽畜养殖场病菌，无异味。

配方 53 畜牧养殖业用消毒剂

原料配比

原料	配比(质量份)				
	1#	2#	3#	4#	5#
藿香	25	23	20	27	30
苦地胆	16	20	17	15	18
马齿苋	17	16	18	15	20
半夏	12	10	15	13	14
蒲黄	10	15	5	12	7
荆芥	25	30	28	20	23
艾叶	15	12	17	20	19
黄芩	13	15	12	13	14
苦参	12	15	13	11	10

续表

原料	配比(质量份)				
	1#	2#	3#	4#	5#
茵陈	7	5	6	9	10
聚乙烯酯	0.25	0.325	0.125	0.5	0.425
聚乙烯醇	0.75	0.975	0.375	1.5	1.275
十二烷基苯磺酸钠	1.5	1	1.3	1.7	1～2
45%～55%乙醇	适量	适量	适量	适量	适量
去离子水	适量	适量	适量	适量	适量

制备方法

(1) 按照组分配比称取各原料；

(2) 将藿香、苦地胆、马齿苋、半夏、蒲黄粉碎，混匀后，用3～5层纱布包裹紧并置于煎锅中，加入粉碎物5～8倍质量的去离子水，将洁净的鹅卵石置于纱布四周，大火煮沸后转文火煎煮50～80min，煎煮结束后过滤，将过滤液浓缩至原体积的1/10～1/8，得煎煮液；

(3) 将荆芥、艾叶、黄芩、苦参、茵陈粉碎，混合后投入容器中，再将容器置于－15～－10℃温度下冷冻40～60min，冷冻结束后取出，待粉碎物温度至室温时，将粉碎物投入索氏提取器中，并向索氏提取器中加入45%～55%乙醇，进行回流，重复提取3～5次，得到粉碎物提取液；

(4) 将所述煎煮液和所述粉碎物提取液投入搅拌器中，加入分散剂、润湿剂，在300r/min的搅拌速度下搅拌20～30min，即得畜牧养殖业用消毒剂。

原料介绍

所述分散剂由质量比为1：3的聚乙烯酯和聚乙烯醇组成。

所述润湿剂为十二烷基苯磺酸钠。

产品应用 本品主要用于畜牧养殖消毒。

产品特性 本品不仅可以有效地降低了养殖场环境中的病原体，切断疫病传播途径，对畜牧养殖场进行全面有效的杀毒和根除病虫，而且减少病虫对细菌的传播和降低病虫对家畜带来的毒害。本品具有无药物残留、无刺激、绿色环保的优点，利于保护环境，减少污染，适用于畜牧养殖业。

配方 54 畜禽舍消毒剂

原料配比

原料	配比(质量份)		
	1#	2#	3#
双氧水	6	5	8
次氯酸钠	11	13	10
戊二醛	10	8	12
乙醇	22	30	15
苯酚	9	7	12
水	380	480	330

制备方法 将各组分原料混合均匀即可。

产品应用 本品主要用于畜禽舍消毒。

使用方法：将上述组分按比例混匀，然后用水稀释至1∶(60～100)，每日在畜禽舍喷洒两次，连续3～5天，能减小发病率，改善畜禽生长环境。

产品特性 本品对畜禽有强力消毒杀菌作用，平时可用来预防，发病时可用来控制病情。本品组成合理，使用效果好。

配方 55 畜禽消毒剂

原料配比

原料	配比(质量份)		
	1#	2#	3#
高锰酸钾	13	10	15
福尔马林	14	20	10
次氯酸钠	9	8	12
乙二胺四乙酚	16	20	10
强氯精	7	5	9
异丙醇	40	50	30
新洁尔灭	15	10	20

制备方法 将各组分原料混合均匀即可。

产品应用 本品主要用于畜禽消毒。

使用方法：将上述组分按比例混匀，然后用水稀释至1∶(80～150)，每日喷洒畜禽身上两次，连续3～5天，能减小发病率，改善畜禽生长环境。

产品特性 本品对畜禽有强力消毒杀菌作用，平时可用来预防，发病时可用来控制病情。本品组成合理，效果好。在发病高峰期，畜禽发病率同比没有喷洒的得到明显降低，由10%下降为2%。

配方 56 畜禽养殖场所消毒用消毒剂

原料配比

原料		配比(质量份)						
		1#	2#	3#	4#	5#	6#	7#
醛类	戊二醛	5	—	10	—	20	—	20
	邻苯二甲醛	—	—	—	2	—	—	—
	乙二醛	—	—	—	—	—	27	—
双链季铵盐	新洁灵	—	—	—	—	—	—	10
	双辛烷基二甲基溴化铵	7.5	—	—	—	—	—	—
	双辛烷基二甲基氯化铵	—	7.5	—	—	—	—	—
	双十二烷基二甲基溴化铵	—	—	2	—	—	—	—
	双十二烷基二甲基氯化铵	—	—	—	3	—	—	—
	双十四烷基二甲基溴化铵	—	—	2	—	—	—	—
	双十四烷基二甲基氯化铵	—	—	—	3	—	—	—
	双辛癸烷基二甲基溴化铵	15	—	—	—	—	—	—
	双辛癸烷基二甲基氯化铵	—	15	—	—	—	—	—
	双十六烷基二甲基溴化铵	—	—	2	—	—	—	—
	双十六烷基二甲基氯化铵	—	—	—	3	—	—	—

续表

原料		配比(质量份)						
		1#	2#	3#	4#	5#	6#	7#
双链季铵盐	双十八烷基二甲基溴化铵	—	—	2	—	—	—	—
	双十八烷基二甲基氯化铵	—	—	—	2	—	—	—
	双癸烷基二甲基溴化铵	4.5	—	—	—	—	10	—
	双癸烷基二甲基氯化铵	—	7.5	—	—	3	—	—
烷基二甲基乙基苄基氯化铵		10	20	30	5	2	6	5
有机溶剂	二甘醇	2	—	—	—	—	—	—
	异丙醇	—	—	—	5	—	—	4
	环己醇	—	—	—	—	—	4	—
表面活性剂	吐温 80	5	—	—	—	—	—	—
	聚乙二醇 400 磷酸单酯	—	—	—	—	—	5	—
	脂肪酸聚氧乙烯醚	—	—	—	—	—	—	4
水		加至 100	加至 100	加至 100	加至 100	加至 100	加至 100	加至 100
烷基二甲基乙基苄基氯化铵	十二烷基二甲基乙基苄基氯化铵	68	40	40	40	5	50	50
	十四烷基二甲基乙基苄基氯化铵	32	50	60	60	60	30	30
	十六烷基二甲基乙基苄基氯化铵	—	10	—	—	30	17	17
	十八烷基二甲基乙基苄基氯化铵	—	—	—	—	5	3	3

制备方法 按以上比例称取原料，然后将醛类、双链季铵盐、烷基二甲基乙基苄基氯化铵和有机溶剂加入反应釜中，充分溶解后加入表面活性剂，搅拌 0.5h，加水补足后继续搅拌 0.5h 后即得产品。

原料介绍

所述的醛类为邻苯二甲醛、戊二醛和乙二醛中的任意一种或几种的混合物。

所述的烷基二甲基乙基苄基氯化铵为十二烷基二甲基乙基苄基氯化铵、十四烷基二甲基乙基苄基氯化铵、十六烷基二甲基乙基苄基氯化铵和十八烷基二甲基乙基苄基氯化铵中的任意一种或几种的混合物。

产品应用 本品主要用于畜禽环境、设备等的消毒。

产品特性

(1) 本品成分较少且易得，生产成本低，高效、腐蚀性小，广谱消毒。

(2) 本品将醛类与双链季铵盐复配，具有相互协同和增效作用，可实现扩大杀菌范围，降低微生物对消毒剂的抗性，可在低用量下达到较佳的消毒效果，从而可以达到减小使用频率。

配方 57 畜禽养殖用草药环保消毒剂

原料配比

原料	配比(质量份)		
	1#	2#	3#
板蓝根	30	35	45
黄连	40	30	35

续表

原料	配比(质量份)		
	1#	2#	3#
穿心莲	40	50	30
黄芩	40	40	35
连翘	40	30	40
金银花	40	40	30
鱼腥草素	15	10	20
黄柏	10	20	15
乌梅	10	20	10
益母草	15	10	10
牡丹皮	10	10	10
皂角刺	10	10	10
蒲公英	10	10	5
诃子	10	10	5
紫花地丁	5	10	5
60%乙醇	适量	适量	适量

制备方法 将各原料混合粉碎，加入原料总质量4～8倍的乙醇浸润、搅拌、密闭、膨胀；在渗漉筒底部放置脱脂棉，分次装入原料湿粉，湿粉装量为渗漉筒容积的2/3，压平，盖滤纸；打开渗漉筒下部的活塞，于上部加入60%乙醇排除空气，待60%乙醇流出且筒内空气排净后，关闭活塞，流出液倒回筒内，加盖放置浸提24～48h；打开活塞，控制渗漉液流出速度，先收集欲制备量3/4的渗漉液，停止渗漉，压榨药渣，压榨液与渗漉液合并，添加渗漉液体积30%的60%乙醇，静置过滤，即得。渗漉液流出速度为3mL/min。

产品应用 本品是一种畜禽养殖用草药环保消毒剂，用于畜禽笼舍和体表的消毒。

产品特性

(1) 本品抗细菌、抗病毒，并能预防疾病的发生，还能促进消化生长，对动物及其产品无残留、无不良反应，不易产生抗药性。

(2) 本品为纯草药制剂，原料丰富、来源广泛，价格低廉，使用安全，无污染，生态环保，且消毒剂效果理想、气味芳香，在具备良好消毒效果的同时大大降低了草药消毒剂的成本。

配方58 畜禽用空气消毒剂

原料配比

原料	配比(质量份)				
	1#	2#	3#	4#	5#
芦荟提取物	1.0	1.5	2.0	1.0	1.5
苦楝提取物	1.0	1.5	2.0	1.0	1.5
皂角提取物	1.0	1.5	2.0	1.0	1.5
苦参提取物	1.0	1.5	2.0	1.0	1.5
柑橘皮提取物	1.0	1.5	2.0	1.0	1.5
松脂提取物	1.0	1.5	2.0	1.0	1.5
大青叶提取物	1.0	1.5	2.0	1.0	1.5
脂肪酸聚氧乙烯甲醚	1.0	1.5	2.0	2.0	2.0
硬脂酸钠	1.0	1.5	2.0	2.0	2.0

续表

原料	配比(质量份)				
	1#	2#	3#	4#	5#
柠檬酸钠	1.0	1.5	2.0	2.0	2.0
去离子水	加至100	加至100	加至100	加至100	加至100

制备方法

(1) 将所述芦荟提取物、苦楝提取物、皂角提取物、苦参提取物、柑橘皮提取物、松脂提取物、大青叶提取物混合配制得到中药提取物复合粉剂。

(2) 将步骤 (1) 得到的中药提取物复合粉剂与脂肪酸聚氧乙烯甲醚、硬质酸钠进行混合，得到混合粉剂。

(3) 将步骤 (2) 得到的混合粉剂加入去离子水中，低速搅拌直至混合粉剂完全溶解，得到混合液。所述低速搅拌的条件为：温度 30～37℃、转速 20～25r/min、搅拌 30min。

(4) 在步骤 (3) 得到的混合液中加入柠檬酸钠，调节溶液的 pH 值为 7.0～8.0，得到消毒剂水溶液。

(5) 将步骤 (4) 得到的消毒剂水溶液分装入消毒剂喷雾瓶中，充入压缩空气，得到所述畜禽用空气消毒剂。

产品应用 本品主要用于孵化场蛋库、孵化器内和种畜禽场圈舍的空间消毒。

产品特性

(1) 本品不仅杀菌消毒效果良好，而且还对消毒空间的空气有异味改良和除臭功效。该方法简单，得到的消毒剂保存时间长，效果好。所述消毒剂不仅能够有效抑制和杀灭畜禽舍空气沉降菌，还对粪污产生的氨气和硫化氢等气体有较好的降解、除臭效果。

(2) 本品对大肠杆菌和沙门氏菌具有较好的杀灭效果。

(3) 本品主方是中药制剂，低毒，无残留，安全性能较好。

配方 59 畜禽用中药消毒剂

原料配比

原料	配比(体积份)
相对密度 0.8 的金银花的萃取油	1
相对密度 1.5 的丁香的萃取油	1
相对密度 1.5 的艾叶的萃取油	1.5
相对密度 0.9 的神曲的萃取油	1
75%的乙醇	15
无菌去离子水	加至100

制备方法 将浓缩后的金银花的萃取油、丁香的萃取油、艾叶的萃取油、神曲的萃取油按比例混合、均质后，在搅拌的条件下加入 75%的乙醇、无菌去离子水后，2h 沉淀，上清液即为本品。

原料介绍 所述的金银花的萃取油、柴胡的萃取油、艾叶的萃取油、神曲的萃取油是利用已有技术中的超临界二氧化碳萃取技术，将天然植物材料粉碎、分离、脱蜡，然后过滤提纯，经过浓缩得到，浓缩后的相对密度在 0.9～1.5 之间，采用阿拉伯胶助溶。

产品应用 本品是一种宠物用中药消毒剂。

产品特性 本品杀菌效果好，对皮肤无刺激性和腐蚀性，对宠物安全无毒。采用了天然的植物作为原料，可安全应用于宠物及环境的消毒。

配方 60 单过硫酸氢钾复合消毒剂

原料配比

原料		配比(质量份)		
		1#	2#	3#
单过硫酸氢钾复合盐		15	25	20
十二烷基磺酸钠		5	2	2
柠檬酸		6	8	8
氨磺酸		15	5	11
表面活性剂	十二烷基乙氧基磺基甜菜碱	3	3	—
	十二烷基苯磺酸钠	—	—	7
氯化钠		5	2	1
硅酸钠		20	20	13
抗结块剂	碳酸镁、硫酸镁混合物	5	—	—
	碳酸镁	—	10	—
	氯化镁	—	—	6
羧甲基纤维素		2	5	5
羧甲基纤维素钠		—	5	10
羟丙纤维素		10	3	10
可溶性淀粉		15	12	7
单过硫酸氢钾复合盐	过硫酸氢钾	50	80	70
	硫酸氢钾	30	15	10
	硫酸钾	20	5	20

制备方法 将各组分原料混合均匀即可。

产品应用 本品是一种单过硫酸氢钾复合消毒剂。

产品特性 本品能有效杀灭狂犬病毒、犬瘟热病毒、犬细小病毒、犬腺病毒、犬冠状病毒、猫瘟病毒、猫杯状病毒、猫疱疹病毒、猫免疫缺陷病毒、猫轮状病毒、沙门氏菌、大肠杆菌、葡萄球菌、白色念珠菌、犬小孢子菌、癣菌、支原体等。

配方 61 多效活性碘消毒剂

原料配比

原料	配比(质量份)	
	1#	2#
碘	12	10
碘酸钾	2	0.2
碘化钾	3	1
表面活性剂	28	40
有机酸	5	2
有机溶剂	20	30
无机盐	5	1
去离子水	加至 100	加至 100

制备方法

(1) 先将1～3份有机溶剂投入反应器，然后向反应器中加入1份去离子水，开启搅拌，将2～4份表面活性剂缓慢加至反应器内，并维持搅拌，直至其全部溶解；

(2) 将0.05～0.2份有机酸和0.01～0.1份碘化钾加至反应器内，搅拌使其溶解；

(3) 用研磨机将1～1.5份碘磨碎，并缓慢加至反应器内，升高反应器内温度至40～50℃，并提高搅拌速度，继续搅拌使其完全溶解；

(4) 另取干净容器，向其中加入1/2剩余的去离子水，然后向容器中加入无机盐，轻轻搅拌使其溶解，制得溶液A；

(5) 另取干净容器，向其中加入1/2剩余的去离子水，然后向容器中加入0.01～0.1份碘酸钾，轻轻搅拌使其溶解，制得溶液B；

(6) 将溶液A和溶液B依次加入反应器内，混合均匀，制得产品。

原料介绍

所述表面活性剂为脂肪醇聚氧乙烯醚、壬基酚聚氧乙烯醚、聚维酮K-30、聚维酮K-90中的至少一种。

所述有机酸为水杨酸、果酸、枸杞酸、草酸、马来酸、酒石酸中的至少一种。

所述无机盐为氢氧化钠、氢氧化钾、碳酸钠、碳酸氢钠、磷酸一氢钠、磷酸二氢钠中的至少一种。

所述有机溶剂为乙醇、乙二醇、丙二醇、异丙醇、丙三醇、正丁醇中的至少一种。

产品应用 本品主要用于畜禽养殖圈舍、器具、体表、饮水消毒，水产养殖水体消毒，水产养殖器具消毒和水产养殖动物细菌性疾病的防治领域。

产品特性

(1) 本品采用易溶于水的绿色环保型高分子表面活性剂作为碘的络合剂，达到在水中快速分散的效果；使用高分子聚合物作为碘的载体制得有效碘含量10%以上的稳定性好的液体消毒剂产品，并在配方中加入一定量的有机溶剂作为稀释剂，保证产品即使在有效碘含量为10%以上时，仍具有优良的水溶性，从而解决加水稀释出现浑浊、分层等现象。

(2) 通过采用绿色环保、可降解的高分子聚合物作为碘的载体，提高了有效碘含量，极大地提升了其杀菌性能。

(3) 本品具有生产周期短、产品的回收率高、能耗小、质量稳定、安全、可完全降解的优点。

配方62 多用途的复合阳离子表面活性剂消毒剂

原料配比

原料	配比(质量份)		
	1#	2#	3#
氯化-*N*-十二烷基吡啶-1-乙酰胺	0.67	0.4	0.2
醋酸氯己定	1.33	1.6	1.6
乙醇(浓度为15%)	100(体积份)	120(体积份)	130(体积份)
灭菌去离子水	加至1000(体积份)	加至1000(体积份)	加至1000(体积份)

制备方法

(1) 在室温下，将醋酸氯己定加入乙醇中搅拌均匀至完全溶解，之后静置 10min；

(2) 称取阳离子表面活性剂氯化-N-十二烷基吡啶-1-乙酰胺，加入适量灭菌去离子水混匀，备用；

(3) 将上述制备的醋酸氯己定和乙醇的混合液与阳离子表面活性剂溶液混合，加入灭菌去离子水至 1000 (体积份) 即可。

产品应用 本品是用于畜禽、畜舍和带畜消毒，皮肤及黏膜消毒的含有阳离子表面活性剂的复方兽用消毒剂，是新一代多用途兽用消毒剂。

复合消毒剂在使用时，用无菌去离子水稀释，使得阳离子表面活性剂终浓度约为 0.004%，室温保存即可。

产品特性 本品使用浓度低、价廉、杀菌效果突出，特别是对革兰氏阳性菌杀灭效果较好。

配方 63 粪便降解率高的消毒剂

原料配比

原料		配比(质量份)		
		1#	2#	3#
连翘		14	16	18
黄芩		12	15	12
生物酶		8	12	11
中药液		8	8	8
磷酸二氢钠		5	8	6
酵母		3	5	3
中药液	肉桂	8	16	10
	黄连	8	14	12
	马尾连	7	13	8
	茯苓	3	5	4
	艾草	8	15	12
	金银花	8	15	12
	穿心莲	5	8	6
	知母	2	5	3

制备方法 将各组分原料混合均匀即可。

原料介绍 所述中药液的制备方法为：将肉桂、黄连、马尾连、茯苓、知母浸泡 2～3h，之后煮沸至 88～95℃；之后静置 40～80min，得到浸泡液，之后再向浸泡液中加入艾草、金银花、穿心莲，浸泡 25～55min 后得到中药液。

产品应用 本品是一种粪便降解率高的消毒剂。

产品特性 本品在制备中加入了生物酶和酵母，进而可对粪便进行降解，进而消毒时只需对粪便进行简单的清理即可，无须进行冲刷等多种操作，极大程度地提高了工作效率。加入了连翘和黄芩，由于连翘和黄芩具有良好的收敛、抗菌、抗炎作用，进而可有效避免传染性肝炎等疾病的产生，降低传染性疾病的发病率，降低牲畜的死亡率。

配方 64 复方过氧化氢消毒剂

原料配比

原料	配比(质量份)					
	1#	2#	3#	4#	5#	6#
水	82	90	150	80	40	130
羟基亚乙基二膦酸	6	3	10	9	8	5
乙酸(99%)	200	145	130	110	100	150
双氧水(30%)	710	750	700	800	850	700
十二烷基二甲基苄基氯化铵	2	12	10	1	2	15

制备方法

(1) 在常温的条件下，将水和羟基亚乙基二膦酸混合，搅拌至完全溶解；

(2) 将乙酸加入步骤 (1) 的溶液中，密封搅拌 5～10min；

(3) 将双氧水加入步骤 (2) 的溶液中，密封搅拌 5～10min；

(4) 将十二烷基二甲基苄基氯化铵（或十二烷基二甲基苄基溴化铵）加入步骤 (3) 的溶液中，并在室温 (20～30℃) 的环境下搅拌均匀即可。

产品应用 本品是一种复方过氧化氢消毒剂。

产品特性

(1) 本品对细菌繁殖体、细菌芽孢、霉菌和霉菌孢子等微生物均有很强的杀灭效果；

(2) 本品中十二烷基二甲基苄基氯化铵（或十二烷基二甲基苄基溴化铵）不仅起着杀菌的功能，还对协同增强过氧乙酸杀菌效果。

(3) 本品中的螯合剂羟基亚乙基二膦酸在稳定复合体系过程中，使过氧化氢和十二烷基二甲基苄基氯化铵组合杀菌效果得到了显著的提升。

配方 65 复方消毒剂

原料配比

原料		配比(质量份)					
		1#	2#	3#	4#	5#	6#
醛类	戊二醛	2	—	—	—	20	—
	邻苯二甲醛	—	15	—	10	—	—
	乙二醛	—	—	15	—	—	20
烷基二甲基乙基苄基氯化铵		25	5	15	20	10	5
烷基二甲基苄基氯化铵		5	35	15	20	10	5
表面活性剂	脂肪酸聚氧乙烯醚	2	—	—	—	—	—
	壬基酚聚氧乙烯醚	—	2	—	—	—	—
	蓖麻油聚氧乙烯醚	—	—	3	—	—	—
	聚乙二醇 400 单磷酸酯	—	—	—	5	—	—
	吐温 60	—	—	—	—	—	3
有机溶剂	异丙醇	2	—	—	—	—	—
	乙醇	—	2	—	—	—	—
	二甘醇	—	—	2	—	—	—
	正丙醇	—	—	—	—	4	—

续表

原料		配比(质量份)					
		1#	2#	3#	4#	5#	6#
水		加至100	加至100	加至100	加至100	加至100	加至100
烷基二甲基乙基苄基氯化铵	十二烷基二甲基乙基苄基氯化铵	68	68	40	40	62	5
	十四烷基二甲基乙基苄基氯化铵	32	32	50	40	38	60
	十六烷基二甲基乙基苄基氯化铵	—	—	10	10	—	30
	十八烷基二甲基乙基苄基氯化铵	—	—	—	10	—	5
烷基二甲基苄基氯化铵	十二烷基二甲基苄基氯化铵	40	40	5	40	50	67
	十四烷基二甲基苄基氯化铵	50	50	90	60	30	25
	十六烷基二甲基苄基氯化铵	10	10	5	—	17	7
	十八烷基二甲基苄基氯化铵	—	—	—	—	3	1

制备方法 按比例称取原料，然后将醛类、烷基二甲基乙基苄基氯化铵、烷基二甲基苄基氯化铵、有机溶剂加入反应釜中，充分溶解后加入表面活性剂，搅拌0.5h，加水补足后继续搅拌0.5h后即得产品。

原料介绍

所述的醛类为邻苯二甲醛、戊二醛和乙二醛中的任意一种。

所述的烷基二甲基乙基苄基氯化铵为癸烷基二甲基乙基苄基氯化铵、十二烷基二甲基乙基苄基氯化铵、十四烷基二甲基乙基苄基氯化铵、十六烷基二甲基乙基苄基氯化铵和十八烷基二甲基乙基苄基氯化铵中的任意两种或两种以上的混合物。

所述的烷基二甲基苄基氯化铵为十二烷基二甲基苄基氯化铵、十四烷基二甲基苄基氯化铵、十六烷基二甲基苄基氯化铵、十八烷基二甲基苄基氯化铵、十二烷基二甲基苄基溴化铵、十四烷基二甲基苄基溴化铵、十六烷基二甲基苄基溴化铵、十八烷基二甲基苄基溴化铵、十二烷基三甲基氯化铵、十四烷基三甲基氯化铵、十六烷基三甲基氯化铵、十八烷基三甲基氯化铵、十二烷基三甲基溴化铵、十四烷基三甲基溴化铵、十六烷基三甲基溴化铵和十八烷基三甲基溴化铵中任意几种的混合物。

产品应用 本品主要用于畜禽养殖、水产养殖杀菌消毒领域，用于畜禽环境消毒、设备消毒等。

产品特性

(1) 该消毒剂的成分较少且易得，生产成本低、高效、腐蚀性小、广谱消毒。

(2) 本品的制备工艺过程简单，容易控制，生产周期短，生产成本低，适合工业化生产。

配方 66 复合碘消毒剂

原料配比

原料	配比(质量份)					
	1#	2#	3#	4#	5#	6#
双阳离子季铵盐	60	60	30	50	50	50
碘酸钾	—	—	—		0.05	0.05
碘	3	5	1.6	1.05	1.05	2.1
磷酸	1	5	1	0.5	0.5	20
盐酸			5	5	5	2
水	加至100	—	—	—	—	加至100

续表

原料		配比(质量份)					
		1#	2#	3#	4#	5#	6#
乙醇		—	—	加至100	—	—	1
乙二醇		—	—	—	加至100	加至100	6
溶剂		—	加至100	—	—	—	—
溶剂	水	—	3	—	—	—	—
	乙二醇	—	12	—	—	—	—

制备方法 按配比称取各原料；将双阳离子季铵盐、无机酸和水加入反应釜中，搅拌的同时加热至40～80℃，保温；继续搅拌，加入碘和碘酸钾，然后保温反应至碘完全溶解，冷却，得复合碘消毒剂。

原料介绍 所述双阳离子季铵盐的化学名为2-羟基-*N*-烷基甲基丙烷-1,3-氯化铵。

产品应用 本品主要用作畜牧业消毒和水产业消毒。

产品特性

(1) 复合碘消毒剂为季铵盐络合碘消毒杀菌剂，稳定性好，杀菌效果好，持续时间长；制备方法简单，解决了现有季铵盐络合碘存在稳定性差、碘的回收率低的技术问题。

(2) 本品是一种绿色环保、高效的季铵盐络合碘消毒杀菌剂。既具有碘类消毒剂的消毒杀菌速度快、效率高的特点，又具有季铵盐类消毒剂杀菌抑菌持续时间长的特点，从而可以达到减少使用频率的效果。其制备方法简单，工艺过程简单，容易控制，生产周期短，生产成本低，适合工业化生产。

(3) 本品使用性好、溶解性好、使用成本低、安全环保、易降解，属于无毒、无刺激性的绿色产品。

(4) 本品杀菌和抑菌效果好，对白色念珠菌、大肠杆菌、金黄色葡萄球菌等均具有很好的杀菌和抑菌效果。

配方 67 复合葡萄糖酸碘消毒剂

原料配比

原料	配比(质量份)				
	1#	2#	3#	4#	5#
葡萄糖酸	15	18	14	25	10
碘	3	4	1	5	2
碘化钾	1	2	1	5	2
乙醇	20	25	24	15	36
水	61	51	60	50	50

制备方法

(1) 首先用1/5的水将碘化钾溶解，将其转移至反应釜中。

(2) 然后向反应釜中加入碘和乙醇，充分搅拌使其溶解。

(3) 最后加入葡萄糖酸和剩余4/5的水，继续搅拌混合1～2h，成为均相澄明的液体即可。

产品应用 本品主要用作畜禽、水产养殖和公共场所的消毒。

产品特性

(1) 本品具有杀菌谱广、杀菌能力强、作用速度快、稳定性好，对人和动物安全，对环境污染程度低，对环境友好等优点。

(2) 将碘与葡萄糖酸进行结合利用，获得了高效、制备方便、成本低的新型消毒剂。

(3) 本品储存稳定性好，对环境污染程度低，产品具有广泛的使用价值。

配方 68 复合消毒剂

原料配比

原料		配比(质量份)				
		1#	2#	3#	4#	5#
酸化后的膏状膨润土		10	20	12	18	15
碘		0.5	2	0.7	1.3	1.2
冰醋酸		0.3	0.8	0.4	0.7	0.6
中药杀菌剂		2	5	3	4	3.5
乙二胺四乙酸钠		1	2	1.1	1.9	1.7
双链季铵盐	双八烷基二甲基氯化铵	0.2	—	—	—	—
	双十烷基二甲基氯化铵	—	0.6	—	—	—
	双十二烷基二甲基氯化铵、双十八烷基二甲基氯化铵与双八烷基二甲基溴化铵的混合物	—	—	0.3	—	—
	双八烷基二甲基溴化铵、双十烷基二甲基溴化铵、双十二烷基二甲基溴化铵和双十八烷基二甲基溴化铵的混合物	—	—	—	0.5	—
	双十二烷基二甲基氯化铵、双十八烷基二甲基氯化铵、双八烷基二甲基溴化铵、双十烷基二甲基溴化铵、双十二烷基二甲基溴化铵和双十八烷基二甲基溴化铵的混合物	—	—	—	—	0.4
羟甲基纤维素钠		3	12	5	10	8
季铵盐增效剂	十六烷基三甲基溴化铵	0.4	—	0.5	—	—
	十六烷基三甲基氯化铵	—	0.9	—	0.8	0.7
硼酸		1	5	2	4	3
硼砂		1	5	2	4	3
纳米二氧化钛银抗菌剂		0.8	4	1.6	3.2	2.1
非离子表面活性剂	脂肪醇聚氧乙烯醚	0.1	—	—	—	—
	烷基酚聚氧乙烯醚	—	5	—	—	—
	脂肪酸聚乙二醇酯	—	—	1	—	—
	脂肪胺聚氧乙烯醚和吐温 80 的混合物	—	—	—	4	—
	脂肪醇聚氧乙烯醚、烷基酚聚氧乙烯醚、脂肪酸聚乙二醇酯、脂肪胺聚氧乙烯醚和吐温 80 的混合物	—	—	—	—	3
去离子水		40	80	50	70	60

续表

原料		配比(质量份)				
		1#	2#	3#	4#	5#
中药杀菌剂	芦荟	18	25	20	21	22
	苦参	28	33	30	31	31
	茵陈	20	40	25	30	35
	丁香	12	18	14	15	17
	苦皮藤	13	22	15	17	20
	金银花	10	15	12	13	14
	蛇床子	17	22	19	20	20
	除虫菊	10	15	11	13	14
	百部	18	26	20	23	22
	滑石粉	10	20	13	15	13
酸化后的膏状膨润土	含水量为70%的膨润土浆体	9	—	—	—	—
	含水量为80%的膨润土浆体	—	9	—	—	—
	含水量为72%的膨润土浆体	—	—	9	—	—
	含水量为75%的膨润土浆体	—	—	—	9	—
	含水量为78%的膨润土浆体	—	—	—	—	9
	浓度为31%的盐酸	1	1	1	1	1

制备方法

(1) 按上述配方称取酸化后的膏状膨润土、碘、冰醋酸、中药杀菌剂、乙二胺四乙酸钠、双链季铵盐、羟甲基纤维素钠、季铵盐增效剂、硼酸、硼砂、纳米二氧化钛银抗菌剂、非离子表面活性剂、去离子水，备用。

(2) 将各原料先放入搅拌机中搅拌混合均匀，再置于球磨机中球磨成糊状混合物，然后置于高速搅拌机中高速搅拌 1～2h，得复合消毒剂半成品。所述高速搅拌的搅拌速度为 2000～3000r/min。

(3) 将步骤 (2) 得到的复合消毒剂半成品进行真空脱气工艺处理，即得所述复合消毒剂。

原料介绍

所述酸化后的膏状膨润土由以下方法获得：将含水量为 70%～80%的膨润土浆体和盐酸搅拌混合均匀，置于酸化池中酸化处理 1～3 天，即得酸化后的膏状膨润土。所述盐酸和膨润土浆体的质量比为 1∶9，盐酸的浓度为 31%。

产品应用 本品是一种复合消毒剂。

产品特性

(1) 本品将碘、季铵盐及中药杀菌剂相结合，消毒效果好，安全性能好，稳定性强。

(2) 本品以酸化后的膏状膨润土、碘、中药杀菌剂及双链季铵盐作为原料，碘、中药杀菌剂与双链季铵盐三者相互协同作用。季铵盐破坏了微生物的生物膜，使膜的通透性增加，便于碘和中药杀菌剂的侵入和发挥作用，消毒效果好；酸化后的膏状膨润土改变了含碘复合消毒剂的稳定性，延长了复合消毒剂的有效期。

(3) 本品添加了季铵盐增效剂，加入十六烷基三甲基溴化铵或十六烷基三甲基氯化铵后，季铵盐的抗菌活性大大提高，与碘配合后，增强了碘的消毒效果和碘的稳定性，对细菌芽孢亦具有较强的杀菌能力。

(4) 本品安全性强，对皮肤无刺激。

配方 69 高降解率消毒剂

原料配比

原料		配比(质量份)		
		1#	2#	3#
连翘		14	16	18
黄芩		12	15	12
生物酶		8	12	11
中药液		8	8	8
磷酸二氢钠		5	8	6
酵母		3	5	3
中药液	肉桂	8	16	10
	黄连	8	14	12
	马尾连	7	13	8
	茯苓	3	5	4
	艾草	8	15	12
	金银花	8	15	12
	穿心莲	5	8	6
	知母	2	5	3
	去离子水	适量	适量	适量

制备方法

(1) 制备中药液：将肉桂、黄连、马尾连、茯苓、知母加水浸泡 2～3h，之后煮沸至 88～95℃，静置 40～80min，得到浸泡液 A；再向浸泡液 A 中加入艾草、金银花、穿心莲，浸泡 25～55min 后得到中药液。

(2) 向制备得到的中药液中加入连翘、黄芩，浸泡 3～5h 后，加热至 40～45℃，之后再浸泡 1～2h，得到浸泡液 B；

(3) 向浸泡液 B 中加入生物酶、磷酸二氢钠、酵母，溶解后得到消毒剂。

产品应用 本品是一种高降解率消毒剂。

产品特性 本品将不同类型的中药分开进行处理，得到不同药液，制备得到药液后再向药液中加入化学物，避免在制备加热药液的过程中对化学物造成性能破坏；加入了生物酶和酵母，进而可对粪便进行降解，进而消毒时只需对粪便进行简单的清理即可，无须进行冲刷等多种步骤，极大程度地提高了工作效率；通过加入连翘和黄芩，由于连翘和黄芩具有良好的收敛、抗菌、抗炎作用，进而可有效避免传染性肝炎等疾病的发生，降低传染性疾病的发病率，降低牲畜的死亡率。

配方 70 高浓度过氧乙酸消毒剂

原料配比

原料	配比(质量份)					
	1#	2#	3#	4#	5#	6#
过氧化氢	45	43	40	48	45	50
乙酸	47	50	53	46	47	45
硫酸	3.5	2.5	3	2.8	3.5	1.5
复合稳定剂	2.7	2.3	3	2.7	2.7	2.5

续表

原料			配比(质量份)					
			1#	2#	3#	4#	5#	6#
水			1.8	2.2	1	0.5	1.8	1
复合稳定剂	氨基羧酸盐	氨三乙酸钠	1	—	—	—	1	—
		乙二胺四乙酸	—	0.6	—	—	—	—
		乙二胺四乙酸二钠	—	—	0.8	—	—	—
	羟基喹啉盐	乙二胺四乙酸四钠	—	—	—	1.5	—	1.3
		8-羟基喹啉	1	—	—	—	1	—
		8-羟基喹啉铝	—	0.7	—	—	—	0.05
	含磷化合物	8-羟基喹啉硫酸盐	—	—	1	0.7	—	—
		羟基亚乙基二膦酸	1	1.0	—	—	1	—
		二乙烯三胺五羧酸盐	—	—	1.2	—	—	—
		焦磷酸	—	—	—	0.5	—	—
		磷酸	—	—	—	—	—	2

制备方法 按比例将水、乙酸、复合稳定剂加入反应容器中，搅拌至溶液澄清透明，加入硫酸，常温常压下搅拌均匀，然后加入过氧化氢，常温常压下搅拌均匀，配制为最终溶液，最终溶液在常温常压下熟化，即得高浓度过氧乙酸消毒剂。熟化的时间为2～3天。

产品应用 本品是一种高浓度过氧乙酸消毒剂。

产品特性

(1) 本品不需要加入表面活性剂也能获得高浓度稳定性过氧乙酸消毒剂，节约了成本，且解决了表面活性剂堵塞透气孔的问题，更有利于市场安全流通。

(2) 本品生产工艺简单、操作安全。

(3) 复合稳定剂具有一定的缓冲液的作用，可起到稳定过氧乙酸反应体系的作用，而且还能络合溶液中的微量金属离子，减缓过氧乙酸的分解，使过氧乙酸的降解速度比较慢。

配方 71 高效杀菌消毒剂

原料配比

原料		配比(质量份)				
		1#	2#	3#	4#	5#
溴素		15	7.5	10	10	11
表面活性剂	脂肪醇聚氧乙烯醚 AEO-9	30	—	—	15	—
	辛基苯酚聚氧乙烯 OP-9	10	—	—	15	—
	壬基酚聚氧乙烯醚 NP-10	—	10	—	—	—
	辛基苯酚聚氧乙烯 OP-7	—	15	—	—	—
	辛基苯酚聚氧乙烯 OP-10	—	—	20	—	12.5
	烷基酚与环氧乙烷缩合物 TX-10	—	—	—	—	12.5
稳定剂	乙醇	10	—	—	10	—
	氨基磺酸	—	5	—	—	—
	丙三醇	—	—	15	—	—
	一乙醇胺	—	—	—	—	8
增效剂	氯化钠	5	—	2	—	12
	氯化钾	—	10	—	—	—
	氯化锂	—	—	13	13	—
水		30	47	40	37	44

制备方法

(1) 根据各个组分的含量要求，分别配制第一溶液和第二溶液：将溴素缓慢加入稳定剂中搅拌至完全溶解，再加入表面活性剂搅拌均匀形成第一溶液；搅拌条件下在水中加入增效剂至完全溶解，形成第二溶液。

(2) 将第一溶液和第二溶液在搅拌下混合均匀，使其形成棕红色液体产品，即高效杀菌消毒剂“溴伏”。

产品应用 本品是用于水处理领域中控制微生物的杀菌剂，适合于养殖业如养殖厂的消毒及鱼、虾、畜、禽疾病的防治。

产品特性

(1) 本产品是复合消毒剂，能快速、彻底杀菌，稳定性好，且环保性强，无刺激，安全性高，适合长期储存。

(2) 消毒液产品具有广谱、高效、安全和刺激性小的特点，对水体 pH 值的适应范围广，具有强烈的杀菌、杀病毒功能，能有效杀灭大部分的细菌繁殖体、芽孢、病毒、真菌、原虫、噬菌体等病原微生物。

(3) 克服了游离碘难溶于水、不稳定、刺激性大、着色不易褪色等缺点，且价格低廉，经济实惠。

(4) 消毒液产品可用于水产养殖业的消毒，在常规养殖条件下不受水体环境条件的限制，适用于各种不同类型的养殖水体，同时还具有改良水质的功效。

(5) 在碱性水体和含氨水体中的杀菌活性非常高，其效果远优于含氯消毒剂。

配方 72 高效消毒剂

原料配比

原料	配比(质量份)			
	1#	2#	3#	4#
香薷	12	15	13	12
当归	10	13	12	13
蒲公英	5	8	7	5
黄芩	16	18	17	18
马齿苋	10	16	13	10
苦参	9	13	11	13
牛黄	7	9	8	7
白芍	加至 100	加至 100	加至 100	加至 100
去离子水	适量	适量	适量	适量

制备方法

(1) 按所述原料配比称取原料香薷、当归、蒲公英、黄芩、马齿苋、苦参、牛黄及白芍，去杂、粉碎、混合。

(2) 将步骤 (1) 中原料放入 25～30℃的去离子水中浸泡 3～4 天后进行煎煮，随后冷却、过滤，得过滤液。煎煮温度 80～100℃，煎煮时间 45～50min。

(3) 产品分装。

产品应用 本品是一种高效消毒剂。

产品特性 本品采用了多种天然草药植物作为原料，对环境没有污染，杀菌效果好，安全无毒、无残留，对人体没有任何危害；本品制备方法简单，适宜广泛应用。本品对大肠杆菌、金黄色葡萄球菌和铜绿假单胞菌的平均杀灭对数值均大于5.00；对白色念珠菌的杀灭对数值均大于4.00；揉搓消毒1min，对手上自然污染菌杀灭对数值均大于1.00；涂搽消毒1min，对前臂内侧皮肤上自然污染菌杀灭对数值均大于1.00；其对皮肤没有刺激作用。

配方 73 癸甲溴铵消毒剂

原料配比

原料	配比(质量份)		
	1#	2#	3#
去离子水	69	69	69
90%癸甲溴铵	20	21	22
乙醇	10	9	8
药用强化剂	1	1	1

制备方法

(1) 将配方量的去离子水送入配液罐，加热升温至30～35℃，边搅拌边加入配方量的90%癸甲溴铵，连续搅拌0.3～0.4h至停止搅拌。

(2) 降温至常温，将配方量的乙醇和药用强化剂加入配液罐，再搅拌0.1～0.2h后即得成品。

产品应用 本品主要用于蚕室、蚕具、桑叶、桑园的消毒。

产品特性 本品使用通用设备制备，工艺简单，无污水及废气排放，是一种效果良好的消毒杀菌防腐剂。

配方 74 含碘的复方消毒剂

原料配比

原料		配比(质量份)						
		1#	2#	3#	4#	5#	6#	7#
碘		0.5	3	2.5	1.5	2	1.8	2
碘化钾		0.3	1.5	0.9	0.4	0.8	0.4	0.8
烷基二甲基乙基苄基氯化铵		0.5	15	25	10	10	16	25
季铵盐消毒剂	新洁灵	—	15	—	—	—	—	—
	双癸基二甲基氯化铵	—	10	15	—	—	—	—
	十二烷基三甲基氯化铵	—	—	10	—	—	—	—
	十四烷基三甲基氯化铵	—	—	—	10	—	—	—
	十六烷基三甲基氯化铵	—	—	—	—	—	10	—
	双辛癸基二甲基氯化铵	—	—	—	10	—	—	—
	双辛基二甲基氯化铵	—	—	—	—	—	4	—
	烷基二甲基苄基氯化铵	2.5	—	—	—	10	—	—
胍类消毒剂	葡萄糖酸氯己定	1	—	5	—	4	—	3
	醋酸氯己定	—	—	—	—	—	6	—
	盐酸聚六亚甲基胍	—	5	—	—	—	—	—
	盐酸聚六亚甲基双胍	—	—	—	10	—	—	—
酸度调节剂	硫酸	0.5	—	—	—	—	—	—
	磷酸	1	6	5	—	—	18	8
	盐酸	—	—	—	3	1.5	—	—
水		加至100	加至100	加至100	加至100	加至100	加至100	加至100

续表

原料		配比(质量份)						
		1#	2#	3#	4#	5#	6#	7#
烷基二甲基乙基苄基氯化铵	十二烷基二甲基乙基苄基氯化铵	68	68	68	50	62	5	50
	十四烷基二甲基乙基苄基氯化铵	32	32	32	30	38	60	30
	十六烷基二甲基乙基苄基氯化铵	—	—	—	17	—	30	17
	十八烷基二甲基乙基苄基氯化铵	—	—	—	3	—	5	3
烷基二甲基苄基氯化铵	十二烷基二甲基苄基氯化铵	40	—	—	—	50	—	—
	十四烷基二甲基苄基氯化铵	50	—	—	—	30	—	—
	十六烷基二甲基苄基氯化铵	10	—	—	—	17	—	—
	十八烷基二甲基苄基氯化铵	—	—	—	—	3	—	—

制备方法 将碘、碘化钾、烷基二甲基乙基苄基氯化铵、烷基二甲基苄基氯化铵、季铵盐消毒剂加入反应釜中，充分络合反应；加入胍类消毒剂，搅拌 0.5h，加入酸度调节剂，搅拌 0.5h，加水补足后继续搅拌 0.5h 后即得产品。

原料介绍 所述的碘化钾为碘的增溶剂和稳定剂。

产品应用 本品主要用于畜禽养殖、水产养殖消毒领域，用于畜禽环境消毒、设备消毒、水产消毒等。

产品特性

(1) 该消毒剂克服了碘制剂使用量大、成本高的缺点，是一种杀菌效果好、杀菌广谱的消毒产品。

(2) 碘与季铵盐有相互协同和增效作用，可实现快速杀菌，可在低用量下达到较佳的消毒效果，从而可以减少使用频率。

(3) 本消毒剂具有安全性好、消毒效果好、成本低的特点。

配方 75 含有植物精油的畜舍空气消毒剂

原料配比

原料		配比(质量份)			
		1#	2#	3#	4#
混合植物精油	肉桂醛	25	28	20	17.5
	桉叶油	3	5	4	7
	薄荷油	2	2	1	0.5
乳化剂	吐温 80	25	—	—	20
	OP-10	—	25	15	—
乙醇		40	38	40	30
水		5	2	20	25

制备方法 将各组分原料混合均匀即可。

产品应用 本品是一种畜舍空气消毒剂，适用对象是安装有湿帘风机降温系统的猪舍、鸡舍、鸭舍等畜禽舍。

使用方法：按 0.5%～5%的比例添加于带畜畜舍的湿帘水箱中，开启湿帘风机降温系统，使湿帘风机带动精油在畜舍内扩散。

产品特性

(1) 本品能够减少畜舍中霉菌、细菌等有害微生物，从而达到改善动物体质的效果，同时环保，对禽畜无刺激，使用方便。

(2) 本品中的植物精油是从植物中提取的挥发性物质，常温下多为液体，易挥发，有特殊气味，且不溶于水；具有抗菌、抗病毒、驱虫的作用，将其用于畜舍空气净化，不仅可降低畜舍空气中的细菌数量，还能起到减少臭味的作用，具有绿色、安全、高效、无残留等优势。

(3) 本品气味芳香，可减少畜舍的臭味，还具有持续驱除蚊蝇的功效。

(4) 在猪舍湿帘水箱中添加0.5%～5%本品，可有效减少猪舍空气中的细菌总数，起到净化空气的作用；本品可有效降低猪呼吸道疾病发病率。

配方 76 环保杀菌型驱虫消毒剂

原料配比

原料	配比(质量份)
环保杀菌剂(二烯丙基二硫醚、二烯丙基三硫醚含量80%)	5
吐温80	10
壬基酚聚氧乙烯醚(TX-10)	3
羧甲基纤维素钠	1
去离子水	加至100

制备方法 将各组分原料混合均匀即可。

原料介绍

所述的环保杀菌剂采用大蒜精油的主要成分二烯丙基单硫醚、二烯丙基二硫醚、二烯丙基三硫醚和二烯丙基四硫醚等化合物为杀菌活性物。

所述的环保杀菌剂是二烯丙基二硫醚、二烯丙基三硫醚、二烯丙基四硫醚、二烯丙基单硫醚的一种，或是上述两种或多种的混合物。

产品应用 本品是一种环保杀菌型驱虫消毒剂。

产品特性

(1) 本品具有杀菌快速，驱赶昆虫，无污染，对人、动物无伤害，温和，刺激性小，生物降解性好，环保等优点。

(2) 二烯丙基单硫醚、二烯丙基二硫醚、二烯丙基三硫醚和二烯丙基四硫醚是大蒜精油的主要成分，是天然存在的杀菌剂，使用安全，对环境不造成污染，是绿色环保的杀菌剂。

(3) 增效剂壬基酚聚氧乙烯醚（TX-10）和稳定剂羧甲基纤维素钠，可以延长杀菌时间、提高杀菌效率。

配方 77 环保型畜禽消毒剂

原料配比

原料	配比(质量份)				
	1#	2#	3#	4#	5#
黄连	2	20	2	20	20
大黄	10	2	10	2	5
甘草	0.5	5	0.5	5	4
百部	1	10	10	1	5

续表

原料	配比(质量份)				
	1#	2#	3#	4#	5#
苦参	10	1	1	10	6
30%过氧化氢	0.5	6	0.5	6	—
10%过氧化氢	—	—	—	—	200(体积)
硫酸锌	1	0.05	1	0.05	0.5
去离子水	适量	适量	适量	适量	适量

制备方法

(1) 将2～20份黄连、1～10份苦参、1～10份百部、2～10份大黄、0.5～5份甘草混合粉碎，加5倍体积的去离子水或有机溶剂提取，收集提取液并浓缩至原体积1/6～1/5，得到浓缩液；

(2) 将0.5～6份30%过氧化氢用去离子水配制成体积分数为5%的过氧化氢溶液，将0.05～1份硫酸锌用去离子水配制成体积分数为5%的硫酸锌溶液；

(3) 将步骤(1)得到的浓缩液和步骤(2)得到的过氧化氢溶液、硫酸锌溶液混合得到混合液，加入去离子水定容，得到环保型畜禽消毒剂。

产品应用 本品是一种环保型畜禽消毒剂。适合于畜禽饲养、产品加工各环节的病原菌消杀，尤其适于绿色畜禽产品生产。可用于促进畜禽的伤口愈合以及提升畜禽抵抗力，也用于制备对环境进行消毒的空气消毒剂。

产品特性

(1) 本品无毒环保，具有良好的稳定性、广谱杀菌效力，并且能明显促进畜禽伤口愈合，提升其抵抗力。

(2) 本品具有非常好的广谱杀菌、杀虫药力，并且在使用浓度内对有机体无毒性，能够用于畜禽产品、草料保藏，也可用于对生产加工场地等消毒。

(3) 本品制备所需原材料易于获取，价格低廉，制备方法简单，适于大规模产业化生产。

配方78 缓释饮水消毒剂

原料配比

原料		配比(质量份)					
		1#	2#	3#	4#	5#	6#
过硫酸氢钾		90	80	80	85	85	80
交联剂	硼砂	5	—	—	—	—	—
	戊二醛	—	3	—	—	—	—
	氯化钙	—	—	4	3.95	3.95	4
	2,2-偶氮[2-(2-咪唑啉-2-基)丙烷]二盐酸盐	—	—	—	0.05	0.05	—
阴离子表面活性剂	十二烷基苯磺酸钠	2	3	2	2	—	—
	烷基硫酸钠	—	—	—	—	2	—
	烷基苯磺酸钠	—	—	—	—	—	2
填充剂	氯化钠	5	10	8	8	—	—
	碳酸钠	—	—	—	—	8	8

续表

原料		配比(质量份)					
		1#	2#	3#	4#	5#	6#
乳胶液	浓度为2%的聚乙烯醇溶液	5	—	—	—	—	—
	浓度为2%的壳聚糖溶液(壳聚糖采用醋酸溶解)	—	4	—	—	—	—
	浓度为2%的海藻酸钠溶液	—	—	5	—	—	5
	浓度为2%的丙烯酸钠溶液	—	—	—	5	5	—

制备方法

(1) 按照配方混合过硫酸氢钾、交联剂、阴离子表面活性剂和填充剂，得到混合物。

(2) 在混合物中加入乙醇或水（乙醇或水的加入量为混合质量的10%～30%）并进行造粒，得到粉体。造粒工艺采用流化床、转盘机、螺旋挤压机、辊式压粒机、旋转挤压机、摇摆造粒机进行造粒。

(3) 在造粒后的粉体表面均匀涂布可与所述交联剂交联的乳胶液，得到颗粒物。所述涂布为辊涂、喷涂、刷涂中的一种。所述涂布采用喷涂时具体为：采用转盘机造粒，造粒完成后，将乳胶液喷涂到粉料颗粒表面，在喷涂的过程中，转盘继续转动，进一步混合，提高涂布的均匀性。

(4) 将颗粒物放置预设时间，所述颗粒物的表面凝胶发生聚合固化。所述聚合固化过程为：喷涂后，将颗粒物继续放置在转盘机中并将转盘机内部温度升高至40～50℃，恒温1～2h，使得乳胶液与颗粒内部的交联剂充分反应、固化，形成包覆膜体系。

(5) 将聚合固化后的颗粒物进行干燥，得到缓释饮水消毒剂成品。采用带式隧道干燥器干燥，以提高缓释饮水消毒剂表面包膜层的韧性。所述干燥温度为75～90℃，干燥后含水量≤10%。干燥设备可选用沸腾床、带式隧道干燥器、滚筒干燥器、带式干燥机、真空干燥机、回转干燥机中的一种。

产品应用 本品是一种缓释饮水消毒剂。

产品特性

(1) 本品减少了重复投放、经济适用且安全有效，其缓释速度可调控，具有极高的推广价值。

(2) 本品作用时效长，同时其包膜层牢固、韧性强，可自修复，易于运输，储存时间长；其有效组分含量高、消毒作用强。

(3) 本品采用合理的造粒工艺，制备得到颗粒大小均匀的缓释饮水消毒剂微球，其粒径可控制在100～800μm，可适用于不同场合。

配方 79 家禽畜牧养殖杀菌消毒剂

原料配比

原料	配比(质量份)		
	1#	2#	3#
乙型丙内酯	3	1	5
氨基酸盐酸盐	2	4	2

续表

原料	配比(质量份)		
	1#	2#	3#
α-螺旋抗菌肽	5	3	5
聚六亚甲基胍	2	3	1
去离子水	加至100	加至100	加至100

制备方法

(1) 按照原料配比将α-螺旋抗菌肽与聚六亚甲基胍进行复配，乳化15min；

(2) 按原料配比将乙型丙内酯和氨基酸盐酸盐溶解于去离子水中，搅拌均匀，加入步骤(1)的溶液中；

(3) 检验合格后，分装、贴标、密封。

产品应用 本品是一种家禽畜牧养殖杀菌消毒剂。

产品特性

(1) 本品适用于畜牧行业的环境、食具、器皿及饮水的定期消毒，特别是疫情期间的消毒。

(2) 本品杀菌消毒效果好，对被消毒灭菌的养殖物种无损害。

(3) 本品可有效杀灭大肠杆菌、金黄色葡萄球菌和白色念珠菌。

(4) 本品使用方法简便，能够推广应用。

配方 80 家禽用消毒剂

原料配比

原料	配比(质量份)		
	1#	2#	3#
嗜酸乳酸杆菌	50	60	70
侧式芽孢杆菌	90	100	110
乳酸	80	90	100
甲酸	40	50	60
乙酸	20	30	40
柠檬酸	50	70	90
去离子水	100	110	120

制备方法 按照原料配比称取各组分，将称取的各组分依次添加到搅拌装置内，启动搅拌装置，充分搅拌，待搅拌完成后取出，放置在包装瓶中密封保存。

产品应用 本品是一种家禽用消毒剂。

产品特性 本品可以降氨除臭，使用1～3h后可降低60%～80%的氨气和硫化氢，使得舍内氨气浓度降至10×10^{-6}以下，杀菌消毒，优化舍内菌群环境。高浓度有机酸可杀灭大部分有害菌，分解各类病毒。补充有益菌可有效调整舍内菌群环境，减少动物养殖的外在病原压力，可以有效清理动物饮水管道中的各类常年残留的各类污垢、有害菌、青苔等杂物。

配方 81 降解粪便并清新空气的消毒剂

原料配比

原料		配比(质量份)		
		1#	2#	3#
生物酶		14	16	14
复合微生物菌剂		12	15	15
薰衣草提取液		8	12	12
薄荷提取液		5	8	5
磷酸二氢钠		5	8	5
乙醇		3	5	5
复合微生物菌剂	酵母菌	5	6	5
	乳酸菌	5	6	6
	曲霉菌	2	3	3
	根霉菌	2	3	2

制备方法 将各组分原料混合均匀即可。

产品应用 本品是一种降解粪便并清新空气的消毒剂。

产品特性 本品通过在消毒剂中添加薰衣草、薄荷提取液，保证消毒剂具有良好的空气清新作用，保证消毒后的养殖场空气状况良好，抗菌效果好，时效长；通过生物酶和复合微生物菌剂的加入，使得消毒剂能够直接对部分清理时残留的粪便进行降解，进而可有效减少消毒前期的清扫工作，降低工人工作量，同时提高工作效率，省时省力。

配方 82 聚维酮碘成膜消毒剂

原料配比

原料	配比(质量份)							
	1#	2#	3#	4#	5#	6#	7#	8#
聚维酮碘	5	5	5	5	5	5	5	5
卡波姆 934	0.1	0.1	0.5	0.5	0.2	0.2	0.4	0.4
PVP-K30	1	10	1	10	2	5	2	5
碘酸钾	0.1	0.4	0.5	0.5	0.4	0.2	0.3	0.2
去离子水	适量	适量	适量	适量	适量	适量	适量	适量

制备方法

(1) 配制卡波姆母液：称取卡波姆 934 加入盛有 9.9 份去离子水的烧杯中，搅拌去离子水的同时缓慢加入卡波姆 934，卡波姆 934 加入过程应防止结块出现。配制完成后放置 24h，溶胀均匀，之后用 4mol/L NaOH 溶液调节 pH 值至 6.0～6.5，115℃高压灭菌 30min，冷却后备用。

配制 PVP 母液：称取 PVP-K30 置于盛有 1 份去离子水的烧杯中，搅拌均匀，放置 15min，PVP-K30 全部溶解后溶液呈淡黄色透明液体状。

配制碘酸钾母液：取干净干燥烧杯置于电子天平中，加入碘酸钾、82.9 份去离子水，搅拌均匀至碘酸钾全部溶解。

(2) 向上述配制好的卡波姆母液中加入上述配制好的 PVP 母液和碘酸钾母

液，搅拌均匀，溶液呈半透明匀质凝胶样物质。

（3）向上述步骤（2）得到的溶液中加入聚维酮碘，搅拌。

（4）用乳化机乳化 10min（1200r/min），用 NaOH 溶液调节 pH 值至 5.5～5.7。

产品应用 本品主要用于预防和治疗奶牛乳腺炎。

产品特性

（1）当奶牛的乳头浸沾本品后，在乳头表面能迅速形成一层保护薄膜，包裹在乳头表面，聚维酮碘产生的特效碘能杀灭乳头上的细菌，其形成的膜能在乳头与环境中的细菌之间形成屏障，阻止病原微生物通过乳头管口侵入乳腺组织，并在两次挤奶之间保护乳头，防止环境中致病菌感染，切断病原菌感染途径，能有效预防奶牛乳腺炎的发生。本品有效碘含量及 pH 稳定，久置不分层，溶液流动性及成膜性均良好，且稳定性试验数据显示溶液较稳定。

（2）本品的制备方法保证了聚维酮碘成膜消毒剂溶液有效碘含量稳定性，聚维酮碘成膜消毒剂溶液的成膜性，聚维酮碘成膜消毒剂溶液 pH 稳定性；解决了消毒剂溶液分层问题；聚维酮碘消毒剂溶液流动性好，有效成分分散均匀。

（3）使用本品预防奶牛隐性乳腺炎后，预防率在 90%～100%范围内，可大大降低发病率。

配方 83 可降低疾病传染率的消毒剂

原料配比

原料		配比(质量份)		
		1#	2#	3#
连翘		14	16	18
黄芩		12	15	12
氯化铵		8	12	11
中药液		8	8	8
磷酸二氢钠		5	8	6
乙醇		3	5	3
中药液	肉桂	8	16	10
	黄连	8	14	12
	马尾连	7	13	8
	茯苓	3	5	4
	艾草	8	15	12
	金银花	8	15	12
	穿心莲	5	8	6
	知母	2	5	3
	蒸馏水	适量	适量	适量

制备方法

（1）制备中药液：将肉桂、黄连、马尾连、茯苓、知母用水浸泡 2～3h，之后煮沸至 88～95℃；静置 40～80min，得到浸泡液，之后再向浸泡液中加入艾草、金银花、穿心莲，浸泡 25～55min 后，得到中药液；

（2）向制备得到的中药液中加入连翘、黄芩，浸泡 3～5h 后，加热至 40～45℃，之后再浸泡 1～2h，得到浸泡液；

（3）向步骤（2）浸泡液中加入氯化铵、磷酸二氢钠、乙醇，溶解后得到消毒剂。

产品应用 本品是一种可降低疾病传染率的消毒剂。

产品特性

(1) 本品利用中药液的特殊性质有效杀灭养殖棚中存在的病菌，实现良好的消毒效果，消毒后不易出现病菌残留，降低牲畜的发病率。

(2) 本品可有效避免传染性肝炎等疾病的产生，降低传染性疾病的发病率，降低牲畜的死亡率。

配方 84 可降解粪便消毒剂

原料配比

原料		配比(质量份)		
		1#	2#	3#
生物酶		14	16	14
复合微生物菌剂		12	15	15
莫西沙星		8	12	12
柠檬酸		5	8	5
磷酸二氢钠		5	8	5
乙醇		3	5	5
复合微生物菌剂	酵母菌	5	6	5
	乳酸菌	5	6	6
	曲霉菌	2	3	3
	根霉菌	2	3	2
水		适量	适量	适量

制备方法

(1) 向水中投入莫西沙星、柠檬酸、磷酸二氢钠、乙醇，加热水至90℃，且加热过程中通过搅拌辊搅拌，使得物料溶解后得到溶液A；

(2) 取25～40℃的水，向水中投入生物酶、复合微生物菌剂，搅拌溶解后得到溶液B；

(3) 将溶液A加热，蒸发掉1/4的水后，将溶液A降至室温；

(4) 向溶液A中加入溶液B，得到消毒剂。

产品应用 本品是一种可降解粪便消毒剂。

产品特性 通过生物酶和复合微生物菌剂的加入，使得消毒剂能够直接对部分清理时残留的粪便进行降解，进而可有效减少消毒前期的清扫工作，降低工人工作量，同时提高工作效率，省时省力。

配方 85 利用茶籽粉制备的种子储藏仓消毒剂

原料配比

原料	配比(质量份)	
	1#	2#
合欢叶	12	15
樟树叶	15	10
木棉叶	10	10

续表

原料	配比(质量份)	
	1#	2#
苦苣	8	8
臭椿叶	8	6
酸模叶	5	5
青西红柿	4	4
麝香	0.3	0.3
交联羧甲基纤维素钠	5	4
沉淀二氧化硅	3	3
石棉粉	1	1
鸦胆子	4	5
牵牛子	2	3
苍耳子	3	2
茶籽粉	15	20
酒糟	5	5
姜粉	2	2
尿素	1	1
松节油	2	1
过硫酸铵	0.5	1
聚丙烯酰胺	0.5	0.5
薄荷醇	0.5	0.5
去离子水	适量	适量

制备方法

(1) 将合欢叶、樟树叶、木棉叶、苦苣、臭椿叶、酸模叶、青西红柿和麝香加入 3 倍质量份去离子水中，浸泡 30min 后利用功率 1.5kW 磨浆机反复磨浆三次，过滤，向滤液中加入交联羧甲基纤维素钠、沉淀二氧化硅和石棉粉，充分混合后送入冷冻干燥机，干燥所得固体经粉碎机制成粉末，即得粉料Ⅰ；

(2) 将鸦胆子、牵牛子和苍耳子加热至 70～80℃，保温混合至含水量低于 3%后研磨成粉末，然后加入茶籽粉、酒糟和姜粉，继续保温混合 10min，再于 0～5℃下静置 3h，即得粉料Ⅱ；

(3) 向粉料Ⅰ中加入粉料Ⅱ、尿素、松节油、过硫酸铵、聚丙烯酰胺和薄荷醇，研磨使其充分混合均匀。

产品应用　本品是一种利用茶籽粉制备的种子储藏仓消毒剂。

产品特性　以茶籽粉为主要原料，并协同多种植物成分和功能助剂制得种子储藏仓消毒剂，该消毒剂使用方便，可加水溶解后喷入储藏仓内，即可起到优异消毒效果；与种子接触后能有效杀灭或抑制种子自身携带的有害虫卵和病菌，提高种子的储藏效果，从而延长储藏期限。另外，对储藏高油量种子的储藏仓能起到清洁作用，有效清除储藏仓内壁附着的油污。

配方 86 氯甲酚纳米乳消毒剂

原料配比

原料		配比(质量份)						
		1#	2#	3#	4#	5#	6#	7#
氯甲酚		5.0	1	0.1	6.8	2.0	6.6	3.2
附加剂	冰醋酸	8.6			9.2	14.7	18.2	10.1
表面活性剂	聚氧乙烯蓖麻油(EL-40)	25.9	25.9	30	27.6	22.1	—	—
	聚氧乙烯氢化蓖麻油(RH40)	—	—	—	—	—	27.3	30.4
油相	肉豆蔻酸异丙酯(IPM)	3.8	3.8	3.3	4.1	—	5.0	—
	乙酸乙酯	—	—	—	—	4.1	—	4.5
去离子水		56.7	69.3	66.6	52.3	57.1	42.8	51.8

制备方法

(1) 按原料配比分别称取氯甲酚、附加剂、表面活性剂、油相和去离子水，备用。

(2) 室温下，先将附加剂、表面活性剂和油相混匀，然后缓慢加入去离子水，并不停搅拌，以形成澄明均一的纳米乳作为药物载体。

(3) 将氯甲酚加入上述纳米乳药物载体中溶解完全，即制得所述的氯甲酚纳米乳消毒剂。

产品应用 本品主要用于畜禽栏舍、车辆、器物及环境等非生物表面的消毒。其浓度可根据需要加入任意比例的去离子水调整。

产品特性

(1) 本品水溶性好、酚臭味弱、消毒作用强、生产工艺简单。

(2) 本品具有缓释性能，可长时间维持消毒功效，延长消毒作用时间，从而减少消毒次数。

(3) 本品原料易得，生产成本低廉，稳定性良好，易于储存，便于规模化生产。

配方 87 农副产品中瓜果类消毒剂

原料配比

原料	配比(质量份)	
	1#	2#
苍术	5	15
石膏蒲	5	15
艾叶油	5	15
玫瑰油	1	1.5
甘油	1	1.5
香精	1	1.5

续表

原料		配比(质量份)	
		1#	2#
醋		15	20
厚朴		8	9
黄柏		2	9
黄芩		3	10
白芷		2	6
蛇床子		5	10
增稠浸膏		5	7
去离子水		适量	适量
增稠浸膏	魔芋胶	3	3
	蔗糖	2	2
	柠檬酸	1	1
	山梨酸钾	4	4
	去离子水	10	10

制备方法

(1) 将原料中苍术、石膏蒲、厚朴、黄柏、黄芩、白芷和蛇床子全部清洗，切段，采用无纺布进行包裹；

(2) 将上述包裹放入煎锅中，加入包裹总质量 3 倍的去离子水，加温至 100℃，恒温煎煮 20min，去渣取汁；

(3) 将原料中的艾叶油、玫瑰油、甘油、香精和醋倒入其中，再次升温至 100℃，再将增稠浸膏加入，搅拌混合均匀即可。

原料介绍 所述的增稠浸膏由魔芋胶 3 份、蔗糖 2 份、柠檬酸 1 份、山梨酸钾 4 份、去离子水 10 份混合，加热至 28～35℃，然后搅拌至浸膏状。

产品应用 本品用作农副产品中瓜果类消毒。

产品特性 本品选用纯草药原材料，无不良反应，不含任何化学物质，不仅可以保证瓜果的洁净，而且不用惧怕药物残留，方便卫生，价格低廉，取材简单，便于推广及使用。

配方 88 农用消毒剂

原料配比

原料	配比(质量份)		
	1#	2#	3#
净含量为 7.5%的二氧化氯	45	—	—
净含量为 5%的二氧化氯	—	30	—
净含量为 10%的二氧化氯	—	—	15
高效微生物态氮	30	20	10
无水氯化钙	25	50	75

制备方法 在常温、常压、干燥的工艺条件下，将高效微生物态氮与无水氯化钙搅拌均匀，再加入二氧化氯搅拌均匀，即可。因为二氧化氯和高效微生物态氮均为吸湿性较强的粉状物，高效微生物态氮吸湿性更强，因此要求加工场所必须保持干燥。

产品应用 本品是一种农用消毒剂。

使用时，将本品与水按照1∶500（质量比）的比例进行稀释，然后对油麦菜、空心菜、黄瓜等农作物进行叶面喷雾。病害防治效果优于多菌灵，且农作物叶色浓绿、生长旺盛，产量能增长12%～15%。

产品特性 本品对植物不但具有杀菌功能，还能促进植物生长。高效微生物态氮是一种由微生物发酵代谢物中提取的高效性植物生成促进物质，可以促进叶绿素合成和植物组织发育，因此将二氧化氯与其按照本配方比例混合后在植物领域使用，不仅可以保持新生态氧杀菌防病的作用，而且可以使植物生长更为强壮，增产5%～15%。本品是一种安全、高效的农用消毒剂。本品的生产方法及工艺简单、易于操作，适合大规模生产。

配方 89 泡沫消毒剂

原料配比

原料		配比(质量份)						
		1#	2#	3#	4#	5#	6#	7#
月苄三甲氯铵		10	15	20	25	30	10	20
高效渗透剂	快速渗透剂T	1	—	—	—	1	—	—
	耐碱渗透剂OEP-70	—	0.8	—	1	—	1	1
	耐碱渗透剂AEP	—	—	1	—	—	—	—
发泡剂	椰油酰胺丙基甜菜碱	50	45	55	55	60	40	55
非离子表面活性剂	吐温20	1.5	1	1	1.5	1.5	1	1
去离子水		加至100	加至100	加至100	加至100	加至100	加至100	加至100

制备方法 将各组分原料混合均匀即可。

产品应用 本品主要用于养殖场、公共场所、设备器械、孵化室、种蛋及动物运输车辆等的消毒。

使用说明：将消毒剂按1∶300加清水稀释混匀；将专用发泡喷枪与消毒机喷枪头管连接好；开启加压消毒机进行消毒，喷枪在距离消毒物体2～3m处进行均匀喷雾，消毒自上而下，使消毒物体表面均匀附着一层消毒泡沫即可；消毒泡沫必须静置15min以上，消毒完毕后用高压清水将残余泡沫冲洗干净。

注意事项：使用时操作人品要配备防护用具如手套、口罩和护眼用具，尽量避免消毒剂原液直接接触皮肤造成伤害。消毒前要将墙壁、地面、栏舍、器械、设备、种蛋、车辆等消毒物体表面清洁干净，以免造成消毒剂浓度降低影响消毒效果。按照泡沫消毒剂使用说明规定的比例进行泡沫消毒剂稀释，以免影响泡沫消毒剂使用效果。泡沫消毒剂需要使用高压机装置和专用泡沫喷枪，才能产生理想的消毒泡沫。喷洒消毒泡沫不宜太多，只需均匀喷洒一层即可。

产品特性

（1）泡沫消毒剂含有的月苄三甲氯铵属于阳离子表面活性剂，具有较强的杀灭病原微生物作用，能杀灭细菌的繁殖体和芽孢、真菌、病毒，对金黄色葡萄球菌、猪丹毒杆菌、鸡白痢沙门氏杆菌、炭疽芽孢杆菌、化脓性链球菌、鸡新城疫病毒、口蹄疫病毒以及细小病毒等病原微生物都有较强的杀灭作用。

（2）杀菌消毒能力更强：本品形成消毒剂泡沫，通过泡沫的表面张力附着于被消毒物体的表面，延长了消毒剂与被消毒物体的作用时间，增强了消毒剂的杀菌消毒效果。

（3）杀菌消毒更全面：本品形成消毒剂泡沫，能覆盖消毒区域表面，使消毒面可视性增强，避免消毒盲区，从而使杀菌消毒更全面。

（4）杀菌消毒更彻底：本品在表面活性剂和渗透剂等多种活性因子的作用下，可以快速渗入栏舍缝隙、裂纹及有机污染物内部，并通过布朗运动和静电吸引力主动诱捕，迅速杀灭各种病原体，使杀菌消毒更彻底。

（5）消毒剂稳定性强：本品中主要消毒成分月苄三甲氯铵的稳定性较强，确保其杀菌消毒能力不受环境中的酸碱度、光照、温度、湿度的变化影响。

（6）本品具有广谱、高效、快速的杀菌消毒作用，还具有除臭、清洁、灭藻等多种作用。

配方 90 泡沫化学消毒剂

原料配比

原料		配比(质量份)		
		1#	2#	3#
戊二醛-癸甲溴铵溶液	戊二醛	50	50	50
	癸甲溴铵	50	50	50
	70%的乙醇	500(体积份)	500(体积份)	500(体积份)
秸秆醋液	稻秆和玉米秆(1∶1)	适量	适量	适量
植物源消毒液	马鞭草	20	25	30
	大蓟	15	20	25
	紫花地丁	20	23	25
	桉树叶	15	18	20
	苦参	30	35	40
	辣蓼	25	30	35
	蒲公英	20	30	40
	南五味子	25	30	35
	桃金娘叶	15	18	20
	番石榴叶	15	18	20
	绿茶叶	15	18	20
植物源消毒液	拔葜	20	23	25
	凹叶厚朴	18	23	30
	紫萼	10	13	15
	蒸馏水	适量	适量	适量
戊二醛-癸甲溴铵溶液		3(占合并液的体积份)	4(占合并液的体积份)	5(占合并液的体积份)
丁香提取物		50	60	70
含笑提取物		80	85	90

续表

原料		配比(质量份)		
		1#	2#	3#
洋葱汁		5(体积份)	6.5(体积份)	8(体积份)
大蒜汁		5(体积份)	6.5(体积份)	8(体积份)
增效剂	氯化铵	3	4	5
起泡剂	十二烷基苯磺酸钠	3	4	5

制备方法

(1) 戊二醛-癸甲溴铵溶液的配制：分别将 50g 戊二醛和 50g 癸甲溴铵加入 500mL 质量分数为 70%的乙醇中，均匀搅拌使其充分溶解。

(2) 秸秆醋液的配制：采集新鲜秸秆，将其切成 0.5～1cm 片段后放入干馏釜中，装满后盖上釜盖，将釜置于电磁炉中加热，待釜中的秸秆发生剧烈分解时，将电源断掉，15min 后重新启动电源，并以 200℃/h 的升温速度进行加热，当温度升高至 550℃后维持此温度保温 30min，断掉电源，收集釜中的液体产物。

(3) 植物源消毒液的配制：根据原料混合物的体积，先往其中加入 4 倍体积的蒸馏水进行第一次煎煮，煮开并保温一定时间后收集第一次煎煮的煎液。根据第一次煎煮后滤渣的体积往其中加入 3 倍体积的蒸馏水进行第二次煎煮，煮开并保温一定时间后收集第二次煎煮的煎液。根据第二次煎煮后滤渣的体积往其中加入 2 倍体积的蒸馏水进行第三次煎煮，煮开并保温一定时间后收集第三次煎煮的煎液。合并三次煎煮所得到的煎液。第一次煎煮的条件：煮开后，在 60～80℃条件下保温 35h。第二次煎煮的条件：煮开后，在 80～85℃条件下保温 2～4h。第三次煎煮的条件：煮开后，在 85～90℃条件下保温 1～3h。

(4) 合并步骤 (2) 的秸秆醋液和步骤 (3) 的煎液，然后加入体积分数为合并液 3%～5%的戊二醛-癸甲溴铵溶液，搅拌混匀。

(5) 往步骤 (4) 所得溶液中加入 50～70 份的丁香提取物和 80～90 份的含笑提取物，搅拌混匀。

(6) 根据步骤 (5) 所得溶液的体积，往其中加入 5%～8%体积的洋葱汁和 5%～8%体积的大蒜汁，搅拌均匀。

(7) 往步骤 (6) 所得溶液中加入 3～5 份增效剂和 3～5 份起泡剂，搅拌均匀。

(8) 对步骤 (7) 所得溶液进行两次微孔滤膜过滤，最终得到澄清的泡沫消毒剂溶液。所述的两次微孔滤膜过滤中，第一次微孔滤膜过滤的孔径为 1.2μm，第二次微孔滤膜过滤的孔径为 0.8μm。

(9) 将步骤 (8) 所得澄清的泡沫消毒剂溶液放到高温蒸汽环境中，130～160℃条件下灭菌 3～5h。

(10) 在无菌条件下将经过灭菌处理的泡沫消毒剂溶液分装到 250～500mL 的塑料瓶中，真空封装保存。

原料介绍

所述丁香提取物的提取方法为：将丁香烘干后粉粹，根据丁香的体积加入 2 倍体积的质量分数为 95%的乙醇，55℃条件下置于摇床上浸泡 12h；用滤纸过滤后往残渣中加入 1.5 倍体积的质量分数为 95%的乙醇，55℃条件下置于摇床上浸泡 10h；

合并两次所得滤液，经减压浓缩后即得。

所述含笑提取物的提取方法为：将含笑烘干后粉粹，根据含笑的体积往其中加入1.5倍体积的质量分数为75%的乙醇浸泡12h；然后用超声波提取法对溶液进行提取，持续5h后收集第一次提取的滤液；并根据第一次提取后滤渣的体积往其中加入1.5倍体积的质量分数为75%的乙醇进行第二次超声波提取，持续3h后收集第二次提取的滤液；并根据第二次提取后滤渣的体积往其中加入1.5倍体积的质量分数为75%的乙醇进行第三次超声波提取，持续1.5h后收集第三次提取的滤液；合并三次所得的滤液，经减压浓缩后即得。

所述洋葱汁和大蒜汁的制备方法为：分别将新鲜洋葱和新鲜大蒜切碎，然后分别加入0.5倍体积的水，最后分别通过榨汁机榨成汁液，经纱布过滤后即可得到洋葱汁和大蒜汁。

产品应用 本品是一种泡沫消毒剂。

产品特性 戊二醛-癸甲溴铵溶液常作为一种消毒剂使用，但该消毒剂稳定性较差，放置一段时间后杀菌效果会下降，同时较高浓度的该溶液对金属具有一定的腐蚀性，浓度较低时杀菌效果较差。将低浓度的戊二醛-癸甲溴铵溶液与秸秆醋液、植物源消毒液、丁香提取物、含笑提取物等杀菌活性成分进行合理搭配、科学配伍，并通过合理的配制工艺研制出一种新型的泡沫消毒剂，该泡沫消毒剂不仅消毒效果好，而且低毒、稳定、安全可靠；应用于养殖场的日常消毒过程中，杀菌率达98%以上。

配方 91 禽畜养殖屋消毒剂

原料配比

原料	配比(质量份)		
	1#	2#	3#
白陶土	7	8	10
邻苯二甲醛	8	13	16
二氧化硅	10	15	20
乙二胺四乙酸	5	8	10
高锰酸钾	10	15	18
脂肪醇聚氧乙烯醚	9	12	15
二氯醋酸	3	5	6
过氧化钙	11	18	21
聚合氯化铝	15	20	25
聚合硫酸铁	16	20	26
石膏	5	8	10

制备方法 将各组分原料混合均匀即可。

产品应用 本品是一种禽畜养殖屋消毒剂。

产品特性

(1) 本品广谱高效，不受外界温度和湿度的影响，有效成分相当稳定，同时在极低浓度以及较短时间内就可起到杀灭病原微生物的作用。

(2) 本品配方组成科学合理，消毒效果显著，无药物残留以及不良反应，能够有效提高畜禽免疫力，对细菌、病毒等病原微生物的杀灭率较高。

配方 92 禽畜用高效消毒剂

原料配比

原料	配比(质量份)	原料	配比(质量份)
烷基二甲基苄基氯化铵	10	莫西沙星	5
辛基癸基二甲基氯化铵	20	三氯羟基二苯醚	1
二辛基二甲基氯化铵	5	去离子水	50

制备方法 将各组分原料混合均匀即可。

产品应用 本品是一种禽畜用高效消毒剂。

产品特性 本品具有广谱的抗微生物作用，对革兰氏微生物具有很高的杀菌活性。

配方 93 禽流感杀菌消毒剂

原料配比

原料		配比(质量份)
禽畜舍圈棚用载银纳米二氧化钛清洗抗菌杀菌消毒剂	载银纳米二氧化钛 AT 抗菌剂	0.3～0.9
	2-苄基-4-氯苯酚	2～6
	水溶性无机卤化物	0.1～0.3
	无机碱金属磷酸盐	2～6
	鳁色酸异丙酯硫酸钠	2～6
	α-C_8 烯基硫酸盐	0.1～0.3
	α-C_{15}～C_{18} 烯基硫酸三乙醇铵	0.3～0.9
	异丙醇	2～6
	叔丁醇	1～3
	无水硫酸钠	0.3～0.9
	水	加至 100
氧化锌晶须 ZnO_w 复合高效广谱杀菌消毒剂	氧化锌晶须 ZnO_w	2～6
	高岭土纳米粉	2～6
	纳米级氧化锌银粉	2～6
	沸石纳米粉	2～6
	烷基苯磺酸钠	2～6
	聚丙烯酸钠	1～3
	β-二氯乙烯基水杨酰胺甲醚	加至 100
防治禽流感病毒磷酸盐复合银系无机抗菌杀菌消毒剂	磷酸盐复合银系无机抗菌剂 HN-300	2～6
	水溶性无机卤化物	0.5～1.5
	氨基磺酸	2～6
	非还原性有机酸	2～6
	无水碱金属磷酸盐	3～9
	氯霉素	2～6
	呋咽旦啶	2～6
	可与卤化物形成次酸盐离子的氧化剂	加至 100
TiO_2 光催化复合增效抗菌杀菌消毒剂	TiO_2 光催化杀菌剂	1～3
	烷基苄基二甲基氯化铵	0.1～0.3
	鲸蜡基二甲基溴化铵	0.1～0.3
	异丙醇	0.1～0.3

续表

原料		配比(质量份)
	乙二醇丙醚	0.1～0.3
	乙二胺四乙酸	0.1～0.3
	戊二醛	1～3
	高锰酸钾	1～3
	水	加至100
TiO_2 光催化复合增效抗菌杀菌消毒剂	Al_2O_3 远红外辐射杀菌剂	2～6
	烷基二甲基苄基氯化铵	8～24
	辛基癸基二甲基氯化铵	6～28
	二辛基二甲基氯化铵	3～9
	二癸基二甲基氯化铵	10～30
	水	加至100
纳米银系沸石型抗菌杀菌消毒剂	纳米银系沸石抗菌剂	0.5～1.5
	氯二甲苯酚	2～6
	萜品醇	5～15
	蓖麻油	2～6
	氢氧化钾	0.2～0.6
	95%乙醇	10～30
	戊二醛	0.05～0.15
	新洁尔灭	0.1～0.3
	氢氧化钙	0.1～0.3
	水	加至100
甲壳素天然特效除臭散香广谱抗菌杀菌消毒剂	甲壳素天然抗菌剂	3～9
	氯化十二烷基二甲基苄基铵广谱杀菌剂	1～3
	硫酸亚铁	2～6
	氯化亚铁	2～6
	柠檬酸	1～3
	抗坏血酸	1～3
	马来酸	0.1～0.3
	松针油	0.1～0.3
	肉豆蔻油	0.1～0.3
	香茅草油	0.1～0.3
	山苍子油	0.1～0.3
	蓝樟油	0.1～0.3
	香精	0.1～0.3
	95%乙醇	10～30
	壳聚糖天然抗菌剂	3～9
	水	加至100
禽畜舍圈棚用载银纳米二氧化钛清洗抗菌杀菌消毒剂		8～14
氧化锌晶须 ZnO_w 复合高效广谱杀菌消毒剂		9～15
防治禽流感病毒磷酸盐复合银系无机抗菌杀菌消毒剂		10～16
TiO_2 光催化复合增效抗菌杀菌消毒剂		11～17
Al_2O_3 远红外辐射广谱抗菌杀菌消毒剂		12～18
纳米银系沸石型抗菌杀菌消毒剂		13～19
甲壳素天然特效除臭散香广谱抗菌杀菌消毒剂		1～37

制备方法 将各组分原料混合均匀即可。

产品应用 本品主要用于牛、羊、猪、家禽、畜舍、圈、棚等禽畜活动场所及飞行鸟禽兽流感病毒在内的高致病性病毒、细菌、孢子、真菌、霉菌的杀菌消毒，可用于肉类加工企业房舍、屠宰场、运输设备、孵化箱、兽医站、繁殖场消毒，甚至用于宾馆、饭店、招待所、浴室、影剧院及各种公关场所杀菌消毒。

原料介绍

所述禽畜舍圈棚用载银纳米二氧化钛清洗抗菌杀菌消毒剂用于牛、羊、猪、家禽、畜舍、圈、棚清洗、杀菌、消毒。

所述/亩氧化锌晶须 ZnO_w 复合高效广谱杀菌消毒剂为粉剂，使用时用水稀释至 50～2000mg/kg，将它喷洒在禽畜舍棚圈及活动场所，也可用于播种和土壤消毒，用量 4～100g/亩。

所述防治禽流感病毒磷酸盐复合银系无机抗菌杀菌消毒剂配成 1%溶液时 pH 值在 1.2～5.5 范围内均可 100%杀死禽流感病毒。

所述 TiO_2 光催化复合增效抗菌杀菌消毒剂在 pH 值为 4～9 的环境下可稳定存放数周，且可用 400mg/L 的硬水稀释而不影响杀灭病毒的效果，按 ATCC 6538、ATCC 10708、ATCC 15441 标准试剂浓度，在 20℃条件下，处理 10min，可以将包括飞行鸟兽禽流感病毒在内的高致病性病毒、细菌、孢子、真菌、霉菌等全部杀死。

所述 Al_2O_3 远红外辐射广谱抗菌杀菌消毒剂有高效消毒、杀菌广谱、抗菌、抗病毒、抗微生物的作用，对革兰氏阳性或阴性微生物有很高的杀灭活性。用 0.1%溶液 30min 能灭杀瓷砖、不锈钢、镀锌板上的大肠杆菌，用 0.05%的溶液能处理被大肠杆菌污染的鸡蛋外壳及用于肉类加工企业房舍、屠宰车间、设备、运输工具、检验室、孵化箱、兽医站、繁殖场的杀菌消毒，喷洒量为 0.25～0.5L/m^2。

所述纳米银系沸石型抗菌杀菌消毒剂用于喷洒禽畜舍、厕所、垃圾、厨房等处，可起到杀菌消毒作用，同时也可用于宾馆、饭店、招待所、浴室、影剧院、医院等公共场所的杀菌消毒，效果好，对各种细菌、病毒均有很好的消灭作用，且对人畜禽无害及不良反应，是广谱多效杀菌消毒剂。

产品特性

(1) 本品在不同场所使用即分解异味而散香、除臭，对各种细菌、病毒杀灭率高，效果好，对禽畜也能很好杀菌、杀病毒，预防禽流感的发生及发展。

(2) 对大肠埃希菌、金黄色葡萄球菌这两种在生活中严重威胁人类健康的病菌杀灭率高达 99.99%。

配方 94 禽舍消毒剂

原料配比

原料	配比(质量份)	
	1#	2#
乌梅	15	20
首乌	15	10
芝麻叶	20	30
茶麸	15	20
侧柏叶	25	20
野菊花	5	6
防风	6	5
生姜	25	30
艾草	20	10
活酵母	适量	适量
去离子水	适量	适量

制备方法 将乌梅、首乌、芝麻叶、茶麸、侧柏叶、野菊花、防风、生姜、艾草按原料配比，用粉碎机打至100目以下细粉，加入总质量6～10倍的去离子水，煮沸10～30min，加入粉状的活酵母，密封到深色容器中，发酵7天以上得到消毒剂。

产品应用 本品是一种禽舍消毒剂。

产品特性 本品具有很好的杀菌、抑菌作用，能够有效地抑制和杀灭环境中的致病细菌、真菌和病毒，同时对于各种寄生虫也有抑制和杀灭作用，特别是对大肠杆菌、金黄色葡萄球菌和痢疾杆菌具有很好的抑制作用。

配方 95 杀灭禽流感病毒的消毒剂

原料配比

原料	配比(质量份)							
	1#	2#	3#	4#	5#	6#	7#	8#
30%过氧化氢	20(体积份)	15(体积份)	25(体积份)	20(体积份)	20(体积份)	20(体积份)	20(体积份)	20(体积份)
20%过氧乙酸	4(体积份)	2(体积份)	6(体积份)	4(体积份)	4(体积份)	4(体积份)	4(体积份)	4(体积份)
焦磷酸钠	1.5	0.5	2.5	1.5	1.5	1.5	1.5	1.5
40%十二烷基二甲基苄基溴化铵	2(体积份)	1(体积份)	3(体积份)	2(体积份)	2(体积份)	2(体积份)	2(体积份)	2(体积份)
碳酸氢钠	2	1	3	2	2	2	2	2
聚氧乙烯烷基醚磷酸酯	2.5	1	4	2.5	2.5	2.5	2.5	2.5
脱氧胆酸钠	0.2	0.1	0.3	0.2	0.2	0.2	0.2	0.2
纳米氧化锌	3	2	4	3	3	3	3	3
75%乙醇	20(体积份)	15(体积份)	25(体积份)	20(体积份)	20(体积份)	20(体积份)	20(体积份)	20(体积份)
凹凸棒黏土粉	—	—	—	6	—	—	—	—
艾草精油	—	—	—	—	6(体积份)	—	—	—
纳米 $Cu_2Zn(PO_4)(OH)_3(H_2O)_2$ 粉	—	—	—	—	—	6	—	—
纳米 $(Cu_{1.75}Zn_{0.25})Zn(PO_4)(OH)_3(H_2O)_2$ 粉	—	—	—	—	—	—	—	6
黄毛蒿挥发油	—	—	—	—	—	—	6(体积份)	—
去离子水	90(体积份)	80(体积份)	100(体积份)	90(体积份)	90(体积份)	90(体积份)	90(体积份)	90(体积份)

制备方法

(1) 配制有机液：按照原料配比，将去离子水40～50体积份倒入混合搅拌罐中，罐内温度15～45℃，将30%过氧化氢15～25体积份倒入其中与去离子水混合，并搅拌均匀制成双氧水；按照顺序分别将75%乙醇15～25体积份、聚氧乙烯烷基醚磷酸酯1～4质量份、40%十二烷基二甲基苄基溴化铵1～3体积份、20%过氧乙酸2～6体积份倒入混合罐中，转速600r/min，混合均匀配制成有机液备用。

(2) 配制无机盐溶液：按照原料配比，将去离子水40～50体积份倒入混合搅拌罐中，罐内温度15～45℃，将焦磷酸钠0.5～2.5质量份、纳米氧化锌2～4质量份、碳酸氢钠1～3质量份、脱氧胆酸钠0.1～0.3质量份加入混合搅拌罐中，转速1000r/min，混合均匀配制成无机盐溶液备用。还可加入凹凸棒黏土粉4～8质量份或艾草精油4～8体积份或纳米$Cu_2Zn(PO_4)(OH)_3(H_2O)_2$粉或纳米$(Cu_{1.75}Zn_{0.25})Zn(PO_4)(OH)_3(H_2O)_2$粉4～8质量份。

(3) 将步骤(2)所述无机盐溶液倒入步骤(1)所述有机液中，转速600r/min并混合均匀得消毒剂半成品，将消毒剂半成品倒入高压均质机，均质2～4次，均质压力为15～25MPa，均质温度15～45℃，得杀灭禽流感的消毒剂。

产品应用 本品用于对禽畜舍棚地面、墙壁和排泄物进行彻底消毒，还可用于学校、车站、医院等公共场所和家庭等场所，抗击禽流感病毒。

产品特性 本品能够杀灭禽类养殖场的细菌和病毒，对禽流感病毒源进行控制，消毒作用速度快且用量低、杀灭能力强、作用持续时间长、不污染环境。

配方 96 水溶性三氯异氰尿酸熏烟消毒剂

原料配比

原料	配比(质量份)	
	1#	2#
三氯异氰尿酸	60	40
葡萄糖	25	35
氯化铵	5	15
无水硫酸钠	10	20

制备方法

(1) 将葡萄糖与无水硫酸钠混合粉碎，过200目旋振筛，备用。

(2) 将三氯异氰尿酸与氯化铵混合，过80目旋振筛，备用。

(3) 将步骤(1)和步骤(2)得到的混合粉，共同投入搅拌混合器，搅拌混合均匀，分装于聚乙烯塑料袋，封口即得。

产品应用 本品是一种熏烟、水溶两用型三氯异氰尿酸消毒剂。

产品特性

(1) 所使用原辅料均可溶于水，使用时既可以直接点燃塑料包装袋作为熏烟使用，也可以加水稀释后进行环境消毒。

(2) 以葡萄糖作为填充剂，利用葡萄糖被氧气氧化所产生的二氧化碳和水蒸气使三氯异氰尿酸形成气溶胶，并加入氯化铵作为发烟剂和降温剂，无水硫酸钠作为阻燃剂，一方面使发烟更迅速，另一方面使局部温度降低，避免了有效成分的分解。

(3) 为了便于点燃，通过粉碎、过筛工艺控制葡萄糖粒度小于200目，极大增加葡萄糖颗粒的表面积，使其容易在三氯异氰尿酸氧化性催化下与氧气发生反应，一旦引燃便可以持续发烟，直至完全气化。制备本品简便易行，适合工业化生产，产品各项指标均符合中国兽药典法定标准要求。

配方 97 水杨酸碘粉消毒剂

原料配比

原料	配比(质量份)				
	1#	2#	3#	4#	5#
碘	0.5	5	3	8	13
聚乙烯吡咯烷酮	80	80	75	72	72
水杨酸	19	13.5	20	17	10
碘化钾	0.4	1	1	2	4
碘酸钾	0.1	0.5	1	1	1

制备方法

(1) 将聚乙烯吡咯烷酮加入固相反应器中，再向固相反应器中加入碘，40～60℃下混合4h以上，降至室温。

(2) 向固相反应器中加入水杨酸，混合0.5～1h。

(3) 依次加入碘化钾、碘酸钾，继续混合2～5h即可。

产品应用 本品主要用于畜禽、水产养殖和公共场所消毒。

产品特性

(1) 本品具有杀菌谱广、杀菌能力强、对微生物有良好的杀灭效果、作用速度快、稳定性好、对环境友好、对人和动物安全、对环境污染程度低的特点。本品制备工艺简便且成本低。

(2) 将碘制剂制成粉状，可以直接干撒使用，更快捷、更方便；与液体消毒剂相比，具有体积小、包装成本低、储存运输方便等优点。

(3) 配制的水杨酸碘粉消毒剂，经高温加速，有效碘含量衰减率均小于10%，说明水杨酸碘粉消毒剂稳定性好，便于长期储存。

配方 98 水杨酸碘泡沫型消毒剂

原料配比

原料		配比(质量份)		
		1#	2#	3#
水杨酸		10	50	5
碘		2	0.5	5
碘化钾		1.5	1	20
碘酸钾		—	—	20
发泡剂	十二烷基苯磺酸钠	1	—	—
	醋酸纤维素	—	0.1	—
	季铵化物	—	—	10
稳泡剂	羧甲基纤维素钠	0.25	—	—
	聚乙烯吡咯烷酮	—	10	—
	海藻酸钠	—	—	1
水		15	10	19
有机溶剂	乙醇	70.25	—	—
	丙三醇	—	27.4	—
	丙二醇	—	—	20

制备方法

(1) 将水杨酸溶解于部分水中得到溶液Ⅰ，将碘与碘化钾、碘酸钾溶解于剩余水中得到溶液Ⅱ；

(2) 将步骤 (1) 中的溶液Ⅰ与溶液Ⅱ混合得到溶液Ⅲ；

(3) 将发泡剂与稳泡剂加入步骤 (2) 得到的溶液Ⅲ中，并加入有机溶剂；

(4) 将步骤 (3) 得到的消毒剂原液或经稀释后注入发泡装置，在发泡装置内加入 3%～10%的推进剂进行封装后即可使用。

原料介绍 所述推进剂为丙烷或丁烷。

产品应用 本品是一种水杨酸碘泡沫型消毒剂。

产品特性 本品具有附着力强、消毒时间持续更久、消毒效果更彻底的特性；泡沫型消毒剂省时省力，用量少，无残留，节约成本，更环保；半衰期长，消毒杀菌效果好。

配方 99 戊二醛泡沫消毒剂

原料配比

原料			配比(质量份)				
			1#	2#	3#	4#	5#
泡沫剂		去离子水	30	30	10	30	30
	主发泡剂	壬基酚聚氧乙烯醚	20	—	20	—	—
		十二烷基酚聚氧乙烯醚	—	22	—	—	—
		多聚十二烷基葡萄糖苷	—	—	—	20	20
	辅助发泡剂	十二烷基苯磺酸钠	10	—	—	—	—
		十二烷基硫酸钠	—	11	—	10	10
		十二烷基磺酸钠	—	—	10	—	—
	稳泡剂	十二醇	2	—	—	—	—
		异辛醇	—	3	—	—	—
		辛醇	—	—	0.5	2	2
	增泡剂	黄原胶	3	4	—	—	—
		汉生胶	—	—	3	3	3
	抗冻剂	乙二醇	5	—	5	5	5
		异丙醇	—	2	—	—	—
戊二醛			2	3	1	1	—
去离子水			加至 100	加至 100	加至 100	加至 100	加至 100
pH 调节剂			适量	适量	适量	适量	适量

制备方法

(1) 先将去离子水加热到 40～60℃，然后依次加入主发泡剂、辅助发泡剂。

(2) 加入稳泡剂、增泡剂以及抗冻剂，搅拌溶解；加入 pH 调节剂，将 pH 值调节至 2～4 后，冷却至室温；加入戊二醛，制得所述戊二醛泡沫消毒剂。

产品应用 本品是一种戊二醛泡沫消毒剂。

所述戊二醛泡沫消毒剂在使用时，按以下质量分数与水进行混合：戊二醛泡沫消毒剂 0.5%～3%；水 97%～99.5%。

产品特性

(1) 本品采用不与戊二醛发生化学反应的各种发泡剂和助剂制备而成，所制备的戊二醛泡沫消毒剂中戊二醛的含量在一年内降低率不超过 1%，其可稳定保存，并且有效提高了泡沫剂的清洁能力，具有极佳的实用性。

（2）本品无须将组分独立包装，其混合在一起不会发生化学反应，可以在室温下稳定保存，只需按比例与水混合即可使用，操作方便，且保存方法简便。

配方 100　含碘消毒剂

原料配比

<table>
<tr><td rowspan="2">原料</td><td colspan="2">配比(质量份)</td></tr>
<tr><td>1#</td><td>2#</td></tr>
<tr><td>乙醇</td><td>520</td><td>520</td></tr>
<tr><td>碘</td><td>45</td><td>55</td></tr>
<tr><td>PVP-K30</td><td>350</td><td>450</td></tr>
<tr><td>水</td><td>加至 1000</td><td>加至 1000</td></tr>
<tr><td>pH 调节剂乙酸钠</td><td>15</td><td>20</td></tr>
<tr><td>稳定剂碘酸钾</td><td>3</td><td>4</td></tr>
</table>

制备方法　取乙醇，加热至40～80℃，加入碘，搅拌至碘全部溶解；加入PVP-K30，使其与碘的乙醇溶液混合均匀，40～80℃下搅拌，用湿润的淀粉试纸在瓶口测试，如不再变蓝说明碘已充分络合，此时继续搅拌，蒸发乙醇；加水，搅拌30min后，加pH调节剂和稳定剂，得到消毒剂。

产品应用　本品是一种含有聚维酮碘的消毒剂。

产品特性

（1）合成工艺简单，易于操作，生产效率高，与合成聚维酮碘粉相比所用设备少、工艺路线短、成本低；

（2）使用方便，加水稀释时不会出现结块、损耗大的情况；

（3）稳定性更好，产品的存储时间更长。

配方 101　复方消毒剂

原料配比

<table>
<tr><td colspan="3" rowspan="2">原料</td><td colspan="4">配比(体积份)</td></tr>
<tr><td>1#</td><td>2#</td><td>3#</td><td>4#</td></tr>
<tr><td colspan="3">复方戊二醛溶液</td><td>5</td><td>5</td><td>5</td><td>5</td></tr>
<tr><td colspan="3">发泡剂</td><td>1</td><td>1</td><td>1</td><td>1</td></tr>
<tr><td rowspan="7">复方戊二醛溶液</td><td colspan="2">戊二醛</td><td>15</td><td>15.6</td><td>15.2</td><td>16</td></tr>
<tr><td colspan="2">大蒜素母液</td><td>10</td><td>11</td><td>10.8</td><td>12</td></tr>
<tr><td colspan="2">苯扎氯铵</td><td>7</td><td>7.4</td><td>7.7</td><td>8</td></tr>
<tr><td>双链季铵盐一</td><td>双癸基甲基羟乙基氯化铵 DEQ</td><td>5</td><td>5.5</td><td>5.3</td><td>6</td></tr>
<tr><td>双链季铵盐二</td><td>双烷基二甲基氯化铵</td><td>4</td><td>4.6</td><td>4.3</td><td>5</td></tr>
<tr><td>非离子表面活性剂一</td><td>脂肪醇聚氯乙烯醚 AEO-9</td><td>8</td><td>8.5</td><td>8.4</td><td>9</td></tr>
<tr><td>非离子表面活性剂二</td><td>壬基酚聚氧乙烯醚，为烷基酚聚氧乙烯醚 TX-10</td><td>2</td><td>3</td><td>3.2</td><td>4</td></tr>
<tr><td>复方戊二醛溶液</td><td colspan="2">去离子水</td><td>加至 1000</td><td>加至 1000</td><td>加至 1000</td><td>加至 1000</td></tr>
<tr><td rowspan="2">发泡剂</td><td colspan="2">70%癸甲溴铵溶液</td><td>4</td><td>4</td><td>3.5</td><td>3</td></tr>
<tr><td colspan="2">聚氧乙烯醚双乙酸酯基双季铵盐</td><td>1</td><td>1</td><td>1</td><td>1</td></tr>
</table>

制备方法

(1) 将复方戊二醛溶液的各组分混合，得到复方戊二醛溶液；将70%癸甲溴铵溶液和聚氧乙烯醚双乙酸酯基的双子季铵盐混合，得到发泡剂；

(2) 将复方戊二醛溶液和发泡剂按照体积比5∶1混合，调节pH值至3.0～4.0，即得所述消毒剂。

原料介绍

复方戊二醛溶液各组分的混合包括以下步骤：

(1) 将戊二醛、大蒜素母液、非离子表面活性剂一和非离子表面活性剂二混合搅拌，使其混合均匀并完全溶解，静置，得到混合液一；

(2) 向混合液一中加入苯扎氯铵、双链季铵盐一和双链季铵盐二，搅拌，得混合液二；

(3) 向混合液二中加入去离子水至1000（体积份），得到复方戊二醛溶液。

产品应用 本品是一种复方消毒剂。

产品特性

(1) 将戊二醛、两种双链季铵盐和两种非离子表面活性剂配合使用，起到协同作用，效果相互增强，杀菌全面，对细菌、病毒、支原体、芽孢等均有很好的杀菌效果；

(2) 将复方戊二醛溶液与发泡剂配合使用，发泡剂由癸甲溴铵和聚氧乙烯醚双乙酸酯基的双子季铵盐复配制成，很好地改善了戊二醛与单链季铵盐、双链季铵盐配合使用中苯扎氯铵低温有结晶析出的缺点，极大地提高了消毒剂的消毒效果及稳定性，亦改善了养殖场设备易被消毒剂腐蚀的缺陷；

(3) 本品能完全杀灭病原微生物，并且对金属制品、塑料制品、橡胶制品无腐蚀作用，药效时间长、环保，属于安全、高效、绿色的新型泡沫消毒剂。

配方102 含中药提取物的牲畜养殖场用消毒剂

原料配比

原料		配比(质量份)			
		1#	2#	3#	4#
中药提取物	艾叶提取物	1	1	1	1
	苍术提取物	1	1	1	1
纯度为99%的冰醋酸		1(体积份)	1.2(体积份)	1.3(体积份)	1.5(体积份)
中药提取物		100	150	100	150
水		加至1000(体积份)	加至1000(体积份)	加至1000(体积份)	加至1000(体积份)

制备方法

(1) 制备艾叶提取物；

(2) 制备苍术提取物；

(3) 将步骤(1)制备的艾叶提取物和步骤(2)制备的苍术提取物混合后得到中药提取物，优选将所述艾叶提取物与苍术提取物以质量比1∶1混合；

(4) 将适量的纯度为99%冰醋酸、步骤(3)得到的中药提取物与水混匀，使得所述冰醋酸的浓度为0.1%～0.15%（体积分数），所述中药提取物的浓度为100～150mg/mL，从而制得消毒剂。

原料介绍

所述的艾叶提取物是通过以下步骤制备的：

（1）将艾叶原药材在60%乙醇中浸泡2h，然后采用稀乙醇回流提取，再以60%乙醇重复提取3次并过滤，每次提取1.5h，合并滤液得到第一艾叶提取液。所述60%乙醇的体积优选所述艾叶原药材体积的8倍。

（2）将步骤（1）得到的第一艾叶提取液进行过滤，将过滤后的第一艾叶提取液进行浓缩，浓缩得到室温下相对密度为1.10～1.20的艾叶清膏。所述的浓缩是通过真空浓缩罐进行减压浓缩实现的，以低于60℃的温度进行浓缩。

（3）将适量的水与步骤（2）所述的艾叶清膏混合，搅匀，静置2h，过滤，得到第二艾叶提取液。所述水的体积优选所述艾叶清膏体积的4倍。

（4）将步骤（3）得到的第二艾叶提取液浓缩，得到艾叶浓缩液，再将所述浓缩液干燥，即得艾叶提取物。所述的浓缩是通过真空浓缩罐进行减压浓缩实现的；所述的将艾叶浓缩液干燥是通过离心喷雾器实现的。

所述的苍术提取物是通过以下步骤制备的：

（1）将苍术原药材在60%乙醇中浸泡2h，然后采用稀乙醇回流提取，再以60%乙醇重复提取3次并过滤，每次1.5h，合并滤液得到第一苍术提取液。所述60%乙醇的体积优选所述苍术原药材体积的8倍。

（2）将步骤（1）得到的第一苍术提取液进行过滤，将过滤后的第一苍术提取液浓缩，浓缩得到室温下相对密度为1.10～1.20的苍术清膏。所述的浓缩是通过真空浓缩罐进行减压浓缩实现的，以低于60℃的温度进行浓缩。

（3）将适量的水与步骤（2）所述的苍术清膏混合，搅匀，静置2h，过滤，得到第二苍术提取液。所述水的体积优选所述苍术清膏体积的4倍。

（4）将步骤（3）得到的第二苍术提取液浓缩，得到苍术浓缩液，再将所述苍术浓缩液干燥，即得苍术提取物。所述的浓缩是通过真空浓缩罐进行减压浓缩实现的；所述的将苍术浓缩液干燥是通过离心喷雾器实现的。

产品应用 本品是用于牲畜养殖场或禽类养殖场的消毒抗菌、杀灭蚊蝇及其幼虫的复合型消毒剂。

使用方法：配制消毒液的水温一般控制在30℃左右，冬季喷雾前应事先提高舍温3～4℃，喷雾时应关闭门窗。为减少应激反应可选择在傍晚光线较暗时进行，消毒器械一般选用雾化效果好的自动喷雾装置或高压动力喷雾器，雾滴直径应控制在80～120μm，喷雾时喷雾器喷头直接喷到粪便（尤其是含有蝇蛆或蝇卵的粪便）、污染的地面或墙面，并将粪便喷湿润，但不要存水，地面和墙面喷湿润为止。

产品特性 本品具有消毒、杀菌、清新空气以及杀灭蚊蝇及其幼虫、虫卵的功效，并且在使用中对牲畜和禽类无毒无害。另外，本品还有利于改善牲畜或禽类养殖场的空气环境。本品配制简便、使用方便，有利于维护牲畜和禽类的健康，有效地降低了养殖场的运营成本。

配方 103 含有氯己定和中药提取液的消毒剂

原料配比

原料		配比(质量份)		
		1#	2#	3#
三氯羟基二苯醚		16	20	18
氯己定		12	15	12
山梨醇		10	12	11
中药液		8	10	10
磷酸二氢钠		5	8	6
羟基亚乙基二膦酸		3	5	3
中药液	丹皮	10	20	15
	红背酸藤	10	16	12
	马尾连	7	13	8
	茯苓	3	5	5
	艾草	10	15	12
	金银花	10	15	12
	穿心莲	5	8	6
	知母	2	5	3
	蒸馏水	适量	适量	适量

制备方法 将各组分原料混合均匀即可。

原料介绍 所述中药液的制备方法为：将丹皮、红背酸藤、马尾连、茯苓、知母用蒸馏水浸泡2～3h，之后煮沸至80～90℃；静置25～35min，得到浸泡液，之后再向浸泡液中加入艾草、金银花、穿心莲，浸泡45～55min后，得到中药液。

产品应用 本品是一种含有氯己定和中药提取液的消毒剂。

产品特性 在消毒剂中加入了中药液，可利用中药液的特殊性质有效杀灭养殖棚中存在的病菌，实现良好的消毒效果，消毒后不易有病菌残留，降低牲畜的发病率。

配方 104 消毒剂的组合物

原料配比

原料			配比(质量份)		
			1#	2#	3#
醛类	戊二醛		5	—	15
	邻苯二甲醛		—	2	—
双胍类	醋酸氯己定		0.6	1	—
	聚六亚甲基胍		—	—	0.6
季铵盐	十二烷基二甲基苄基溴化铵		8	—	—
	十二烷基二甲基苄基氯化铵		—	15	—
	双十二烷基二甲基氯化铵		—	—	5
	环己基甲基二甲氧基硅烷		0.01	—	—
	二甲基二烯丙基氯化铵		0.01	—	—
载体	脂肪醇聚氧乙烯醚		2	3	1
	松节油		2	2	3
	萜品醇		2	2	3
	螯合剂	乙二胺四乙酸二钠	0.01	—	0.01
		乙二胺四乙酸	—	0.05	—
	缓蚀剂	偏磷酸钠	1	0.05	1
		偏磷酸钾	—	0.05	—
	去离子水		加至100	加至100	加至100

制备方法

(1) 取全量40%～70%体积的去离子水，加入2～15份醛类，搅拌均匀；

(2) 向步骤(1)液体中加入0～15份季铵盐及1～3份脂肪醇聚氧乙烯醚，搅拌均匀；

(3) 向步骤(2)液体中加入2～3份松节油、2～3份萜品醇、0.6～1份双胍类，搅拌均匀，用冰醋酸调pH值至3.0～7.0；

(4) 向步骤(3)液体中加入0.01～0.1份螯合剂及0.05～1份缓蚀剂，去离子水加至全量，搅拌均匀，过滤，灌装，即得。

产品应用 本品主要用于畜禽养殖场所消毒，使用时以1∶1000用水稀释。

产品特性

(1) 本品无毒、无腐蚀，刺激性小且杀菌效果好，有效抑制细菌繁殖。

(2) 本品成分中醛类杀菌力强，对细菌、芽孢、病毒、霉菌等均有杀灭能力。

(3) 本品为水溶液，可方便用于畜禽环境消毒、设备等的消毒。

配方 105 新型畜禽消毒剂

原料配比

原料	配比(质量份)		
	1#	2#	3#
石灰	13	10	15
福尔马林	16	20	10
次氯酸钠	10	8	12
硫黄	13	20	10
强氯精	6	5	9
雄黄	38	50	30
百毒杀	12	10	20

制备方法 将各组分原料混合均匀即可。

产品应用 本品是一种新型畜禽消毒剂。

使用方法：将上述组分按比例混匀，然后用水稀释至(1∶80)～(1∶150)，每日喷洒畜禽身上两次，连续3～5天，能降低发病率，改善畜禽生长环境。

产品特性 本品对畜禽发病有强力消毒杀菌作用，平时可用来预防，发病时可用来控制病情。组成合理，效果好。采用本新型畜禽消毒剂，经过3～5天连续喷洒，每天早晚各一次，在发病高峰期，畜禽发病率同比没有喷洒的得到明显降低，由10%下降为2%。

配方 106 新型含碘水杨酸醇消毒剂

原料配比

原料	配比(质量份)				
	1#	2#	3#	4#	5#
水杨酸	12	13.5	10	16	19
聚维酮碘	23.5	15.5	14.5	12	28
乙醇	18	15	15	20	20
渗透剂	1.5	1.0	2.5	2	3
水	45	55	58	50	30

制备方法

(1) 首先将聚维酮碘溶解在乙醇中，然后将其转移至反应釜中。

(2) 再向反应釜中加入水杨酸，充分搅拌使其溶解。

(3) 最后加入水和渗透剂，继续搅拌混合 1～2h，成为均相澄明的液体即可。

原料介绍

所述渗透剂为非离子渗透剂或阴离子渗透剂。可以在本品中使用的非离子渗透剂包括脂肪醇聚氧乙烯醚、脂肪酸聚氧乙烯醚和吐温系列等；对于阴离子渗透剂，可以使用的实例包括渗透剂 OEP-70、渗透剂 AEP98 等。其中，所述渗透剂优选脂肪醇聚氧乙烯醚。

产品应用 本品主要用于畜禽、水产养殖和公共场所的消毒。

产品特性

(1) 使用水杨酸和聚维酮碘进行复配，具有杀菌谱广、杀菌能力强、作用速度快、稳定性好且对环境友好、对人和动物安全、对环境污染程度低的特点。

(2) 本品储存稳定性好，其制备方法简单，生产成本低，产品具有广泛的使用价值。

(3) 产品中添加了强效渗透剂，可加速消毒剂的分散进程，促进药物吸收，对亲水性和疏水性的化合物都能增强其透皮作用，一般在低浓度下即可起到显著效果。

配方 107 新型兽用复方消毒剂

原料配比

原料		配比(质量份)					
		1#	2#	3#	4#	5#	6#
竹叶提取物		2	3	1.5	1	2.5	1
丝兰提取物		1.5	0.5	2	1	1	2
3-甲基-4-异丙基苯酚		0.35	0.4	0.5	0.2	0.4	0.5
柠檬精油		1	0.8	1.2	0.4	0.7	1
双胍类	聚亚己基双胍盐酸盐	3	—	0.5	—	—	—
	聚亚己基双胍	—	0.2	—	0.3	0.5	0.4
单链季铵盐	十四烷基二甲基苄基氯化铵	8	—	—	10	—	8
	十二烷基二甲基苄基氯化铵	—	8	—	—	—	—
	十二烷基二甲基苄基溴化铵	—	—	5	—	5	—
双链季铵盐	2-(2-苯氧基乙氧基)乙基三甲基氯化铵盐	4	—	—	—	—	—
	2-(2-苯氧基乙氧基)乙基三甲基氯化铵	—	5	—	3	4	—
	双十八烷基二甲基氯化铵	—	—	6	—	—	6
乙醇		12	15	12	8	14	10
去离子水		加至100	加至100	加至100	加至100	加至100	加至100

制备方法 将 3-甲基-4-异丙基苯酚、柠檬精油加入乙醇中，搅匀；加入去离子水，搅匀后依次加入双胍类、单链季铵盐、双链季铵盐、竹叶提取物、丝兰提取物，边加边搅拌，直至溶液澄清，过滤、灌装，即得。

产品应用 本品是一种新型兽用复方消毒剂，用于金黄色葡萄球菌、大肠杆菌、溶血性链球菌、链多杀性巴氏杆菌及蜡样芽孢杆菌的杀灭和消毒。

产品特性

(1) 本品对多种致病菌具有优异的杀菌效果，低毒、安全环保；具有独特香气，可有效去除畜禽养殖场所中的不良气味，产品稳定，可长期保存。

(2) 本品具有独特香气，制备以及使用时都无须进行 pH 值调节，使用方便。

(3) 本品对大肠杆菌、金黄色葡萄球菌、蜡样芽孢杆菌即使在较大稀释倍数的情况下，仍然具有优异的杀菌效果。

配方 108 阳离子表面活性剂复合消毒剂

原料配比

原料	配比(质量份)		
	1#	2#	3#
氯化 *N*-十二烷基-2-(吡啶-1-基)乙酰胺	0.7	0.4	0.2
醋酸氯己定	0.4	0.5	0.6
戊二醛	0.4	0.5	0.6
十八烷基三甲基氯化铵	0.4	0.5	0.6
乙醇	150(体积份)	150(体积份)	150(体积份)
灭菌去离子水(溶剂)	加至 1000(体积份)	加至 1000(体积份)	加至 1000(体积份)

制备方法

(1) 在室温下，称取醋酸氯己定加入乙醇中，搅拌均匀至完全溶解，静置 10min；

(2) 称取十八烷基三甲基氯化铵，加入灭菌去离子水混匀，备用；

(3) 将戊二醛加入灭菌去离子水中使其完全溶解，静置 10min；

(4) 将配制的戊二醛溶液与配制的十八烷基三甲基氯化铵混合至完全溶解，静置 10min；

(5) 称取氯化 *N*-十二烷基-2-(吡啶-1-基)乙酰胺加入灭菌去离子水中混匀，备用；

(6) 将上述五个步骤配制的溶液混合，室温保存待用。

产品应用 本品是一种阳离子表面活性剂复合消毒剂。

使用方法：将复合消毒剂原液用无菌去离子水稀释 32 倍，普通消毒 1～2min，灭菌作用 10min，应用于包括畜舍地面或一般物体表面的清洗消毒。

产品特性

(1) 本品在较低浓度下具有杀菌谱广、高效的优点，适用于畜禽、畜舍和一般物体表面清洗消毒，并且本品的使用浓度低，价廉，杀菌效果突出，特别是对革兰氏阳性菌，用途广泛。

(2) 本品浓度低、易分解、无刺激性、稳定性强、杀菌迅速、效果突出，对于大肠杆菌、沙门氏菌、链球菌和金黄色葡萄球菌在 1min 时间内即可达到消毒要求，杀菌率均为 100%。同时，低浓度的复配消毒剂也降低了高剂量的成本。

配方 109　养殖场消毒剂

原料配比

原料	配比(质量份)				
	1#	2#	3#	4#	5#
阿魏	100	100	100	100	100
陈皮	80	75	77	70	85
黄芪	150	145	155	160	140
玉叶金花	180	195	190	175	160
荆芥	190	195	185	180	200
泽兰	220	215	210	225	200
苍耳子	160	170	175	165	155
茅草根	165	160	165	150	160
山豆根	110	115	105	115	11
甜菊叶	125	120	120	130	125
槐花	255	260	270	275	280
95%乙醇	适量	适量	适量	适量	适量
去离子水	适量	适量	适量	适量	适量

制备方法

(1) 将原料分别粉碎、过筛后混匀，得混合料；

(2) 将混合料加入5～9倍质量的去离子水，加热至95～100℃，煎煮2～4h；

(3) 过滤，收集滤液，滤渣加入5～7倍质量的95%乙醇，加热至50～70℃，煎煮2～4h；

(4) 过滤，合并滤液，滤液浓缩至无醇味，即得养殖场消毒剂。

产品应用　本品是一种养殖场消毒剂。

使用方法：每天给养殖场的动物稀释2倍饮用，1天3次，连续10天。

产品特性　本品能够预防疾病，且阿魏和茅草根具有协同作用。

配方 110　养殖场用泡沫清洗消毒剂

原料配比

原料	配比(质量份)		
	1#	2#	3#
月苄三甲氯铵	12	12	12
发泡剂	1	2	5
瓜尔胶	0.05	0.1	0.5
清洗剂	1	2	5
EDTA	0.01	0.03	0.05
去离子水	加至100	加至100	加至100

制备方法　将各组分原料混合均匀即可。

原料介绍

所述月苄三甲氯铵，含量不低于83%。

所述发泡剂为新型Gemini表面活性剂，含量35%。

所述瓜尔胶是一种水溶性高分子聚合物，其化学名称为瓜尔胶羟丙基三甲基氯化铵。

所述清洗剂为改性异构醇聚氧乙烯醚。

产品应用 本品是一种适用于养殖场的泡沫清洗消毒剂。

使用方法：将消毒剂与水混合后，通过高压泡沫喷射器喷出泡沫，消毒自上而下，使消毒物体表面均匀附着一层消毒泡沫即可；消毒泡沫必须静置1h以上，消毒完毕后用高压清水将残余泡沫冲洗干净。喷洒时，按与水1：300稀释。

产品特性

(1) 本品能以泡沫形式较长时间地停留在被清洗消毒物体的表面，起到润湿、渗透、清洗的作用，同时提高杀菌消毒能力，并且消毒后极易清洗。清洗、消毒更彻底，泡沫半衰期≥60min，泡沫稳定、持续时间可达1h，挂壁效果、渗透性好，可对消毒面全覆盖，使消毒剂分布均匀，能够对有倾斜角度的物体表面或垂直物体表面进行泡沫覆盖的清洗消毒，有效提升了消毒效果，消毒后极易清洗。

(2) 无毒、无害、使用安全、环保高效，使用过程中对人畜无刺激。

配方 111 养殖场用泡沫型消毒剂

原料配比

原料		配比(质量份)				
		1#	2#	3#	4#	5#
醛类	戊二醛	5	5	5	10	5
活性氯	复合二氧化氯	5	5	—	—	—
	次氯酸钠	—	—	10	5	—
	复合二氧化氯及二氯异氰尿酸钠	—	—	—	—	10
	癸甲溴铵	5	5	—	—	—
发泡剂	皂角素	—	15	—	—	—
	茶皂素	—	—	—	25	—
	烷基多糖苷	—	—	15	—	—
	松香聚氧乙烯酯	—	—	10	—	—
	脂肪醇聚氧乙烯醚(AEO-7)	0.5	10	—	—	—
	脂肪醇聚氧乙烯醚硫酸钠	25	15	15	—	—
	十二烷基苯磺酸钠	—	8	—	—	—
	烷基多糖苷及皂角素	—	—	—	—	40
强化剂	吐温80	1.5	—	—	—	—
	丙二醇	—	—	2.5	2.5	—
	正十二烷	—	1.5	—	—	—
	海藻酸钠	—	0.2	—	—	—
	吐温80及甘油	—	—	—	—	1
缓冲剂	Na_2HPO_4	0.1	0.1	0.1	—	—
	NaH_2PO_4	0.1	0.1	—	—	—
	Na_2CO_3	—	—	—	0.1	—
	$NaHCO_3$ 及 Na_2HPO_4	—	—	—	—	0.5
水		加至100	加至100	加至100	加至100	加至100

制备方法 按原料配比称取各组分并混合均匀，即制得所述的消毒剂。

产品应用 本品主要用于养殖场圈舍、器具等清洗与消毒。

使用方法：将消毒剂与水按照1：（100～1000）的体积比混合，用于养殖场消毒。消毒剂除具有消毒作用外，还具有净味、清洗功能。使用时，将消毒剂与水混合后，通过高压泡沫喷射器喷出泡沫。

产品特性

（1）本品与高压泡沫喷射器配合使用，发泡倍数达100倍以上，泡沫半衰期≥15min，可对消毒面全覆盖，不留死角与空白，使消毒剂均匀分布；可延长消毒剂与消毒面接触时间，从而增强消毒效果，同时可节约用水。此外，本品还具有净味、清洗功效，适用于养殖场圈舍、器具等清洗与消毒。

（2）可以吸附、分解氨气、硫化氢、二氧化硫等刺激性气体，净化养殖场圈舍空气。

（3）在使用时，单位面积用水量小，可节约水资源。

（4）使用后可生物降解，不污染环境。

配方112　养殖业用草药提取物消毒剂

原料配比

原料	配比(体积份)		
	1#	2#	3#
大蒜提取液	2.5	3	3.5
鱼腥草提取液	23.5	2.5	1.5
马齿苋提取液	2	2	1.5
艾叶、银杏叶、青蒿(1：1：1)提取液	1.5	1.5	1.5
松枝叶提取液	1.5	1	2

制备方法　将各中药提取液按原料配比进行混合，即将各中药提取液以体积比混合摇匀，成初配液。低温下避光储存备用。

（1）所述大蒜提取液的制备：

① 原料预处理：将新鲜大蒜籽除杂去皮后，用清水洗净。

② 制浆：将①中得到的干净大蒜籽在绞碎器内高速绞碎2min，打成匀浆；挤出大蒜汁，过滤2次，滤液用洁净容器装好备用。

③ 滤渣按料水质量比（1：10）～（1：15）加入去离子水，室温下（25～30℃）浸提3～5h。

④ 过滤：将③中得到的浸提液进行过滤，滤液备用。

⑤ 滤液混合：将②中得到的初滤液与④中得到的浸提后的滤液混合。

⑥ 储藏备用：将⑤中得到的混合滤液盛于干净的器皿中，密封避光于低温下保存。

（2）所述鱼腥草提取液的制备：

① 原料的取样：将新鲜的鱼腥草全部植株（含地上部、地下部）用水清洗干净，去杂并凉干。

② 制浆：将①中得到的鱼腥草植株用干净剪刀剪成小段，再打成匀浆。

③ 以石油醚为浸提溶剂，鱼腥草浆料提取工艺条件为料液比（1：15）～（1：25）、提取温度约50℃、提取时间约4h（或者以去离子水为浸提溶剂，鱼腥草浆料

提取工艺条件为料液比 1∶15、提取温度约 60℃、提取时间约 4h。

④ 过滤：将③中得到的提取液过滤。

⑤ 储藏备用：将④中得到的滤液盛于干净的器皿中于常温（室温）下密封保存即可。鱼腥草提取物具有热稳定性，环境中温、湿度的变化对其抑菌能力没有影响，可常温下保存。

(3) 所述马齿苋提取液的制备：

① 原料预处理：将马齿苋新鲜植株除杂并冲洗干净，晾干。

② 制浆：将①中得到的马齿苋鲜样打成匀浆。

③ 将②中得到的匀浆，按（1∶10）～(1∶15) 的体积比加入 70%乙醇试剂反复搅匀或摇匀，静置约 2～3h，即用 70%乙醇进行浸泡提取杀菌活性物质黄酮类化合物，得乙醇提取液。

④ 过滤：将③中得到的提取液静置澄清后进行过滤，得滤液。

⑤ 储藏备用：将④中得到的滤液盛于干净的器皿中避光、低温保存。

(4) 所述艾叶、银杏叶、青蒿提取液的制备：

① 原料预处理：将所取的艾叶地上部新鲜茎叶、青蒿新鲜植株、银杏新鲜叶片除杂、洗净，稍晾干后备用。

② 制浆：将①中得到的 3 种中药原材料用干净剪刀剪碎，按质量比 1∶(0. 8～1.2)∶(0. 8～1. 2)混合 3 种中药碎样，然后用制浆机粉碎得混合浆料；加入该混合浆料约 5～10 倍质量的 75%乙醇，充分摇匀，进行浸提，浸提温度约 50～60℃，浸提时间 3～5h。

③ 过滤：将②中得到的浆液进行过滤（采用多层纱布），得滤液。

④ 储藏备用：将③中得到的滤液盛于干净的器皿中避光、低温保存。

(5) 所述松枝叶提取液的制备：

① 原料预处理：将所取的松树新鲜的茎叶（主要为松针、表皮）冲洗干净，稍晾干后备用。

② 捣碎：将①中得到的枝叶材料用干净剪刀剪碎，或用洁净的菜刀剁碎，得到松枝叶药碎样，然后用制浆机粉碎得混合浆料；加入该混合浆料约 5～10 倍质量的 75%乙醇，充分摇匀，进行浸提，浸提温度约 50～60℃，浸提时间 3～5h。

③ 过滤：将②中得到的浆液过滤（采用多层纱布），得滤液。

④ 储藏备用：将③中得到的滤液盛于干净的器皿中避光、低温保存。

原料介绍 所述乙醇优选 50%～80%的乙醇。

产品应用 本品是用于养殖业（家庭养猪、养鸡，稻田养鱼、养鸭等）的草药消毒剂。

使用方法：上述几种植物浸提液，随配随用，不使用时，一般不进行混合；应单独储存。

使用时，将消毒剂原液用 30～50℃的温水按 50 倍稀释，搅拌均匀后，即可喷施。

产品特性

(1) 该消毒剂既达到防治真菌、细菌性病害的目的，又可提高养殖动物（畜、禽、鱼类等）抗病能力，防止疾病的传播；保证养殖动物正常生活秩序，不需转场，可直接在所养殖的场所（如池塘、农田、禽舍）及运输机械和器具上消毒使用；杀灭养殖动物环境中与之接触的物体上的病菌，有效率达85%以上。

（2）本品采用简易制备法，省工省时，方法简便，易于掌握，且制剂不添加任何化学合成成分，有广谱、安全、对环境基本无污染等特点，从总体上避免了由传统农药带来的环境污染问题；生物源消毒剂不会产生抗药性，也不影响禽、畜、鱼类生长，更安全有效地保护环境。

配方 113 养殖业用草药消毒剂

原料配比

原料		配比(质量份)
溶解剂	银杏叶	20～30
	金银花	15～20
	乙醇	50～60
消毒粉	欧绵马	100～110
	猕猴桃根	70～80
	孩儿茶	40～45
	荔枝草	140～160
	铁色箭	40～50
	金沸草	40～50
	商陆	45～55
	蜜桶花	70～80
	空心苋	40～50
	白鹤灵芝	30～40
	杜松实	20～25
	石油醚	适量
香精	薄荷叶提取液	适量

制备方法 将消毒粉加入装有溶解剂的反应釜中，搅拌至全部溶解，再滴入香精，搅拌混合均匀。

原料介绍

所述的溶解剂的加工工艺为将银杏叶和金银花粉碎后加入乙醇中，频率40kHz、功率100W下超声处理30min，再浸泡48h，过滤。

所述的消毒粉的加工工艺为按照原料配比称取各中药组分，并进行粉碎处理至50～100目，采用石油醚浸提3～6h，将所得滤液冷冻干燥后，通过超微粉碎技术粉碎。

所述的香精的加工工艺为将薄荷叶加入锅中，加入其质量1倍的水，加热至20℃后，恒温静置4～5h，然后去渣取汁，得到的汁液即为香精。

产品应用 本品是一种养殖业用草药消毒剂。

产品特性 本品制备方便简单，环保无污染，便于操作，采用中药药剂制成，对家禽无刺激和不良反应，杀菌消毒效果显著，安全可靠，且能杀灭多种病原微生物，杀菌效果非常好，很好地防止家禽被流行性病毒或其他病原微生物所侵害。

配方 114 养殖业用消毒剂

原料配比

原料	配比(体积份)		
	1#	2#	3#
质量分数为 37%的氢氧化钠溶液	28	—	—
质量分数为 42%的氢氧化钠溶液	—	22	—
质量分数为 30%的氢氧化钠溶液	—	—	25
过氧乙酸	4	6	5
氯胺	8	7	6
质量分数为 28%的碳酸氢钠溶液	13	—	—
质量分数为 36%的碳酸氢钠溶液	—	15	—
质量分数为 43%的碳酸氢钠溶液	—	—	16
无水乙醇	5	7	10
质量分数为 53%的煤酚皂水溶液	16	—	—
质量分数为 47%的煤酚皂水溶液	—	18	—
质量分数为 50%的煤酚皂水溶液	—	—	14

制备方法 将所述各组分在常温常压下搅拌一定时间，分装、塑封即得到所述消毒剂。搅拌时间为 1～1.5h。

产品应用 本品是一种养殖业用消毒剂。

产品特性 本品组分价格低廉，使消毒剂总体成本降低，消毒效果好，只需少量的消毒剂就能达到很好的用药效果，且用药效率高，对养殖的牲畜、鱼类等无不良反应，不会造成毒素积累。

配方 115 养殖用消毒剂

原料配比

原料	配比(质量份)		
	1#	2#	3#
穿心莲	2.5	1.5	1.5
千里光	2.5	1.5	2.5
蒲公英	5	3	5
青蒿	30	20	30
金银花	15	10	10
白头翁	3	1	1
艾叶	30	15	15
黄连	5	2	5
黄柏	2.5	1.5	2.5
雄黄	3	2	3
信石	2	0.6	2
青黛	3	2	3
黏合剂	适量	适量	适量

制备方法

(1) 将穿心莲 1.5～2.5 份、千里光 1.5～2.5 份、蒲公英 3～5 份、青蒿 20～30 份、金银花 10～15 份、白头翁 1～3 份、艾叶 15～30 份混合均匀，粉碎至 14～40

目，得到混合粉末；

(2) 将黄连 2～5 份、黄柏 1.5～2.5 份、雄黄 2～3 份、信石 0.6～2 份、青黛 2～3 份分别粉碎至 100～120 目，得到混合粉末；

(3) 按等量递增法将步骤 (1) 与步骤 (2) 中得到的粉末逐步混合均匀，加入淀粉糊、榆皮面作为黏合剂，压制成饼状物。

产品应用 本品是一种养殖用消毒剂。

产品特性

(1) 本品适用于熏治鸡新城疫和鸡法氏囊病，属于空气消毒灭菌剂。除用于对病鸡群的紧急治疗外，也可采用小剂量定期熏烟，达到预防消毒的目的。

(2) 本品原料易得，配比科学，工艺简单易控，适合规模化生产；使用方便，治疗预防效果理想，安全可靠。

配方 116 养殖用草药消毒剂

原料配比

原料	配比(质量份)				
	1#	2#	3#	4#	5#
艾叶	20	35	26	25	30
金银花	20	10	12	15	18
蒲公英	10	18	14	14	14
冬凌草	15	6	8	10	12
大青叶	10	3	7	5	8
菌成	5	16	12	8	10
50%～70%乙醇	适量	适量	适量	适量	适量
乙酸乙酯与石油醚混合溶剂	适量	适量	适量	适量	适量
去离子水	适量	适量	适量	适量	适量
石油醚	适量	适量	适量	适量	适量

制备方法

(1) 将艾叶、大青叶混合粉碎挤压得到混合物，加入混合物质量 5～8 倍的 50%～70%乙醇，在 50～60℃提取 3～4h，过滤，收集滤液，得到艾叶和大青叶的提取液 A；

(2) 将金银花、蒲公英、冬凌草混合粉碎打成匀浆，以去离子水为溶剂，按照料液质量比 (1∶10)～(1∶20) 的比例，在 70～80℃提取 2～3h，过滤，收集滤液，得到金银花、蒲公英、冬凌草的提取液 B；

(3) 将菌成粉碎打成匀浆，以石油醚为溶剂，按照料液质量比 (1∶15)～(1∶20) 的比例，在 40～50℃提取 2～3h，过滤，收集滤液，得到金银花、蒲公英、冬凌草的提取液 C；

(4) 将提取液 A、提取液 B、提取液 C 混合并用乙酸乙酯与石油醚混合溶液进行重结晶，得到产品。

原料介绍 所述乙酸乙酯与石油醚混合溶剂中乙酸乙酯与石油醚的体积比为 (1∶3)～(1∶5)。

产品应用 本品是一种养殖用草药消毒剂。

产品特性 该消毒剂使用多种草药成分，绿色无毒，性质稳定，杀毒迅速持久，安全性高。本品制备方法简单，省时省力，采用多种纯天然的草药，未添加多余的化学杀毒成分，避免了环境污染问题，不会影响畜禽的养殖。该消毒剂可以达到杀灭真菌、细菌的功效，又可提高畜禽的免疫能力，防止疾病的传播和扩散。

配方 117 用于牲畜养殖的消毒剂

原料配比

原料		配比(质量份)		
		1#	2#	3#
柠檬酸		25	30	18
硫酸钠		12	15	12
山梨醇		10	12	11
中药液		8	10	10
四硼酸钠		5	8	6
食盐		4	6	6
甲硝唑		3	5	3
中药液	车前草	5	8	8
	板蓝根	10	25	12
	栀子	5	8	8
	茯苓	3	5	5
	艾草	10	15	6
	秦皮	8	8	5
	穿心莲	5	8	6
	知母	2	5	3
	去离子水	适量	适量	适量

制备方法 将各组分原料混合均匀即可。

原料介绍 所述中药液的制备方法为：将车前草、板蓝根、栀子、茯苓、知母加水浸泡 2～3h，煮沸至 80～90℃；静置 25～35min，得到浸泡液 A；向浸泡液中加入艾草、秦皮、穿心莲，浸泡 45～55min，得到中药液。

产品应用 本品是一种用于牲畜养殖的消毒剂。

产品特性 本品具有良好的杀菌功效，而且刺激性气味小，稳定性强，不会对工作人员的身体健康造成影响，同时可减少对环境的污染。

配方 118 用于屠宰场的喷雾消毒剂

原料配比

原料	配比(质量份)		原料	配比(质量份)	
	1#	2#		1#	2#
羧甲基纤维素钠	6	7	薄荷	10	15
乙二胺四乙酸	8	9	生姜	5	6
莫西沙星	8	9	香附	6	7
三氯羟基二苯醚	10	11	土谨皮	8	9
月桂酸	3	4	大蒜	6	7
液溴	3	4	吸附剂	6	7
液碘	5	6	乙醇	25	30
醋酸	6	7	水	100	120
苯甲酸钠	2	3			

制备方法

(1) 将原料中羧甲基纤维素钠、乙二胺四乙酸、莫西沙星、三氯羟基二苯醚、月桂酸、液溴、液碘、醋酸和苯甲酸钠与水混合搅拌均匀，备用；

(2) 取一煎锅，将原料中的薄荷、生姜、香附、土谨皮和大蒜切碎，放入锅中，加入乙醇，升温至60～80℃，恒温静置60～80min，去渣取汁，备用；

(3) 将原料吸附剂与步骤 (2) 的汁液混合，升温至30～40℃，搅拌30～40min后，与步骤 (1) 的混合溶液混合均匀后，即可得到。

原料介绍 所述的吸附剂为蓖麻油酸锌。

产品应用 本品是一种用于屠宰场的喷雾消毒剂。

用法用量：使用喷雾器，在每100m² 的室内，每天喷施一次，即可。

产品特性 本品工艺流程简洁，原料配比合理，成本低廉，原料易得，原料均纯天然无污染，不含任何有毒成分，制备的消毒喷雾剂，使用效果明显，利于长期使用，便于实际的推广使用。

配方119 植物消毒剂

原料配比

原料	配比(质量份)			
	1#	2#	3#	4#
四季青	13	16	15	13
金银花	10	14	12	14
板蓝根	6	8	7	6
大青叶	9	13	11	13
穿心莲	15	18	16	15
山豆根	10	18	13	10
大蒜	37	13	26	29
去离子水	适量	适量	适量	适量

制备方法

(1) 按原料配比称取四季青、金银花、板蓝根、大青叶、穿心莲、山豆根及大蒜，去杂、粉碎、混合。

(2) 将步骤 (1) 得到的混合物放入25～30℃的去离子水中浸泡3～4天后进行煎煮，随后冷却、过滤，得过滤液。煎煮温度不低于80℃，煎煮时间30～50min。

(3) 产品分装。

产品应用 本品是一种植物消毒剂。

产品特性

(1) 本品以多种天然草药植物作为原料，对环境没有污染，杀菌效果好，安全无毒、无残留，对人体没有任何危害；制备方法简单，适宜广泛应用。

(2) 本品比较稳定，对金黄色葡萄球菌、大肠杆菌、沙门氏菌属均有良好的杀菌效果，且对人体无害。

配方 120　植物组织消毒剂

原料配比

原料	配比(质量份)	原料	配比(质量份)
$KMnO_4$	10～23	牛油脂肪酸硫酸钠	8～13
烷基芳基磺酸钠	5～9	硫酸钠	7～13
磷酸三钠	14～26	脂肪醇聚氧乙烯	9～24
硅酸钠	11～17	金银花提取液	1～2
羧甲基纤维素	1～7	壳聚糖	0.002～0.006

制备方法　将各组分原料混合均匀即可。

产品应用　本品是一种植物组织消毒剂。

产品特性　本消毒剂采用化学消毒和生物消毒相结合的配方，各个成分协同作用，消毒效果显著，适合各种植物种子以及植物组织的消毒，配制方法简单。

配方 121　草药消毒剂

原料配比

原料		配比(质量份)				
		1#	2#	3#	4#	5#
苍术		3	8	4	7	5
黄芩		8	12	9	11	10
金银花		8	20	13	17	14
苦参		7	13	9	12	11
丁香		12	18	14	16	15
三颗针		5	15	8	12	9
薄荷		15	25	19	24	23
龙胆草		2	10	4	6	5
马尾连		5	10	7	9	8
穿心莲		3	7	4	6	5
板蓝根		8	17	10	15	14
银杏叶		10	20	11	17	13
橘皮		8	15	11	14	12
女贞子		2	5	3	4	3.5
大蒜		6	13	8	12	11
生姜		7	16	9	14	13
壳聚糖		13	25	16	23	19
有机硼酸		7	15	9	12	11
改性蒙脱土		10	30	15	28	22
去离子水		适量	适量	适量	适量	适量
季铵盐	苯扎溴铵	3	—	4	—	6
	苯扎氯铵	—	8	—	7	—

制备方法

(1) 将苍术、黄芩、金银花、苦参、丁香、三颗针、薄荷、龙胆草、马尾连、穿心莲、板蓝根、银杏叶、橘皮、女贞子、大蒜、生姜分别进行粉碎，混合均匀，得中药混合物。

(2) 将步骤 (1) 的中药混合物加去离子水煎煮 1～3 次，每次煮沸 1～2h，收取挥发油和煎煮液，合并煎煮液，过滤，静置24h，吸取上清液，过滤，加入壳聚糖，搅拌混合均匀，得混合液A。加水煎煮加水量为中药混合物质量的4～8倍。

(3) 将季铵盐放进乳化罐乳化后，与步骤 (2) 所得的混合液A混合均匀，加入改性蒙脱土和步骤 (2) 得到的挥发油，放入高速分散机分散20～30min，加入有机硼酸，搅拌混合均匀，得混合液B。高速分散的速度为1700～2200r/min。

(4) 将混合液B过滤或离心脱水后，滤渣在低于80℃下烘干，用气流粉碎机干法粉碎，或将混合液B经喷雾干燥至含水量<10%，即得所述草药消毒剂。

原料介绍

所述改性蒙脱土由以下方法制得：将蒙脱土粉碎至粒径≤1mm，然后浸没到去离子水中，用电动搅拌机搅拌15～25min，转速设定为350～450r/min，然后过滤，将溶质浸没到无机稀酸溶液中水浴热处理1～2h，温度设定在75～85℃之间，再向酸化后的悬浮液中加入分散剂焦磷酸钠充分搅拌，协同超声水热法处理2～3h，后对其进行离心处理，离心之后，取上层悬浮液过滤、干燥，输送到回转式烘干炉内焙烧1～2h即可，焙烧温度为280～400℃。

产品应用 本品是一种用于养殖业的草药消毒剂。

产品特性

(1) 所述草药消毒剂安全无毒、无残留、无刺激、作用速度快、性质稳定，并且具有消毒效率高、杀菌谱广的优点，适合推广。

(2) 本品各原料之间协同作用，制备的消毒剂具有杀菌谱广、作用效力持久、防抗药性、生产成本低、使用安全等优点，且兼有环境除臭功能，能有效地提高养殖业的经济效益。

(3) 本品具有良好的抗（抑）菌功能，对金黄色葡萄球菌、大肠杆菌、沙门氏菌属均有良好的杀菌效果，绿色环保。

配方 122 草药杀菌消毒剂

原料配比

原料	配比(质量份)		
	1#	2#	3#
大黄	26	27	30
艾叶	25	22	22
丹皮	24	20	20
蛇床子	22	20	20
大青叶	23	25	25
苦参	20	22	18
五倍子	30	34	34
去离子水	适量	适量	适量

制备方法

(1) 复方草药的制备：按大黄26～30份、艾叶22～25份、丹皮20～24份、蛇床子20～22份、大青叶23～25份、苦参18～22份、五倍子30～34份比例准确称量草药，混合均匀。

（2）制作提取液：向混合均匀的草药剂中加入2～5倍的去离子水，将其煮沸并在超声波辅助下蒸煮1～2h，降至常温，冷却静置1～2h后过滤，将第一次水煎液取出；再次加入2～5倍的去离子水，将其煮沸，且在超声波辅助下蒸煮1～2h，降至常温，冷却静置1～2h后过滤，将第二次水煎液取出。

（3）浓缩：将两次提取的水煎液过滤后合并，冷藏放置24～30h后，用常规醇沉法浓缩。

（4）沉淀：放置沉淀，取上清液即得消毒剂。

产品应用 本品用作奶牛养殖场消毒。

产品特性

（1）本品绿色环保，无药物残留，消毒杀菌效果稳定可靠，能够有效抑制奶牛养殖场常见的病原微生物，如白色念珠菌、大肠杆菌、链球菌、沙门氏菌、志贺氏菌、小孢子菌等，有利于保障奶牛及工作人员健康和安全，有利于改善奶牛养殖环境。

（2）本草药消毒剂作用15min，对金黄色葡萄球菌的杀灭率达99.9%，作用30min可达100%；对大肠杆菌作用10min以上，杀灭率达100%；对枯草杆菌黑色变种芽孢作用15min以上，杀灭率达99.9%。

配方123 茶树精油兽用天然消毒剂

原料配比

原料	配比(体积份)		
	1#	2#	3#
茶树精油	3	12	5
吐温80	5	20	10
PEG-40	5	20	10
乙醇	10	30	15
去离子水	20	80	60

制备方法

（1）按配方称取各组分：茶树精油3～12份，吐温80 5～20份，PEG-40 5～20份，乙醇10～30份，去离子水20～80份。

（2）将步骤（1）中所称取的茶树精油、吐温80、PEG-40加热至35～37℃，混合，进行搅拌，使其充分溶解。

（3）将步骤（2）中所得混合液搅拌均匀后降温至25℃以下，加入步骤（1）中所称取的乙醇和去离子水，搅拌均匀即得。

原料介绍 所述茶树精油4-松油醇含量大于30%，1,8-桉叶油素含量小于5%。

产品应用 本品主要用于畜禽、水产生物和宠物等的体表、环境、医疗场所和器械、生产装置和管道以及动物圈舍的消毒杀菌。

产品特性 本品对金黄色葡萄球菌、大肠杆菌和白色念珠菌等常见致病菌具有显著的杀灭效果和稳定性；属于实际无毒级物质，制备方法简单，易于工业化。

配方 124　兽用的阳离子表面活性剂复合消毒剂

原料配比

原料		配比(质量份)			
		1#	2#	3#	4#
戊二醛溶液	50%的戊二醛	1(体积份)	1(体积份)	1(体积份)	1(体积份)
	灭菌去离子水	500(体积份)	500(体积份)	500(体积份)	500(体积份)
氯化-N-十二烷基吡啶-1-乙酰胺溶液	氯化-N-十二烷基吡啶-1-乙酰胺	1	1	1	1
	灭菌去离子水	500(体积份)	500(体积份)	500(体积份)	500(体积份)
戊二醛溶液		2(体积份)	2(体积份)	4(体积份)	8(体积份)
氯化-N-十二烷基吡啶-1-乙酰胺溶液		1(体积份)	1(体积份)	1(体积份)	1(体积份)

制备方法

(1) 在室温下，将浓度为50%的戊二醛加入灭菌去离子水中使其完全溶解，静置10min；

(2) 称取氯化-N-十二烷基吡啶-1-乙酰胺加入灭菌去离子水中混匀，备用；

(3) 将上述制备的戊二醛溶液与氯化-N-十二烷基吡啶-1-乙酰胺溶液混合，搅拌均匀，静置，得到复合消毒剂。

产品应用　本品主要用于畜禽、畜舍的消毒。

使用时，用无菌去离子水稀释16倍即为使用液。

产品特性　本品采用氯化-N-十二烷基吡啶-1-乙酰胺与戊二醛进行复配，二者能够产生协同增效作用，可扩大杀菌谱。同时，既加强了消毒剂的杀菌性能，又大大降低了有效成分的含量，是一种杀菌谱广、高效的复方兽用消毒剂。

配方 125　兽用复合消毒剂

原料配比

原料		配比(质量份)	
		1#	2#
去离子水		500(体积份)	450(体积份)
醛类	香草醛	20	40
	乙二醛	—	60
	戊二醛	60	60
螯合剂	甲基甘氨乙酰乙酸	1	1
	亚氨基二琥珀酸和脂肪酸聚氧乙烯醚	10	—
	亚氨基二琥珀酸	—	1
表面活性剂	月桂醇硫酸钠	20	20
	硬脂酸甘油单酯	—	30
	脂肪醇聚氧乙烯醚硫酸钠	30	—
	蓖麻油聚氧乙烯醚	—	10
	蓖麻醇酸锌	5	8
纳米光催化剂	直径为40nm的锐钛矿和金红石两种晶型分散体(质量比为1∶1)	30	50
天冬氨酸酶		4	1
金合欢醇		5	15

续表

原料		配比(质量份)	
		1#	2#
季铵盐	苯扎溴铵	30	40
	双八烷基二甲基氯化铵	50	—
	十六烷基二甲基苄基氯化铵	—	10
	双十八烷基二甲基氯化铵	20	—
	双十六烷基二甲基溴化铵	—	20
	N-二烷基二甲基苄	—	10
苯氧乙醇		4	7

制备方法

(1) 首先将所述去离子水加入混合容器中，然后加入醛类使其完全溶解；

(2) 向步骤（1）所得溶液中加入螯合剂和表面活性剂，搅拌均匀；

(3) 随后向步骤（2）所得溶液中加入纳米光催化剂、天冬氨酸酶和金合欢醇，搅拌均匀；

(4) 向步骤（3）所得溶液中加入所述季铵盐、苯氧乙醇，搅拌均匀，过滤，灌装，即得所述消毒剂。

产品应用 本品主要用于畜禽养殖、水产养殖杀菌消毒领域，用于畜禽环境消毒、设备消毒等。

产品特性

(1) 本品具有稳定性好、加工方便、广谱、速效、高效灭菌、无毒、无刺激等特点。

(2) 本品具有一定的香气，可除霉和去异味，除去养殖厂所的臭味。

配方 126 兽用复合型活性碘消毒剂

原料配比

原料	配比(质量份)	原料	配比(质量份)
碘	0.5～3	有机酸	1～5
碘酸钾	0.1～2	助溶剂	1～5
碘化钾	0.5～3	无机酸	5～20
非离子表面活性剂	20～50	去离子水	加至 100

制备方法

(1) 先将非离子表面活性剂投入反应器，然后向反应器中加入助溶剂，开启搅拌；

(2) 向反应器中加入无机酸或有机酸，维持搅拌，直至使其全部溶解；

(3) 取干净容器，向其中加入碘化钾，并加 2 倍碘化钾用量的去离子水，搅拌使其溶解，制得溶液 A；

(4) 另取干净容器，向其中加入碘酸钾，并加 6～8 倍碘酸钾用量的去离子水，搅拌使其溶解，如溶解较慢，可加热加速溶解，放冷至 40℃以下制得溶液 B；

(5) 将溶液 A 加入反应器，混合 5～10min；

(6) 用研磨机将碘磨碎，并缓慢加至反应器内，升高反应器内温度至 35～45℃，并提高搅拌速度，继续搅拌使其完全溶解；

(7) 将剩余量的去离子水加入反应器中，混合 15min 以上；

(8) 将溶液 B 全部加入反应器中，混合 30min 以上，制得产品。

原料介绍

所述非离子表面活性剂为脂肪醇聚氧乙烯醚、脂肪醇聚氧羧酸盐、烷基酚聚氧乙烯醚、烷基醇酰胺、失水山梨醇酯、聚乙二醇中的至少一种。

所述无机酸为盐酸、硫酸、磷酸、硝酸中的至少一种。

所述有机酸为水杨酸、果酸、枸杞酸、草酸、马来酸、酒石酸中的至少一种。

所述助溶剂为乙醇、异丙醇、丙二醇、乙二醇、丙三醇中的至少一种。

产品应用 本品主要用于养殖环境消毒、养殖器具消毒、圈舍消毒以及动物体表消毒等方面。

产品特性 本品采用具有润湿、增效功能的非离子型表面活性剂作为与碘络合的载体，解决传统聚维酮碘产品杀菌时间短的问题，减少给药次数；在载体与碘络合过程中添加助溶剂和稳定剂，将有效碘的回收率由 90%提升至 97%以上，产品有效碘含量稳定，从而减少了原料碘的用量，降低了生产成本，生产过程中无三废产生，不会对环境造成危害。

配方 127 兽用消毒剂

原料配比

原料	配比(质量份)	原料	配比(质量份)
戊二醛	4	活化剂柠檬酸、盐酸或酒石酸	11
贯叶连翘	15		
磷酸	8	稳定缓蚀剂脂肪醇聚氧乙烯醚	4
苯扎氯铵	15		
二癸基二甲基溴化铵	2		
助溶剂无水乙醇	6	水	加至 100

制备方法 将各组分原料混合均匀即可。

产品应用 本品主要用于畜禽舍的空气消毒、地面消毒和水体消毒。

产品特性 本品具有高效杀灭环境微生物、低刺激性、低腐蚀性的优点。

配方 128 含碘化钾兽用消毒剂

原料配比

原料		配比(质量份)				
		1#	2#	3#	4#	5#
碘化钾		0.1	0.6	0.2	0.5	0.4
季铵盐类化合物	苯扎氯铵	0.2	—	0.3	0.4	0.36
	苯扎溴铵	—	0.5	—	—	
乙醇		20	30	21	27	23
草药混合物		13	18	14	16	15
活性炭		3	8	4	7	6
硼酸		1	2	1.3	1.8	1.7
硼砂		2	4	2.5	3.3	3.1
聚丙烯酸钠		2	5	3	4	3.6

续表

原料		配比(质量份)				
		1#	2#	3#	4#	5#
柠檬酸		1	3	1.6	2.5	2
过碳酸钠		1.5	2.7	1.8	2.4	1.9
凹凸棒石黏土		10	20	12	19	17
滑石粉		7	13	9	11	10
分散剂	六偏磷酸钠	1	—	—	1.8	—
	焦磷酸钠	—	2	—	—	—
	十二烷基硫酸钠	—	—	1.2	—	1.5
去离子水		30	50	37	43	41
草药混合物	蛇床子	1	1	1	1	1
	金银花	2	2	2	2	2
	鱼腥草	1	1	1	1	1
	大蒜	3	3	3	3	3
	生姜	2	2	2	2	2
	香薷	3	3	3	3	3
	千里光	3	3	3	3	3
	乙醇	适量	适量	适量	适量	适量
	去离子水	适量	适量	适量	适量	适量

制备方法

(1) 按上述配方称取碘化钾、季铵盐类化合物、乙醇、草药混合物、活性炭、硼酸、硼砂、聚丙烯酸钠、柠檬酸、过碳酸钠、凹凸棒石黏土、滑石粉、分散剂、去离子水，备用；

(2) 将凹凸棒石黏土、滑石粉及硼砂混合均匀，置于400～500℃的高温炉中焙烧30～50min，冷却至常温，粉碎，过400目筛，得混合物粉末；

(3) 将草药混合物除杂、清洗，先用温水浸泡10～20h后，武火煎煮至沸腾，再文火煎煮1～2h，过滤，留滤液，然后采用乙醇多次提纯，得草药提取液；

(4) 将去离子水、分散剂与乙醇混合，置入分散机中高速分散3～5min，再加热至50～60℃，依次加入碘化钾、季铵盐类化合物，高速分散（600～800r/min）5～10min，冷却至25～35℃，加入聚丙烯酸钠、柠檬酸、过碳酸钠，低速分散（100～200r/min）10～15min，得混合液；

(5) 向步骤（4）所得混合液中依次加入硼酸、活性炭、步骤（2）得到的混合物粉末及步骤（3）得到的草药提取液，中速分散（400～500r/min）15～30min，即得所述兽用消毒液。

产品应用 本品主要用于畜禽、畜舍消毒。

产品特性

(1) 所述兽用消毒剂消毒效果佳，稳定性好，无腐蚀性，对动物、人体均无害。

(2) 本品对病毒、细菌、真菌、支原体、芽孢都有杀灭作用，不仅避免了单独使用戊二醛需较高浓度而产生的刺激性，又克服了季铵盐不能杀灭支原体、芽孢的缺陷。

配方 129 兽用阳离子表面活性剂复合消毒剂

原料配比

原料	配比(质量份)		
	1#	2#	3#
氯化-*N*-十二烷基吡啶-1-乙酰胺	0.67	0.4	0.2
二硫氰基甲烷	1.33	1.6	1.6
灭菌去离子水	加至1000(体积份)	加至1000(体积份)	加至1000(体积份)

制备方法

(1) 在室温下，将二硫氰基甲烷研磨成粉末状，之后用灭菌去离子水溶解，静置（静置时间为10min）；

(2) 称取阳离子表面活性剂加入灭菌去离子水中混匀，备用；

(3) 将上述制备的二硫氰基甲烷溶液与阳离子表面活性剂溶液混合。

原料介绍 所述阳离子表面活性剂为氯化-*N*-十二烷基吡啶-1-乙酰胺。

产品应用 本品主要用于畜禽、畜舍、饮水的消毒。应用范围主要包括畜舍空气、畜舍地面、牲畜皮肤、牲畜饮用水或一般物体表面的消毒。

使用时，用无菌去离子水稀释16倍即为使用液。普通消毒1～2min，灭菌作用10min。

产品特性 本品可迅速杀灭大肠杆菌、沙门氏菌、链球菌、金黄色葡萄球菌等细菌，比现有消毒剂的使用浓度更低，应用成本低且杀菌效果突出，特别是对革兰氏阳性菌效果显著。

配方 130 适用于奶牛场的环保消毒剂

原料配比

原料	配比(质量份)		
	1#	2#	3#
穿心莲	42	45	40
荨麻叶	33	35	30
银杏叶	26	25	30
金银花	18	16	20
板蓝根	16	14	16
蒲公英	10	11	11
黄芪	11	10	16
大黄	26	26	28
杜仲	7	7	7
艾叶	27	25	27
辣椒籽	5	3	5
丹皮酚	5	5	9
薄荷	17	16	16
30%～80%乙醇	适量	适量	适量
去离子水	适量	适量	适量

制备方法

(1) 按所述原料配比取原料药。

（2）将各原料药粉碎，并混合均匀，加入5～6倍的去离子水，浸泡3～5h后，将其煮沸并在超声波辅助下蒸煮1～2h，降至常温，冷却静置1～2h后过滤，然后将第一次水煎液取出；重复上述浸泡、蒸煮、冷却和过滤程序一次，将第二次水煎液取出。

（3）冷藏放置24～30h后，进行常规醇沉法浓缩。

（4）沉淀：放置沉淀，取上清液即得原料液；在原料液中加入50倍的乙醇得到产品。

产品应用 本品是一种适用于奶牛场的环保消毒剂。

产品特性 本环保消毒剂用于奶牛养殖场消毒稳定有效，对奶牛常见致病微生物金黄色葡萄球菌、大肠杆菌和枯草杆菌黑色变种芽孢等具有较好的杀灭作用，达到了化学消毒剂的同等效果，且无药物残留、无刺激、绿色环保，保障了奶牛健康和牛奶安全。

配方 131 高效的牧场消毒剂

原料配比

原料	配比(质量份)		原料	配比(质量份)	
	1#	2#		1#	2#
艾叶	15	5	无水乙醇	13	10
金银花	9	6	去离子水	8	5
大蒜	13	11	92%的双氧水溶液	4	3
丁香	18	9			

制备方法

（1）选择艾叶5～15份、金银花6～9份、大蒜11～13份、丁香9～18份及无水乙醇10～13份。

（2）对步骤（1）中的艾叶和金银花分别放到去离子水中进行清洗；然后放到烘箱当中进行干燥处理。清洗的次数为三次；三次清洗能够确保艾叶和金银花上的杂质被完全清除，从而确保了无杂质残留。

（3）将步骤（2）中干燥完成的原料剪碎，然后将艾叶放入无水乙醇当中进行浸泡，得到艾叶提取物。将金银花放入无水乙醇中，然后加热无水乙醇，得到金银花提取物。浸泡时间为9～12h，通过该时间长度，艾叶当中的有机物能够完全溶解到无水乙醇当中，从而能够将艾叶当中的提取物完全提取出来。

（4）使用榨汁机将大蒜榨成蒜泥；加入去离子水，搅拌，之后加入92%的双氧水溶液，抽滤蒜泥并保留滤液。

（5）将艾叶提取物、金银花提取物和蒜汁混合在一起得到混合溶液，然后加入丁香，加热含有丁香的混合溶液，加热完成之后抽取出滤液，得到消毒剂。将滤渣放置到无水乙醇当中进行重新浸泡，在浸泡完成之后，滤除滤渣并且对滤液进行水浴加热浓缩，水浴加热的温度为78.3℃，然后在浓缩完成之后倒入消毒剂当中摇匀。

产品应用 本品是一种高效的牧场消毒剂。

产品特性 本品制作工艺简单，而且还降低了消毒剂生产的成本，同时所生产的消毒剂能够对牧场当中的病菌进行有效的杀灭，还不会对牧场原有的生态平衡造成破坏，实现了高效环保杀菌。

配方 132 牧场消毒剂

原料配比

原料	配比(质量份)		原料	配比(质量份)	
	1#	2#		1#	2#
艾叶	10	17	无水乙醇	15	18
金银花	113	21	碳酸氢钠	6	—
大蒜	5	8	双氧水溶液	8	11
丁香	8	13	去离子水	7	10

制备方法

(1) 按原料配比取艾叶、金银花、大蒜、丁香及无水乙醇。

(2) 将步骤 (1) 中的艾叶和金银花分别放到去离子水中进行清洗；然后放到烘箱当中进行干燥处理；在干燥过程中使用紫外线照射艾叶和金银花，同时向烘箱当中通入臭氧气体。

(3) 将步骤 (2) 中干燥完成的原料剪碎，将艾叶放入无水乙醇当中进行浸泡，得到艾叶提取物；将金银花放入无水乙醇中，加热，得到金银花提取物。

(4) 使用榨汁机将大蒜榨成蒜泥；加入去离子水，搅拌，再加入双氧水溶液，混合均匀后抽滤蒜泥并保留滤液。

(5) 将艾叶提取物、金银花提取物和蒜汁混合在一起得到混合溶液，加入丁香，加热含有丁香的混合溶液，加热完成之后抽取出滤液，得到消毒剂。将滤渣放至无水乙醇当中重新浸泡，在浸泡完成之后，滤除滤渣并且对滤液进行水浴加热浓缩，水浴加热的温度为 78.3℃，在浓缩完成之后倒入消毒剂当中摇匀。

产品应用 本品是一种使用便捷的牧场消毒剂。

产品特性 本品简化了消毒剂制作的工艺流程，而且还降低了消毒剂生产的成本，同时所生产的消毒剂能够对牧场当中的病菌进行有效的杀灭，还不会对牧场原有的生态平衡造成破坏，实现了高效环保杀菌。同时，在对原料进行处理的时候，通过紫外线和臭氧能够有效地除去附着在原料上的细菌，从而避免了原料当中的细菌被带到消毒剂当中污染消毒剂。

配方 133 奶牛场消毒剂

原料配比

原料	配比(质量份)		
	1#	2#	3#
苦楝皮	18	15	20
丹皮	5	6	4
百合	5	4	6
连翘	4	6	3
金银花	12	10	15
乳香	4	5	3
蒲公英	5	6	4
木香	4	3	5

续表

原料	配比(质量份)		
	1#	2#	3#
桑叶	2	3	1
桃仁	3	2	4
茵陈	10	12	8
麦仁	5	4	6
竹叶兰	2	3	1
车前子	2	1	3
陈皮	2	3	1
75%～85%乙醇	适量	适量	适量
去离子水	适量	适量	适量

制备方法

(1) 取配方量的百合、连翘、金银花、乳香、蒲公英、木香、桑叶、桃仁、茵陈，加 8～12 倍量的水煎煮 2～3 次，每次 30～45min，合并煎液，过滤，得到滤液 A；

(2) 将配方量的其余原料药粉碎成粗粉，加 6～8 倍质量 75%～85%乙醇，浸泡提取 2～4 次，每次 5～8h，过滤，合并提取液，减压回收乙醇，得到滤液 B；

(3) 将滤液 A 和滤液 B 合并，浓缩至 2 倍量，使制剂内最终生药含量 50%（即生药 0.5g/mL)，即得。

产品应用 本品是一种奶牛场消毒剂。

使用时，将本品兑水稀释 100 倍，直接喷洒至奶牛场中，喷洒量为 0.1～0.3g/m^2，两天喷洒一次即可。

产品特性 本品对奶牛场具有良好的杀菌作用，无化学品成分，不会刺激牛的皮肤，不会引起牛过敏；使用后，牛发病率降低 16%以上。

配方 134 奶牛场用消毒剂

原料配比

原料	配比(质量份)		
	1#	2#	3#
桔梗	12	10	15
桑叶	2	3	1
蒲公英	10	8	12
栀子	5	6	4
金银花	7	6	8
竹叶兰	2	3	1
香附	2	1	3
桑寄生	2	3	1
何首乌	5	4	6
桃仁	3	4	2
车前子	3	2	4
麦仁	5	6	4
益母草	4	3	5
茵陈	10	12	8
陈皮	2	1	3
75%～85%乙醇	适量	适量	适量
去离子水	适量	适量	适量

制备方法

(1) 取配方量的蒲公英、栀子、金银花、竹叶兰、香附、桑寄生、何首乌、桃仁、车前子，加 8～12 倍量的去离子水煎煮 2～3 次，每次 30～45min，合并煎液，滤过，得到滤液 A；

(2) 将配方量的其余原料药粉碎成粗粉，加 6～8 倍质量的 75%～85%乙醇，浸泡提取 2～4 次，每次 5～8h，滤过，合并提取液，减压回收乙醇，得到滤液 B；

(3) 将滤液 A 和滤液 B 合并，浓缩至 2 倍量，使制剂内最终生药含量 50%(即生药 0.5g/mL)，即得。

产品应用 本品是一种奶牛场消毒剂。

使用时，将本品兑水稀释 150 倍，直接喷洒至奶牛场中，喷洒量为 0.1～0.3g/m^2，两天喷洒一次即可。

产品特性 本品对奶牛场具有良好的杀菌作用，无化学品，不会刺激牛的皮肤，不会引起牛过敏；使用后，牛发病率降低 21%以上。

配方 135 奶牛场专用消毒剂

原料配比

原料	配比(质量份)		
	1#	2#	3#
黄芪	4	5	3
麦芽	20	15	25
香附	5	6	4
连翘	6	5	8
菟丝子	2	3	1
木槿花	12	10	15
鱼腥草	4	2	6
佛手	7	8	6
问荆	4	2	5
白及	5	6	4
黄连	4	3	5
苦楝皮	18	20	15
大青叶	6	5	8
丁香	2	3	1
五味子	4	3	5
75%～85%乙醇	适量	适量	适量
去离子水	适量	适量	适量

制备方法

(1) 取配方量的香附、连翘、菟丝子、木槿花、鱼腥草、佛手、问荆、白及、黄连，加 8～12 倍量的水煎煮 2～3 次，每次 40～50min，合并煎液，过滤，得到滤液 A；

(2) 将配方量的其余原料药粉碎成粗粉，加 6～8 倍质量的 75%～85%乙醇，浸泡提取 2～4 次，每次 5～8h，过滤，合并提取液，减压回收乙醇，得到滤液 B；

(3) 将滤液 A 和滤液 B 合并，浓缩至制剂内最终生药含量 50%（即生药 0.5g/mL)，即得。

产品应用 本品是一种奶牛场专用消毒剂。

使用时，将本品兑水稀释100倍，直接喷洒至奶牛场中，喷洒量为0.2～0.4g/m^2，两天喷洒一次即可。

产品特性 本品对奶牛场具有良好的杀菌作用，无化学品，不会刺激牛的皮肤，不会引起牛过敏。

配方136 奶牛养殖场用复方草药消毒剂

原料配比

原料		配比(质量份)		
		1#	2#	3#
乙醇浸膏	五倍子	26	35	30
	鱼腥草	30	25	28.5
	黄连	23	27	25
	黄芩	26	22	24
	大青叶	21	25	23
	穿心莲	22	20	21
	板蓝根	20	25	23
	野菊花	23	20	21.5
	银杏	18	22	20
	石菖蒲	20	15	18
	厚朴	12	16	14
	百里香	15	10	12
	连线草	8	12	10
	甘草	10	5	8
	60%乙醇	适量	适量	适量
乙醇浸膏		10	10	10
吐温80		10	10	10
丙二醇		30	30	30
去离子水		适量	适量	适量

制备方法

(1) 复方草药的制备：按五倍子26～35份、鱼腥草25～30份、黄连23～27份、黄芩22～26份、大青叶21～25份、穿心莲20～22份、板蓝根20～25份、野菊花20～23份、银杏18～22份、石菖蒲15～20份、厚朴12～16份、百里香10～15份、连线草8～12份、甘草5～10份比例准确称量草药，将其粉碎至40～60目，混合均匀。

(2) 超声波辅助乙醇提取：向复方草药粉剂中加入5～10倍的60%乙醇，在超声波辅助（功率为200W）下，60～80℃回流提取30～50min，提取3次。

(3) 减压浓缩：将提取液合并，冷藏放置24～30h后，在60～80℃条件下减压浓缩为相对密度1.1～1.2的浸膏备用。

(4) 超声波辅助水煎：向乙醇提取后的滤渣中加入3～5倍的去离子水，加热至85～95℃，在超声波辅助下蒸煮1～2h，降至常温，冷却静置1～2h后过滤，提取3次，合并水煎液。

(5) 复配：将乙醇浸膏、吐温80、丙二醇按1∶1∶3的比例混合均匀，边搅拌边加入合并后的水煎液。

(6) 沉淀：放置沉淀，取上清液即得消毒剂。

产品应用 本品是一种奶牛养殖场用复方草药消毒剂。

产品特性

(1) 本品用于奶牛养殖场稳定有效，达到或超过化学消毒剂应有的效果，能有效保障奶牛健康和牛奶安全。

(2) 本品绿色环保，无药物残留，消毒杀菌效果稳定可靠，能够有效抑制奶牛养殖场常见的病原微生物，如白色念珠菌、大肠杆菌、链球菌、沙门氏菌、志贺氏菌、小孢子菌等，有利于保障奶牛及工作人员健康和牛奶安全，有利于改善奶牛养殖环境。

配方 137 养牛场除臭消毒剂

原料配比

原料	配比(质量份)		
	1#	2#	3#
黄原胶	15	17	20
30%乙醇	30	40	50
纳米微球	5	6	8
纳米电气石粉	4	5	6
甘油酯	3	3	4
异丙醇	4	5	6
纳米二氧化钛	3	4	5
透骨草提取液	10	12	13
薄荷提取液	8	9	10
栀子提取液	6	7	8
厚朴提取液	5	6	7
淀粉糊精	6	10	13
明胶	4	4	5

制备方法

(1) 取黄原胶 15～20 份，加入 30%乙醇 30～50 份，加热至 50～55℃，搅拌溶解后再加入纳米微球 5～8 份、纳米电气石粉 4～6 份，在转速 500～700r/min 下搅拌 30～40min，然后加热至 70～80℃，加热回流 10～15h；

(2) 待回流结束后，调节 pH 值为 8～9，然后陈化 2～3h，离心分离后将产物用去离子水反复洗涤至中性，将产物干燥至恒重后加热至 600～700℃，煅烧 2～3h，制得空心纳米电气石粉。干燥为真空干燥，压力为 0.05～0.08MPa，加热温度为 60～70℃。

(3) 取甘油酯 3～4 份、异丙醇 4～6 份，混合后加入步骤 (2) 中的空心纳米电气石粉，在功率 300～400W 超声波下振荡分散 10～15min，再加入纳米二氧化钛 3～5 份，在转速 500～700r/min 下搅拌 1～1.5h，然后静置 40～50min，去除上清液，将固体产物干燥至恒重后加热至 500～600℃，煅烧 1～2h，即可制得纳米二氧化钛/纳米电气石粉复合物。干燥为真空干燥，压力为 0.05～0.08MPa，加热温度为 60～70℃。

(4) 取透骨草提取液 10～13 份、薄荷提取液 8～10 份、栀子提取液 6～8 份、厚朴提取液 5～7 份，混合后加入淀粉糊精 6～13 份、明胶 4～5 份，在转速 500～

1300r/min下搅拌15～25min，制得乳液。

(5) 将纳米二氧化钛/纳米电气石粉复合物加入到步骤（4）中的乳液中，在功率500～600W超声波下振荡分散15～20min，然后加热至70～90℃，保温处理40～50min，冷却至室温即可制得除臭消毒剂。

原料介绍

所述透骨草提取液、薄荷提取液、栀子提取液、厚朴提取液的制备方法如下：分别将透骨草、薄荷、栀子、厚朴破碎后过50目筛，加入5～6倍量的75%～80%的乙醇进行超声波提取，功率为400～500W，提取时间20～25min，提取2～3次，将提取液合并后减压蒸馏回收乙醇，过滤后即可制得透骨草提取液、薄荷提取液、栀子提取液、厚朴提取液。

产品应用 本品是一种养牛场除臭消毒剂。

产品特性

(1) 本品可以有效地抑制养牛场中细菌的滋生。由纳米二氧化钛和纳米电气石粉复合制备而成的复合物是一种中空的多孔结构，可以有效将空气中弥漫的NH_3、H_2S、CH_4等气体吸附在表面，纳米电气石粉可以持续释放负氧离子和远红外线，在与纳米二氧化钛的共同作用下可以持续降解表面吸附的气体，从而达到除臭的效果。

(2) 本品稳定性高，除臭消毒效果优异，可以有效净化和改善养牛场环境。

配方138 用于奶牛场消毒的消毒剂

原料配比

原料	配比(质量份)		
	1#	2#	3#
白头翁	4	3	5
桔梗	12	15	10
石榴皮	14	12	15
连翘	5	6	4
甘草	3	2	4
何首乌	5	6	4
桃仁	3	2	4
金银花	5	6	4
百合	2	1	3
香附	5	6	4
桑叶	2	1	3
当归	2	3	1
薄荷	2	1	3
车前子	2	3	1
竹叶兰	2	3	1
麦仁	5	4	6
75%～95%乙醇	适量	适量	适量
去离子水	适量	适量	适量

制备方法

(1) 取配方量的石榴皮、连翘、甘草、何首乌、桃仁、金银花、百合、香附、桑叶，加8～12倍量的去离子水煎煮2～3次，每次30～45min，合并煎液，过滤，得到滤液 A；

(2) 将配方量的其余原料药粉碎成粗粉，加 6～8 倍量的 75%～95%乙醇，浸泡提取 2～4 次，每次 5～8h，过滤，合并提取液，减压回收乙醇，得到滤液 B；

(3) 将滤液 A 和滤液 B 合并，浓缩至 2 倍量，使制剂内最终生药含量 50%（即生药 0.5g/mL），即得。

产品应用 本品是用作奶牛场消毒的消毒剂。

使用时，将本品兑水稀释 150 倍，直接喷洒至奶牛场中，喷洒量为 0.1～0.3g/m^2，两天喷洒一次即可。

产品特性 本品对奶牛场具有良好的杀菌作用，无化学品，不会刺激牛的皮肤，不会引起牛过敏；使用后，牛发病率降低 17%以上。

配方 139 黑山羊饲养圈消毒剂

原料配比

原料		配比(质量份)
聚苯乙烯		2～42
过氧化氢		2～23
二甲基硅油		2～50
加强剂		3～34
助剂		2～28
淀粉		6～12
阿维菌素		5～10
羊毛脂		4～10
乳酸十四烷基酯		5～10
抗氧剂		5～15
磷酸三甲酚酯		3～45
煅烧高岭土		2～41
乙醇		2～16
聚乙纤维		3～39
聚酰胺		3～45
硝酸纤维素粒子		3～56
莰烯		3～30
茶多酚		2～18
缓释石墨粉和 PBA 抗菌纳米粒		2～59
磷酸缓冲溶液		1～10
缓释石墨粉和 PBA 抗菌纳米粒	5%的 PBA	1～9
	石墨粉	1～7
	乙酸纤维素溶解于乙醇和DMF(乙醇和DMF质量比为 1∶2～5∶2)中形成的混合溶液(浓度为 6%～10%)	20(体积份)
加强剂	松节油	2～24
	乙二醇丁醚	2～25
	巴西棕榈蜡	3～31
抗氧剂	乙烯基三乙氧基硅烷	2～15
	谷氨酰胺	2～20
	N,*N*-二环己基碳二亚胺	2～15
	去离子水	适量

制备方法

（1）向去离子水中加入淀粉 6～12 份、阿维菌素 5～10 份、羊毛脂 4～10 份、乳酸十四烷基酯 5～10 份、抗氧剂 5～15 份、磷酸三甲酚酯 3～45 份、聚苯乙烯 2～42 份，先加热至 60～90℃保温混合 10～30min，再加热至 100～120℃保温混合 20min，即得物料Ⅰ。

（2）向去离子水中加入过氧化氢 2～23 份、二甲基硅油 2～50 份、加强剂 3～34 份、助剂 2～28 份、煅烧高岭土 2～41 份、乙醇 2～16 份，浸泡 30～60min，后于超声波频率 60kHz、功率 100W 下超声处理 15min；再加入聚乙纤维 3～39 份、聚酰胺 3～45 份、硝酸纤维素粒子 3～56 份，继续超声处理，即得物料Ⅱ。

（3）向去离子水中加入炭烯 3～30 份、茶多酚 2～18 份、缓释石墨粉和 PBA 抗菌纳米粒 2～59 份，用搅拌机 60～200r/min 充分搅拌，使混合物混合均匀，加热至 50～80℃，待物料混匀至柔和黏稠得物料Ⅲ。

（4）将物料Ⅰ、物料Ⅱ、物料Ⅲ加入混合加热研磨机中，将混合物料加热研磨至细腻，且混合物料轻微黏稠，将磷酸缓冲溶液 1～10 份加入，混合物料成为乳液状，后过滤去除不溶物或杂质，将澄清乳液加入固化机，制备成颗粒状物品。

原料介绍

所述缓释石墨粉和 PBA 抗菌纳米粒制备方法：将质量分数为 5%的 PBA 1～9 份、石墨粉 1～7 份、乙酸纤维素溶解于乙醇和 DMF［乙醇和 DMF 质量比为(1∶2)～(5∶2)］中形成的混合溶液（浓度为 6%～10%）20 份（体积份），磁力搅拌直至完全溶解。将上述配制好的溶液置于 20mL 注射器中进行静电放置，静电电压为 10～20kV，静电接收距离为 15～20cm，静电放置 10～40min 后，将静电产物于 80～150℃下烘焙 20～40min，经乙醇洗 3 次，烘干、用 0.1%氯化物氯化，氯化结束后将物品于 60～120℃烘干并放入造粒机中，制备成的纳米颗粒即为缓释石墨粉和 PBA 抗菌纳米粒。

所述加强剂包括：松节油 2～24 份、乙二醇丁醚 2～25 份、巴西棕榈蜡 3～31 份。其制备方法为：将松节油、乙二醇丁醚加入巴西棕榈蜡中，水浴加热 20～40℃，频率 2450MHZ、波长 0.122nm 处理 5～20min 得到加强剂。

所述助剂制备方法为：将熔化环氧-酚醛复配树脂加入反应釜中，开动搅拌，缓慢加入定量甲醛溶液，升温至 40～80℃加入催化剂，在 20～60min 内升温至 60～160℃，保温 1～5h，减压脱水，加入定量的硼酸，在 20～50min 内升温至 200℃，搅拌 20～40min，待反应物开始变稠时，脱水，180℃凝胶化，时间为 60～90s 时趁热放出绿黄色稠状物，冷却后得到变性后环氧-酚醛复配树脂，后将蒙脱土加入树脂中进行插层复合处理，使树脂插入有机蒙脱土的层间，在 75℃的条件下搅拌混合 30～60min，从而使涂层固化后将填料剥离成纳米片层，得到半透明的改性环氧一酚醛复配树脂，水浴保温即得助剂。

所述抗氧剂包括如下成分：乙烯基三乙氧基硅烷、谷氨酰胺、*N*,*N*-二环己基碳二亚胺。其制备方法为：将 2～15 份乙烯基三乙氧基硅烷、2～20 份谷氨酰胺加入反应瓶中，加入适量的四氢呋喃作为溶剂，磁力搅拌，将反应瓶置于冰浴中，温度降至 0℃时加入 *N*,*N*-二环己基碳二亚胺，反应 6～30h，减压过滤，除去沉淀，溶液转至蒸馏瓶中，在 0.03～0.1MPa 下减压蒸馏，获得初产物，后用氯仿和四氢呋喃溶解初产物，乙醚重结晶即得抗氧剂。

产品应用 本品是一种黑山羊饲养圈消毒剂。

使用方法：在使用前取适量放置于透气包装袋中后，放置在饲养圈周围，每4天更换一次即可，或者将消毒颗粒和熟泥土混合铺撒在饲养圈地面，每3天更换一次。

产品特性 本品原材料污染小，对黑山羊身体无危害，广谱抵抗和杀菌，缓释消毒、持效期长，为黑山羊健康成长提供优良环境，显著提高黑山羊出圈率，且使用方便。

配方 140 山羊养殖场专用消毒剂

原料配比

原料	配比(质量份)		
	1#	2#	3#
箭头草	25	30	30
金银花	15	20	18
乙醇	50	60	55
透骨草	40	45	45
香樟叶	25	30	25
藜芦	15	20	18
板蓝根	12	16	14
蓖麻子	5	8	6
苦瓜	20	25	25
韭菜根	8	12	10
甜象草	7	11	8
山茱萸	30	35	30
紫花苜蓿	10	15	14
藿香	10	15	14
大蒜	3	5	4
石灰粉	8	12	10
炉甘石	6	10	8
丹皮酚	5	9	6
硫黄	3	6	5
去离子水	适量	适量	适量

制备方法

(1) 先将箭头草和金银花粉碎后加入乙醇中，然后于超声频率40kHz、功率100W下超声处理30min，再浸泡48h，过滤，即得滤液Ⅰ；

(2) 将透骨草、香樟叶、藜芦、板蓝根和蓖麻子加入5倍量去离子水中，加热至沸腾状态保温20min，然后加入苦瓜、韭菜根和甜象草，继续保温30min，过滤，即得滤液Ⅱ；

(3) 将山茱萸、紫花苜蓿、藿香和大蒜加入磨浆机中，并加入3倍量去离子水，经充分磨浆后过滤，即得滤液Ⅲ；

(4) 将滤液Ⅱ、滤液Ⅲ充分混合，再送入冷冻干燥机，所得固体经超细粉碎机制成粉末，然后加入滤液Ⅰ、石灰粉、炉甘石、丹皮酚和硫黄，混合均匀即可。

产品应用 本品是一种山羊养殖场专用消毒剂。

产品特性 本品具有杀菌速度快、抑菌效果持久的特点，为羊的健康生长提供安全保障，并且使用安全性高，即使山羊误食也不会出现严重的不良反应，不会对环境造成污染；另外，该消毒剂味道清香，无刺鼻中药味，石灰粉的加入能有效除去臭味，从而改善羊舍的空气质量。

配方 141　羊舍夏季用强效消毒剂

原料配比

原料		配比(质量份)				
		1#	2#	3#	4#	5#
肉桂		30	40	32	37	35
花椒		17	25	20	24	22
地耳草		32	23	30	25	28
大青叶		25	33	28	31	30
焦山楂		27	38	35	30	32
金荞麦		30	22	27	24	26
鸦胆子		34	27	30	28	32
仙人掌		32	40	37	33	35
栀子		25	18	19	24	23
鱼腥草		45	35	38	40	41
植物精油		1	—	1.5	2.5	2
针叶松精油		—	3	—	—	—
沸石粉		20	30	23	25	28
β-环糊精		7	12	8	9	10
70%乙醇		适量	适量	适量	适量	适量
去离子水		适量	适量	适量	适量	适量
植物精油	薄荷精油	1	—	1	2	3
	百里香精油	1	—	—	—	—
	柠檬精油	—	—	2	6	4
	针叶松精油	—	—	—	2	1
	无水乙醇	适量	适量	适量	适量	适量

制备方法

(1) 将肉桂、花椒、鸦胆子、栀子混合，粉碎，加入5～7倍的70%乙醇，回流提取2～3h，过滤，得滤液a和滤渣b。

(2) 将地耳草、大青叶、焦山楂、金荞麦、仙人掌、鱼腥草混合，粉碎，加入滤渣b，混合，加入6～10倍的去离子水，煎煮提取2～3h，过滤，得滤液c。

(3) 将滤液a和滤液c混合，回收乙醇，减压浓缩成相对密度0.98～1.05的浓缩液，加入沸石粉，搅拌40～60min，真空干燥，粉碎，得粉料d。搅拌转速为300～500r/min。

(4) 将植物精油、针叶松精油加入无水乙醇中，体积比为1∶1，配制精油乙醇溶液，将其加入β-环糊精饱和水溶液中，在50～60℃下搅拌1～3h，静置冷藏过夜，抽滤，洗涤，烘干，粉碎，得粉料e。搅拌转速为200～300r/min。

(5) 将粉料d和粉料e混合均匀，即得。

原料介绍

所述沸石粉为改性沸石粉，制备工艺如下：将沸石球磨粉碎，过200目筛，加入5%～8%的氢氧化钠溶液，料液比为1∶(3～5)，在50～60℃下搅拌反应2～4h，过滤，洗涤，干燥，向其中加入4%～7%葡萄糖的水溶液，料液比为1∶(2～

3)，在40～50℃下搅拌混合30～40min，置于马弗炉中在惰性气体保护下800～900℃煅烧1～2h，冷却，向其中加入含7%～10%氯化钙、5%～8%氯化镁、2%～4%氯化钠的水溶液，料液比为1：(5～8)，在40～50℃下搅拌60～80min，静置，干燥，即得。

产品应用 本品是一种羊舍夏季用强效消毒剂。

产品特性 本品中各中药成分相互配伍，能够很好地杀灭羊舍中大量的细菌、病毒、寄生虫卵等病原微生物，且杀灭作用时间短，效果持久；将中药提取液与沸石共混后干燥，实现对中药消毒成分的控释作用，且作用效力持久；将植物精油采用环糊精进行包埋处理，使其粉末化，降低其挥发性，提高利用率，持久散发出香味，改善羊舍中的空气质量。

配方 142 羊舍用复配除菌消毒剂

原料配比

原料		配比(质量份)			
		1#	2#	3#	4#
中药提取液		25	35	32	30
邻苯二甲醛		0.14	0.06	0.11	0.08
乙醇		30	20	24	27
乙酸		1	2	1.8	1.4
甲氧苄啶		0.01	0.03	0.018	0.023
水		加至100	加至100	加至100	加至100
中药提取液	黄柏	3	6	3.8	5.2
	马齿苋	5	10	7.1	8.8
	大蒜	7	3	4.5	5.8
	龙葵	2	5	4.2	3.5
	焦山楂	4	8	6.9	5.4
	生甘草	6	3	4.8	5.1
	蒲公英	8	4	7.2	6.3
	羊蹄草	5	2	3.3	4.0
	青木香	1	2	1.4	1.7
	90%～95%乙醇	适量	适量	适量	适量
	去离子水	适量	适量	适量	适量
	板蓝根	2	5	4.4	3.5

制备方法

(1) 向乙酸中加水，配制10%～15%的乙酸溶液，将抗菌增效剂加入乙酸溶液中，搅拌，得溶液a；

(2) 将邻苯二甲醛加入剩余的水中，搅拌，得溶液b；

(3) 将溶液b加入溶液a中，再依次加入乙醇和中药提取液，搅拌，即得。

原料介绍

所述中药提取液的制备如下：将黄柏、大蒜、青木香混合，粉碎，加入3～5倍的90%～95%乙醇，密封浸泡3～5d，压榨，过滤，得滤液a、滤渣a备用；将马齿苋、龙葵、焦山楂、生甘草、蒲公英、羊蹄草、板蓝根混合，粉碎，加入滤渣a，加去离子水浸泡5～10h，料液比为1：(10～15)，煎煮提取2～4h，过滤，得滤液b；将滤液a和滤液b混合，回收乙醇，即得中药提取液。

所述抗菌增效剂为甲氧苄啶或二甲氧苄啶。

产品应用 本品是一种羊舍用复配除菌消毒剂。

产品特性 本品杀菌作用强，抗菌谱广，且效果持久，安全温和，显著改善中药提取液的杀菌效果，减少各原料用量。

配方 143 羊舍用空气消毒剂

原料配比

原料	配比(质量份)				
	1#	2#	3#	4#	5#
桂枝	20	30	24	27	25
蛇床子	30	20	24	28	26
花椒	20	12	15	18	17
艾叶	17	25	19	23	21
干姜	15	22	21	17	20
野菊花	35	27	29	33	32
山楂	18	24	20	22	21
紫花地丁	25	15	17	20	18
地肤子	7	15	12	14	13
蒲公英	38	27	30	35	33
黄芩	22	30	29	25	27
锦灯笼	24	17	18	22	20
大青叶	25	35	28	32	30
仙人掌	22	15	21	18	19
95%乙醇	适量	适量	适量	适量	适量
无水乙醇	适量	适量	适量	适量	适量
去离子水	适量	适量	适量	适量	适量

制备方法

(1) 将桂枝、蛇床子、花椒混合，粉碎，加入去离子水，加热煮沸，料液比为1：(6～10)；蒸馏提取2～3h，萃取，干燥，得挥发油，向残留液中加入2～3倍无水乙醇，静置，过滤，得滤液a、滤渣备用。

(2) 将艾叶、干姜、野菊花混合，粉碎，加入95%乙醇，密封浸渍5～7d，压榨，过滤，得滤液b、滤渣备用。料液比为1：(3～5)。

(3) 将山楂、紫花地丁粉碎，在50～60℃的去离子水中浸渍7～12h，过滤，得滤液c、滤渣备用。料液比为1：(10～17)。

(4) 将地肤子、蒲公英、黄芩、锦灯笼、大青叶、仙人掌混合，加入步骤(1)～(3)中的滤渣，混合，加去离子水煎煮提取2～3h，过滤，得滤液d。料液比为1：(5～8)。

(5) 将挥发油、滤液a加入滤液b中，搅拌，再加入滤液c和滤液d，搅拌，调节溶液中乙醇含量至17%～22%，即得。

产品应用 本品是一种羊舍用空气消毒剂。使用时，可在羊舍内直接进行喷洒消毒。

产品特性 本品采用多种中药进行配伍，针对不同原料的有效药理成分采用不同方法提取，充分利用原料，提取得到纯植物源的空气消毒剂；提取液中含有具有消毒功效的乙醇，对羊舍环境中常见的传染性及致死性细菌、真菌、病毒等病原微生物都有很好的抑制及杀灭作用；抑制作用明显，有效防止空气中的病原微生物感染；该空气消毒剂还能够改善羊舍的空气环境；简单方便，杀菌消毒效果显著，长期使用对人畜无刺激和不良反应，安全可靠。

配方 144 高效猪圈消毒剂

原料配比

原料	配比(质量份)		
	1#	2#	3#
苦瓜藤	19	18	18
艾叶	11	12	12.5
蒲公英	6	6	6
野菊花	18	16	18
鱼腥草	9	7	7.5
辣椒叶	5	6.5	6
大蒜素	8	7.5	7
黄连	5.5	4	6
醋酸	14	12	14
金银花	3	4	3.5
益母草	3.5	3	3.5
龙胆草	1.4	1.8	1.5
高锰酸钾溶液	15	16	16
水	1200	1200	1000～1300

制备方法 按照原料配比称取苦瓜藤、艾叶、蒲公英、野菊花、鱼腥草、辣椒叶、大蒜素、黄连、金银花、益母草、龙胆草，加入5～10倍水中煮2～3次，每次60～75min，过滤后得滤液；再将醋酸、高锰酸钾溶液倒入其中，搅拌，补充水至适量，搅拌，即得。

产品应用 本品是一种高效猪圈消毒剂。

产品特性 本品可高效快速地消灭有害细菌和病毒，杀菌谱广，消毒效果显著，成本低廉，能很好地防止病菌的传染。

配方 145 可提高猪生长活性的猪舍用空气型消毒剂

原料配比

原料	配比(质量份)		
	1#	2#	3#
铝酸钠	0.4	0.8	0.6
双丙基二甲基氯化铵	0.5	1.5	1
稀释草酸	2	6	4
苯甲酸钠	1.2	2.4	1.8
微生物絮凝剂	2	9	5.5
三氯异氰尿酸	0.5	1	0.75
水产供氧剂	9	16	12.5
亚氯酸盐	3	8	5.5
复合生物酶	1.2	1.7	1.45
丙三醇	0.5	1.2	0.85
纤维素	0.7	1.2	0.95
硫胺素二月桂基硫酸盐	2	6	4
乙醇	12	17	14.5

续表

原料	配比(质量份)		
	1#	2#	3#
乙二醇硬脂酸酯	1.5	2.6	2.05
戊二醛	2	7	4.5
柠檬酸	1.6	3	2.3
洗必泰	5	10	7.5
十二烷基硫酸钠	0.4	0.8	0.6
聚丙烯酸	0.7	1.2	0.95
碳酸钠	1.2	1.6	1.4
冰醋酸	4	9	6.5
二甲基甲酰胺	1.4	1.9	1.65

制备方法 将各组分原料混合均匀即可。

原料介绍

所述复合生物酶由半纤维素酶、阿拉伯木聚糖酶、海藻糖、β-甘露聚糖酶和鼠李糖乳杆菌组成。

所述微生物絮凝剂由聚丙烯酰胺、聚合硫酸铁、红平红球菌和聚合氯化铝组成。

所述微生物絮凝剂的制作方法包括如下步骤：

(1) 在粗纤维原料中接种产絮菌，进行好氧发酵，获得一级发酵物；

(2) 在步骤 (1) 获得的一级发酵物中接种红平红球菌和聚合氯化铝混合物，进行厌氧发酵，获得二级发酵物；

(3) 待步骤 (2) 所得的二级发酵物的含水量降至 28%～35%后，在二级发酵物中接种绿链霉菌和聚合硫酸铁，制成含水量在 35%以下、pH 值为 6～8 的三级发酵基质；

(4) 将步骤 (3) 获得的三级发酵基质进行好氧发酵，获得三级发酵物；

(5) 利用聚丙烯酰胺对步骤 (4) 所得的三级发酵物进行浸提，取浸提液，过滤取清液，干燥，获得所述微生物絮凝剂。

产品应用 本品是一种可提高猪生长活性的猪舍用空气型消毒剂。

产品特性 本品使用周期短、经济实用，提高了对猪舍的处理效果，且制备工艺简单，原材料来源方便，能够达到速效、持续兼顾等有益效果。

配方 146 生猪养殖用消毒剂

原料配比

原料		配比(质量份)	
		1#	2#
酸式消毒液	珍珠绣线菊提取液	15	20
	小叶丁香提取液	15	10
	五叶地锦提取液	3	5
	冬青叶提取液	5	3
	苦竹提取液	8	16
	醋酸	2	1
	硫酸铝	1	2
	氢氧化锰	3	2
	无水乙醇	40	50
	去离子水	1000	1500

续表

原料		配比(质量份)	
		1#	2#
碱式消毒液	紫叶小劈提取液	35	40
	茉莉花提取液	12	5
	烟叶精油	3	5
	苦蒿精油	5	3
	松香	1	2
	小茴香精油	2	1
	十二烷基苯磺酸钠	1	2
	季戊二醇	3	5
	无水乙醇	85	125
	15%生石灰溶液	1000	1000
成盐消毒液	新鲜增润牧草稀释液	1000	
	新鲜增润牧草、新鲜象牙牧草的稀释液(1:1)	—	1000
	茉莉精油	5(体积份)	3(体积份)
	氯化钡	60	45
	氯化钠	20	25
	硫酸铝	20	20
	单宁	20	10

制备方法

所述酸式消毒液由下述方法制备而成：

(1) 在1000～1500质量份的去离子水中溶解均匀所需质量份的硫酸铝和醋酸，再拌入所需质量份的珍珠绣线菊提取液、小叶丁香提取液、五叶地锦提取液、冬青叶提取液、苦竹提取液，混合搅拌均匀后加入无水乙醇40～50份，混合搅拌7～10min，再升温至45～50℃，恒温搅拌10～15min，停止加热；

(2) 在混合液自然降温的过程中拌入所需质量份的氢氧化锰，持续搅拌至混合液冷却至室温，调节溶液pH值为6.5～6.8，转移至棕色盛装塑料瓶后置于超声波清洗机中振动助溶10～15min，超声波频率为20～25kHz；

(3) 上述助溶结束后密封瓶口，于135～140℃的水蒸气下杀菌35～40s，擦干瓶身后置于浓度30%～35%的高锰酸钾溶液中浸没杀菌15～20s，捞出擦净瓶身，即得成品酸式消毒液。

所述碱式消毒液由下述方法制备而成：

(1) 于浓度15%生石灰溶液中一次拌入所需质量份的紫叶小劈提取液、茉莉花提取液、烟叶精油、苦蒿精油、松香、小茴香精油，搅拌均匀后加入85～125质量份的无水乙醇，再混入3～5质量份的季戊二醇、1～2质量份的十二烷基苯磺酸钠，溶解均匀后经300目筛网过滤，取滤液调节pH值为7.3～7.6，盛装到棕色玻璃瓶中；

(2) 连同玻璃瓶转移至棕色盛装塑料瓶后置于超声波清洗机中振动助溶10～15min，超声波频率为20～25kHz，助溶结束后密封瓶口，于135～140℃的水蒸气下杀菌35～40s，擦干瓶身后置于浓度30%～35%的高锰酸钾溶液中浸没杀菌15～20s，捞出擦净瓶身，即得成品碱式消毒液。

所述成盐消毒液由下述方法制备而成：按配方将各组分混合均匀即可。

产品应用 本品是一种生猪养殖用消毒剂。

使用方法：在施用时先喷施碱式消毒液，35～40min后喷施酸式消毒液，再过40～50min后喷施成盐消毒液。

产品特性

（1）本品选用植物性原料，消毒过程中无须将生猪赶离猪舍，直接进行消毒杀菌作业，可有效对生猪养殖场所、特别是猪舍进行消毒杀菌，不会对生猪成长造成任何负面影响。

（2）在消毒过程中，先使用碱式消毒液，进行第一次消毒杀菌，将猪舍中的臭味性气体经碱液作用，形成氨水或其他可溶性碱性盐；再施用酸式消毒液，进行第二次消毒杀菌，并经酸碱中和作用，使可溶性碱性盐变为酸式盐和水，水对猪舍进行浸润洗涤，并溶解氨气，达到除臭目的；最后施用成盐消毒液，将可溶性酸式盐转化为难溶盐和水，难溶盐结合猪舍厩肥，形成有机肥，水再次对猪舍进行浸润洗涤，并溶解氨气，达到除臭目的；三次消毒依次进行，对生猪养殖场所进行绿色环保式高效消毒杀菌，并达到除去猪舍臭味的目的，在成盐消毒液的作用下，消毒后的猪舍具有青草香，适宜生猪生长。

配方 147　养猪场用复方草药消毒剂

原料配比

原料	配比(质量份)				
	1#	2#	3#	4#	5#
虎杖	10	14	10～16	10	16
野菊花	15	20	25	25	15
金银花	8	10	12	8	12
薄荷	11	12	13	13	11
小蓟	5	6	7	5	7
黄芪	10	13	16	16	10
杜仲	7	9	11	7	11
厚朴	6	8	10	10	6
银杏叶	5	8	11	5	11
地榆	8	10	12	12	8
石菖蒲	7	9	11	7	11
制何首乌	16	19	22	22	16
生地	11	13	15	11	15
十大功劳	6	7	8	8	6
紫花地丁	12	13	14	12	14
仙鹤草	13	15	17	17	13
菟丝子	14	16	18	14	18
玄参	11	12.5	14	14	11
徐长卿	8	10	12	8	12
茯苓	4	5.5	7	7	4
柴胡	11	12.5	14	11	14
无水乙醇	3	4	5	5	3
过氧乙酸	1	1.5	2	1	2
甲醛	0.5	0.6	0.7	0.7	0.5
70%乙醇	适量	适量	适量	适量	适量
去离子水	适量	适量	适量	适量	适量

制备方法

(1) 准确称取虎杖、野菊花、金银花、薄荷、小蓟、黄芪、杜仲、厚朴、银杏叶、地榆、石菖蒲、制何首乌、生地、十大功劳、紫花地丁、仙鹤草、菟丝子、玄参、徐长卿、茯苓、柴胡,加入总质量8～10倍的去离子水(体积),控制提取温度为80～90℃,提取时间为1～2h,过滤得到提取液A和滤渣;

(2) 向滤渣中加入滤渣质量6～8倍的70%乙醇(体积)提取,提取温度为60～70℃,提取时间为40～60min,过滤得到提取液B;

(3) 合并提取液A和提取液B,50～60℃减压回收乙醇,浓缩至其体积的1/8～1/6,冷却至室温后向其中加入无水乙醇、过氧乙酸和甲醛即得养猪场用复方消毒剂。

产品应用 本品是一种养猪场用复方草药消毒剂,可用于猪舍消毒以及人员消毒,可以原液使用也可稀释后使用。

产品特性

(1) 本品兼具草药消毒剂和化学消毒剂的优势,不仅消毒效果好,有效解决养猪场的空气质量较差的问题,而且抗菌效果持久,病原微生物不易产生耐药性,具有很好的应用价值。

(2) 本品的消毒效果明显好于甲醛,具有显著性的差异,且随着消毒完成时间的延长,本品的抑菌效果并不明显下降,消毒完成12h后抑菌率仍然在85%以上。

配方148 用于生猪养殖场草药消毒剂

原料配比

原料	配比(质量份)		原料		配比(质量份)	
	1#	2#			1#	2#
槐米	6	8	柴胡		8	9
锁阳	10	11	生姜		9	11
龙须草	5	7	丁香叶		8	9
皂角	8	9	蒲公英		10	11
金银花	12	11	去离子水		适量	适量
鱼腥草	12	13	防腐剂	脱氢乙酸钠	5	3
黄连	8	9		丙酸钙	—	3

制备方法 称取除去防腐剂之外全部原料加入煎锅中,然后添加2倍量的去离子水,高温煎煮20～30min三次,合并煎煮液;冷却后,将防腐剂加入其中,即可得到用于生猪养殖场草药消毒剂。

产品应用 本品是一种用于生猪养殖场草药消毒剂。

用法用量:每年春夏季节按照$3mL/100m^2$的量进行喷洒,每日喷洒3次,优选为早中晚各1次;秋冬季节按照$2mL/100m^2$的量进行喷洒,每日喷洒2次,优选为早晚各1次。

产品特性 本品消毒能力强,配方合理,采用天然的草药杀菌配方进行合理的混合配制,增强猪抵抗力,防病抗病,无不良反应,不污染环境,作用迅速,成本低廉。

配方 149　用于生猪养殖的复方消毒剂

原料配比

原料	配比(质量份)		
	1#	2#	3#
艾叶	15	18	20
烟叶	13	16	18
松针叶	12	14	15
泡桐叶	12	14	15
鸡血藤	10	12	13
蒲公英	10	12	13
杜仲叶	8	10	12
苦楝皮	8	10	12
皂角刺	6	8	9
沸石粉	5	6	8
硫黄	5	6	8
明矾	3	4	6
去离子水	适量	适量	适量

制备方法

(1) 按原料配比取艾叶、烟叶、松针叶、泡桐叶、鸡血藤、蒲公英、杜仲叶、苦楝皮和皂角刺，混合后粉碎成粗粉，然后加入6～8倍量的去离子水熬煮2～3次，每次熬煮时间为40～50min，合并熬煮液并过滤，得到滤液；

(2) 按原料配比取沸石粉、硫黄和明矾，混合后，研磨成细粉，备用；

(3) 将步骤(2)的细粉加入步骤(1)的滤液中，混合搅拌均匀后即得所述复方消毒剂。

产品应用　本品是用作生猪养殖的复方消毒剂。

产品特性　该消毒剂使用多种草药成分，绿色无毒，性质稳定，杀毒迅速持久，安全性高；原料来源广，生产成本低，无明显不良反应；制备方法简单，可避免环境污染问题，不会影响生猪的养殖。该消毒剂可以达到杀灭真菌、细菌的功效，可提高生猪的免疫能力，防止疾病的传播和扩散。

配方 150　用于生猪养殖的草药消毒剂

原料配比

原料	配比(质量份)		
	1#	2#	3#
鱼腥草	15	18	20
烟草杆叶	15	18	20
苦蒿	14	16	18
艾叶	13	15	17
松树枝叶	12	14	16
蒲公英	10	12	15
银杏枝叶	8	10	12
皂角刺	7	8	11
苦楝皮	7	9	11
黄芪	6	8	10

续表

原料	配比(质量份)		
	1#	2#	3#
石菖蒲	5	7	9
生姜	4	5	8
大蒜	3	4	6
硫黄	4	6	7
明矾	2	4	5
75%乙醇	适量	适量	适量
去离子水	适量	适量	适量

制备方法

(1) 按原料配比分别取鱼腥草、烟草杆叶、苦蒿、艾叶、松树枝叶、蒲公英、银杏枝叶、皂角刺、苦楝皮、黄芪和石菖蒲，混合后粉碎成粗粉，然后向粗粉中加入6～8倍量的去离子水熬煮2～3次，熬煮温度控制在90～100℃之间，每次熬煮时间为60～90min，合并熬煮液并过滤，得到提取液A和滤渣；

(2) 向步骤(1)中所得的滤渣中加入滤渣质量4～6倍的75%乙醇(体积)进行提取，提取温度控制在60～70℃之间，提取时间为40～60min，过滤得到提取液B；

(3) 按原料配比分别取生姜和大蒜，粉碎后挤压，得汁渣混合物；

(4) 按原料配比分别取硫黄和明矾，混合后研磨成细粉末，得混合物；

(5) 合并提取液A和提取液B，控制温度在50～60℃之间减压回收乙醇，加入汁渣混合物，加热浓缩至其体积的1/5～1/4，然后冷却至室温，向其中加入步骤(4)混合物，搅拌均匀后即得所述草药消毒剂。

产品应用 本品是用作生猪养殖的草药消毒剂。

产品特性

(1) 该消毒剂包含多种草药，具有消毒能力强，绿色无毒，性质稳定，杀毒迅速持久，安全性高等特点。

(2) 该消毒剂原料来源广，生产成本低，无明显不良反应，制备方法简单，可避免环境污染问题，不会影响生猪的养殖。该消毒剂可以达到杀灭真菌、细菌的功效，可提高生猪的免疫能力，防止疾病的传播和扩散。

配方 151 用于猪舍消毒的消毒剂

原料配比

原料	配比(质量份)		
	1#	2#	3#
石榴皮	14	15	12
连翘	6	5	8
甘草	3	4	2
益母草	9	8	10
金银花	4	5	3
百合	5	4	6
香附	5	4	6
炒白术	6	8	5

续表

原料	配比(质量份)		
	1#	2#	3#
黄连	4	3	5
茵陈	6	8	5
五味子	4	3	5
竹叶兰	2	3	1
白头翁	18	15	20
桔梗	12	10	15
丁香	2	3	1
75%～85%乙醇	适量	适量	适量
去离子水	适量	适量	适量

制备方法

(1) 取配方量的益母草、金银花、百合、香附、炒白术、黄连、茵陈、五味子、竹叶兰、白头翁，加 8～12 倍量的去离子水煎煮 2～3 次，每次 30～45min，合并煎液，过滤，得到滤液 A；

(2) 将配方量的其余原料药粉碎成粗粉，加 6～8 倍质量 75%～85%乙醇，浸泡提取 2～4 次，每次 5～8h，过滤，合并提取液，减压回收乙醇，得到滤液 B；

(3) 将滤液 A 和滤液 B 合并，浓缩至 2 倍量，使制剂内最终生药含量 50%（即生药 0.5g/mL），即得。

产品应用 本品用于猪舍消毒。

使用时，将本品兑水稀释 100 倍，直接喷洒至猪舍中，喷洒量为 0.1～0.3g/m^2 消毒液，两天喷洒一次即可。

产品特性 本品对猪舍具有良好的杀菌作用，无化学品，不会刺激猪的皮肤，不会引起猪过敏；使用后，猪发病率降低 18%以上。

配方 152 猪流行性腹泻中药消毒剂

原料配比

原料	配比(质量份)		原料		配比(质量份)	
	1#	2#			1#	2#
杜仲	5	5～10	生姜		4	1～5
桑叶	10	5～10	薄荷叶		2	1～5
大黄	3	3～5	甘草		5	5～10
艾叶	10	10～20	助剂		5	5～15
山银花	10	10～15	防腐剂		8	2～8
苦参	5	1～10	增溶剂		5	5～15
垂花香薷	5	1～10	95%乙醇		适量	适量
五倍子	5	5～10	医用级乙醇		适量	适量
忍冬	3	1～5	去离子水		适量	适量
生栀子	5	1～5	助剂	水溶性壳聚糖	5	5
白蔹	1	1～5		薄荷油	24	25
马齿苋	5	1～5		油菜花提取液	3	2
金樱子	5	5～10		风茄花提取液	2	3
覆盆子	5	5～10				

制备方法

(1) 中药材称取粉碎：按照原料配比分别称取杜仲、桑叶、大黄、艾叶、山银花、苦参、垂花香薷、五倍子、忍冬、生栀子、白蔹、马齿苋、金樱子、覆盆子、生姜、薄荷叶、甘草，再将称取的中药材进行混合，混合后的中药材通过粉碎机进行超微粉碎。

(2) 提取液：将超微粉碎后的中药材倒入反应罐中，再向反应罐中加入占药物总质量8倍的质量分数为95%的乙醇、助剂、防腐剂、增溶剂，然后回流提取3次，每次40～60min，合并提取液并冷却10min。

(3) 成品：将提取液中加入医用级乙醇，充分搅拌，再经16层纱布过滤，滤液中加入去离子水，每千克原料制成含乙醇量25%～35%的消毒剂2000mL。

原料介绍

所述助剂由以下质量份的原料制成：水溶性壳聚糖4～6份、薄荷油20～26份、油菜花提取液2～3份、风茄花提取液2～3份。其制备方法：将薄荷油加热至103～110℃，然后加入水溶性壳聚糖、油菜花提取液、风茄花提取液，然后待混合液冷却至常温即可。

所述防腐剂为苯甲酸或苯甲酸钠中的一种。

所述增溶剂选吐温20、吐温80、甘油和丙二醇中的一种或几种。

产品应用 本品是一种猪流行性腹泻中药消毒剂。

产品特性

(1) 本品药性持续时间久，不会对猪的健康产生危害，而且消毒时无须将猪赶出猪圈，直接向猪圈内洒消毒剂。使用本品减少了对猪圈的清理次数，大大节约了人力成本，消毒剂对细菌和微生物的繁殖有很好的抑制作用。本品对猪圈的臭味有非常好的吸收效果，消毒剂用量少，制作成本低。

(2) 本品是一种纯天然植物消毒剂，具有杀灭病原微生物、清新辟秽和解毒消疮的功效，也可用于动物体、环境及饮水消毒。

配方153 猪圈消毒用中药消毒剂

原料配比

原料	配比(质量份)		
	1#	2#	3#
川芎	15	14	16
白术	15	14	16
竹叶	2.5	2	3
芦根	2.5	2	3
黄杞	30	28	22
地枫皮	30	28	32
百草霜	12	10	14
代代花	12	10	14
马兰草	12	10	14
千日红	5.5	5	6
土荆皮	5.5	5	6
罗布麻叶	18	16	20
鱼腥草	18	16	20

续表

原料		配比(质量份)		
		1#	2#	3#
香蕉皮		6	4	8
蛋壳		2.5	2	3
糯稻根		9	8	10
助剂		15	14	1
70%乙醇		适量	适量	适量
4.2%冰醋酸		适量	适量	适量
助剂	水溶性壳聚糖	5	4	6
	薄荷油	23	20	26
	油菜花提取液	2.5	2	3
	风茄花提取液	2.5	2	3

制备方法

(1) 将除助剂的各原料放入多功能提取罐中，加入70%乙醇加热回流提取，合并提取液，离心，过滤，获得过滤液，减压浓缩回收乙醇，获得浸膏，随后将浸膏送入喷雾干燥机中干燥，用粉碎机粉碎并过筛，获得粒度为50～100目的粉末；

(2) 将热回流提取后的原料渣用浓度为4.2%冰醋酸浸泡，将助剂分成4份，每隔6h向冰醋酸中加入1份助剂，后过滤原料渣，获得冰醋酸溶液；

(3) 将冰醋酸溶液加热蒸煮获得析出物，将析出物送入喷雾干燥机中干燥，用粉碎机粉碎并过筛，获得粒度为50～100目的粉末；

(4) 将步骤 (1) 和步骤 (3) 获得的粉末混合即可。

原料介绍

所述助剂的制备方法：将薄荷油加热至103～110℃，然后加入水溶性壳聚糖、油菜花提取液、风茄花提取液，然后待混合液冷却至常温即可。

产品应用 本品是一种猪圈消毒用中药消毒剂。

使用方法：每隔三天将该中药消毒剂撒向猪圈内，按0.1～0.15kg/m^{2}的用量为准。

产品特性 本品药性持续时间久，不会对猪的健康产生危害，而且消毒时无须将猪赶出猪圈，直接向猪圈内撒消毒剂。使用本品减少了对猪圈的清理次数，大大节约了人力成本，消毒剂对细菌和微生物的繁殖有很好的抑制作用。本品对猪圈的臭味有非常好的吸收效果，消毒剂用量少，制作成本低。

配方154 猪圈用消毒剂

原料配比

原料	配比(质量份)		
	1#	2#	3#
大黄	15	10	20
蛇床子	15	10	20
五倍子	10	5	15
苍术	12	10	15
紫草	15	10	20
金银花	15	10	20
菖蒲	18	15	20

续表

原料	配比(质量份)		
	1#	2#	3#
白芷	10	5	15
雷公藤	8	5	10
板蓝根	15	10	20
地榆	15	10	20
丁香	12	10	15
狼把草	15	10	20
乙醇	适量	适量	适量

制备方法

(1) 分别将各中药组分粉碎，按照原料配比称取粉碎后的中药组分，混合均匀，得中药混合物。中药组分粉碎后的粒径为30～50目。

(2) 将中药混合物加入提取器中，并向提取器中加入乙醇，两者的加入比例为中药混合物：乙醇为(5～10)：(100～150)，加热回流3～5h，得提取液。加热温度为75～80℃。

(3) 将上述提取后的混合物加入乙醇，通过超声辅助热回流提取60～90min，趁热过滤，洗涤，合并滤液和洗液得混合液。加热温度为75～80℃。

(4) 将步骤(2)中提取液和步骤(3)中混合液合并，浓缩，即得所述消毒剂。混合液浓缩至药材总质量的5～8倍。

产品应用 本品是一种猪圈用消毒剂。

产品特性 本品不仅能够有效杀菌、防止病菌传播，为猪的健康成长提供保障，还具有安全、无污染的特点，具有较高的应用价值。本品制备方法简单，操作方便，具有环保意义。

配方155 猪圈用消毒剂

原料配比

原料	配比(质量份)		
	1#	2#	3#
花椒叶	14	16	18
樱桃叶	14	16	18
丝瓜藤	2	4	5
除虫菊	20	25	30
地枫皮	25	28	30
龙胆草	8	10	12
代代花	10	13	15
苦参	10	13	15
艾叶	10	14	15
薄荷	5	7	10
高锰酸钾溶液	12	16	18
竹醋酸	8	13	15
60%～70%乙醇	适量	适量	适量
去离子水	适量	适量	适量

制备方法

(1) 将花椒叶、樱桃叶、丝瓜藤、除虫菊、地枫皮、龙胆草、代代花、苦参、艾叶、薄荷粉碎后，加去离子水煎煮 30～50min，过滤得第一滤液备用。

(2) 将步骤 (1) 所得滤渣加入 60%～70%乙醇溶液中，浸提 1～2h 后，过滤得第二滤液备用。

(3) 将第一滤液、第二滤液与高锰酸钾溶液、竹醋酸混合后即得猪圈用消毒剂。

产品应用 本品是一种猪圈用消毒剂。

产品特性 本品可高效快速地消灭有害细菌和病毒，而且消毒剂药性持续时间久，能够有效防止病菌的传染，大大降低了猪的发病率。

配方 156 猪舍净化消毒剂

原料配比

<table>
<tr><th colspan="2">原料</th><th>配比(质量份)</th><th colspan="2">原料</th><th>配比(质量份)</th></tr>
<tr><td colspan="2">有益菌液</td><td>20～30</td><td rowspan="3">有益菌液</td><td>枯草芽孢杆菌</td><td>1</td></tr>
<tr><td colspan="2">大蒜油</td><td>5～8</td><td>光合菌</td><td>1</td></tr>
<tr><td colspan="2">红糖水</td><td>30～40</td><td>固氮菌</td><td>1</td></tr>
<tr><td colspan="2">陈醋</td><td>2～5</td><td rowspan="4">中药水</td><td>金银花</td><td>5</td></tr>
<tr><td colspan="2">中药水</td><td>5～10</td><td>穿心莲</td><td>1</td></tr>
<tr><td colspan="2">去离子水</td><td>适量</td><td>板蓝根</td><td>3</td></tr>
<tr><td rowspan="2">有益菌液</td><td>纳豆芽孢杆菌</td><td>1</td><td>去离子水</td><td>适量</td></tr>
<tr><td>短小芽孢杆菌</td><td>1</td><td colspan="2"></td><td></td></tr>
</table>

制备方法

(1) 有益菌的培养：分别将活化的纳豆芽孢杆菌、短小芽孢杆菌、枯草芽孢杆菌、光合菌、固氮菌接种在无菌培养基上进行培养和繁殖。进行培养时的温度均为 30～34℃，所述培养基的 pH 值均为 7.5～8.5，培养时间均为 3～4 天。

(2) 有益菌的发酵：将步骤 (1) 得到的活化的纳豆芽孢杆菌、短小芽孢杆菌、枯草芽孢杆菌、光合菌、固氮菌放入发酵罐中进行发酵，从而得到有益菌液。

(3) 中药水的制备：首先将金银花、穿心莲和板蓝根放在容器中，然后加入这三者总质量的 5 倍去离子水，进行熬制、过滤，从而获得中药水。

(4) 配料：按有益菌液 20～30 份、大蒜油 5～8 份、红糖水 30～40 份、陈醋 2～5 份和中药水 5～10 份进行配料，从而得到净化剂浓缩液。

(5) 稀释：向步骤 (4) 得到的净化剂浓缩液中，加入净化剂浓缩液总质量 20 倍的去离子水进行稀释。当猪舍中的臭味明显降低时，可将用于稀释的去离子水的质量份，改为净化剂浓缩液总质量的 100～150 倍。

(6) 搅拌：将步骤 (5) 稀释后的净化剂浓缩液搅拌均匀即可。

产品应用 本品是猪舍净化消毒剂。

产品特性 本品可有效吸收猪舍中的残留有机物和有害气体，进而在净化猪舍中气味的同时，提高猪的自身免疫能力。

配方 157 猪舍空气清新消毒剂

原料配比

原料	配比(质量份)		原料	配比(质量份)	
	1#	2#		1#	2#
桉树叶	18	20	香叶天竹葵	4	4
艾叶	8	13	石香薷	6	5
佩兰	7	7	山楂	3	4
满山香	5	7	飞扬草	3	3
白花蛇舌草	6	8	紫锥菊	6	6
款冬花	6	5	七里香	2	3
香根草	5	4	麦冬	4	5
黄芩	12	11	纳米甲壳质	2	3
黄柏	8	9	无水乙醇	适量	适量
板蓝根	6	6	去离子水	适量	适量

制备方法

(1) 将桉树叶、艾叶、佩兰、满山香、白花蛇舌草、香根草、香叶天竹葵、石香薷、飞扬草混合后，切成长为2～4cm的段，用纯棉布包裹制成药袋A备用。

(2) 将黄芩、黄柏、板蓝根、山楂、麦冬分别切成长为3～5cm的段后混合，用纯棉布包裹制成药袋B备用。

(3) 将款冬花、紫锥菊、七里香混合后，用纯棉布包裹制成药袋C备用。

(4) 将上述步骤中的药袋A、药袋B和药袋C共同放入其总质量3～5倍的去离子水中，加热煮沸20min将药袋C取出，煮沸40min将药袋A取出，煮沸65min将药袋B取出，并停止加热得第一滤液备用。在此水煮期间，对于不同药物成分进行不同时长的提取，符合药物本身所具有的特性，可保证水提效率的最大化，又避免了过长时间提取对于未溶出成分的破坏。

(5) 将药袋B中的药物取出风干后，放入盛有麦麸的砂锅中进行炒制，待药物表面呈深黄色时取出，筛去麦麸后得炒制药物备用；将药袋B中的药物进行炒制后，其药效得到较大的提升，尤其是在前一步进行水提后，其组织结构已较为松散，有效成分更易析出。

(6) 将步骤(4)中的药袋A、药袋C中的药物与步骤(5)所得的炒制药物混合后，放入其总质量6～8倍的无水乙醇中浸提，在浸提的同时施加超声波处理，2～3h后过滤得第二滤液备用；用无水乙醇进行浸提，提取方法相对温和，同时施加的超声波处理进一步促进了难溶物质的浸出，丰富了药物成分，增强了药效，提高了原料的利用率。所述超声波的频率为26～32kHz。

(7) 将步骤(4)所得的第一滤液与步骤(6)所得的第二滤液混合，再加入2～4份纳米甲壳质，搅拌混合均匀后即可。添加的纳米甲壳质本身具有一定的杀菌效果，混入药剂中与有效成分吸附，进一步增强了药效的发挥。

原料介绍 所述纳米甲壳质的粒径为5～10nm。

产品应用 本品是一种猪舍空气清新消毒剂。

产品特性

(1) 本品灭菌消毒效果好、味道清新、无不良反应，能增强猪免疫力。

（2）本品使用的草药成分多样，搭配合理，同时辅以科学的配制方法，不仅可以充分利用药物资源，又能增强提取物的药效，可在猪舍内直接喷洒，被猪吸入后还可提升其免疫力，降低其发病率，有很好的使用价值。

配方 158 猪舍杀菌消毒剂

原料配比

原料	配比(质量份)		
	1#	2#	3#
大黄	10	13	15
穿心莲	20	25	30
生石灰粉	5	5	6
邻苯二甲醛	3	4	5
癸甲溴铵	1	2	3
艾叶	10	13	15
去离子水	适量	适量	适量

制备方法

（1）按原料配比称取各原料；

（2）将步骤（1）中称取的大黄、穿心莲、艾叶混合，加入混合物20倍的去离子水，在密闭容器中加热至沸腾，并保持沸腾30min，而后冷却至室温，采用纱布过滤，得到滤液；

（3）将步骤（2）中称取的邻苯二甲醛和癸甲溴铵混合得到溶液；

（4）将步骤（2）得到的滤液、步骤（3）得到的溶液混合，加入步骤（1）称取的生石灰粉，以300r/min的速度搅拌均匀，即得到猪舍杀菌消毒剂。

产品应用 本品是一种猪舍杀菌消毒剂。

使用方法：将消毒剂加20～80倍水稀释，混匀后均匀喷洒在猪舍内。

产品特性 本品降低传统的消毒剂石灰类药剂的使用量，精选多种天然草药，选取复方邻苯二甲醛消毒剂，制得一种低毒、价廉、有效的猪舍消毒剂。生石灰粉的用量极低，不会对猪产生伤害，且复方邻苯二甲醛消毒剂可有效杀灭致病菌，属于无毒级物质，储存性能稳定。本品具有很好的杀菌、抑菌作用，能够有效地抑制和杀灭环境中的致病细菌、真菌和病毒，同时对于各种寄生虫也有抑制和杀灭作用，特别是对大肠杆菌、金黄色葡萄球菌和痢疾杆菌具有很好的抑制作用。

配方 159 草药猪舍消毒剂

原料配比

原料	配比(质量份)		
	1#	2#	3#
百合	5	6	4
连翘	6	5	8
杏仁	4	5	3
桔梗	12	10	15
金银花	12	15	10
麦芽	2	1	3
香附	5	6	4

续表

原料	配比(质量份)		
	1#	2#	3#
木香	4	3	5
柴胡	5	6	4
白及	5	4	6
茵陈	10	12	8
益母草	4	3	5
竹叶兰	2	3	1
黄连	4	3	5
陈皮	2	1	3
75%～85%乙醇	适量	适量	适量
去离子水	适量	适量	适量

制备方法

(1) 取配方量的百合、连翘、杏仁、桔梗、金银花、麦芽、香附、木香，加8～12倍量的去离子水煎煮2～3次，每次30～45min，合并煎液，过滤，得到滤液A；

(2) 将配方量的其余原料药粉碎成粗粉，加6～8倍75%～85%乙醇，浸泡提取2～4次，每次5～8h，过滤，合并提取液，减压回收乙醇，得到滤液B；

(3) 将滤液A和滤液B合并，浓缩至2倍量，使制剂内最终生药含量50%（即生药0.5g/mL)，即得。

产品应用 本品是一种猪舍消毒剂。

使用时，将本品兑水稀释100倍，直接喷洒至猪舍中，喷洒量为0.1～0.3g/m²，两天喷洒一次即可。

产品特性 本品对猪舍具有良好的杀菌作用，无化学品，不会刺激猪的皮肤，不会引起猪过敏；使用后，猪发病率降低20%以上。

配方 160 猪舍消毒杀菌用消毒剂

原料配比

原料	配比(质量份)		
	1#	2#	3#
桔梗	12	10	15
杜仲	2	3	1
枳壳	2	1	3
蒲公英	14	15	12
百合	5	4	6
金银花	4	5	3
麦芽	2	1	3
香附	5	6	4
泽泻	4	3	5
黄连	4	5	3
柴胡	5	4	6
车前子	3	4	2
山药	6	5	8
益母草	4	5	3
干姜	2	3	1
陈皮	3	2	4
75%～85%乙醇	适量	适量	适量
去离子水	适量	适量	适量

制备方法

(1) 取配方量的枳壳、蒲公英、百合、金银花、麦芽、香附、黄连、柴胡，加8～12倍量的去离子水煎煮2～3次，每次30～45min，合并煎液，过滤，得到滤液A；

(2) 将配方量的其余原料药粉碎成粗粉，加6～8倍75%～85%乙醇，浸泡提取2～4次，每次5～8h，过滤，合并提取液，减压回收乙醇，得到滤液B；

(3) 将滤液A和滤液B合并，浓缩至2倍量，使制剂内最终生药含量50%（即生药0.5g/mL)，即得。

产品应用 本品是一种猪舍消毒剂。

使用时，将本品兑水稀释150倍，直接喷洒至猪舍中，喷洒量为0.1～0.3g/m^2，两天喷洒一次即可。

产品特性 本品对猪舍具有良好的杀菌作用，无化学品，不会刺激猪的皮肤，不会引起猪过敏；使用后，猪发病率降低22%以上。

配方 161 猪舍用高效消毒剂

原料配比

原料		配比(质量份)		
		1#	2#	3#
有效成分	十二烷基硫酸钠	6	8	10
	铝酸钠	6	8	10
	硫酸钠	6	8	10
	月桂酸	4	6	8
	戊二醛	10	15	20
	水杨醛	10	15	20
	二氯异氰尿酸钠	3	4	5
	2-溴-2-硝基-1,3-丙二醇	3	4	5
	6-叔丁基-3-甲基苯酚	6	6	8
	4-溴-4-羟基联苯	6	6	8
	乙醇	60	60	80
有效成分		1	1	1
水		10	15	20

制备方法 依次将乙醇、十二烷基硫酸钠、铝酸钠、硫酸钠、月桂酸、戊二醛、水杨醛、二氯异氰尿酸钠、2-溴-2-硝基-1,3-丙二醇、6-叔丁基-3-甲基苯酚和4-溴-4-羟基联苯加入适量的水中，混合均匀即得。

产品应用 本品是一种猪舍消毒剂。

产品特性 本品可高效杀灭或抑制病毒，而且成本低廉。

配方 162 猪舍干粉消毒剂

原料配比

原料	配比(质量份)		
	1#	2#	3#
蒙脱石	40～60	40	60
活性炭	20～40	40	30

续表

原料	配比(质量份)		
	1#	2#	3#
天然植物精油	3～10	3	10
香料	1～4	4	1
冰片	2～5	2	5

制备方法 将各组分原料混合均匀即可。

产品应用 本品是一种猪舍使用的消毒剂，用量均为20～30g/m^2。

使用方法：在仔猪进场前采用草木灰滤液对猪场进行终端消毒，消毒7天后用清水冲洗，仔猪进场后采用本品对猪舍进行常规消毒，进场后1～10天，采用40倍稀释液进行消毒，之后采用80倍稀释液进行消毒，到出栏时，整体而言，猪群的生长状况良好，且均较常规消毒法的体重大，且猪舍空气质量良好。

产品特性 本品易保存、使用简单、用量少、效果明显、安全有效、无残毒。本品具有很好的杀菌、抑菌作用，能够有效地抑制和杀灭环境中的致病细菌、真菌和病毒，吸收氨气、二氧化硫等有害气体，调节改良猪舍环境，成本低。

配方 163 含有益生菌的猪舍消毒剂

原料配比

原料		配比(质量份)		
		1#	2#	3#
益生菌液		20	25	30
大蒜精油		3	4	5
碳酸氢钠		5	7	10
中药液		20	25	30
食盐		10	12	15
植物精油稀释液		1	1.5	2
二甲基丙烷羧酸酯		0.1	0.2	0.3
益生菌液	纳豆芽孢杆菌	2	2	2
	枯草芽孢杆菌	1	2	3
	光合菌	2	2.4	3
	固氮菌	3	4	5
中药液	黄芩	10	12	15
	大黄	5	8	10
	茯苓	3	4	5
	艾草	10	12	15
	金银花	10	13	15
	穿心莲	5	7.5	10
	知母	8	10	12
	板蓝根	6	7	8
	厚朴	6	8.2	10
	半胱氨酸	适量	适量	适量
	纤维素酶	适量	适量	适量
	二氧化硅	适量	适量	适量
	45%乙醇	适量	适量	适量
	去离子水	适量	适量	适量

续表

原料		配比(质量份)		
		1#	2#	3#
植物精油稀释液	迷迭香精油	2	2	2
	薰衣草精油	2	2.5	3
	夜来香精油	1	1.5	2
	天竺葵精油	0.5	0.8	1
	去离子水	适量	适量	适量

制备方法

(1) 有益菌的培养:

① 分别将活化的纳豆芽孢杆菌、枯草芽孢杆菌、光合菌、固氮菌接种在无菌处理的培养基上培养和繁殖;

② 取处于稳定区的纳豆芽孢杆菌、枯草芽孢杆菌、光合菌、固氮菌与发酵液混合后放入发酵罐中进行发酵,得到益生菌液,放置备用。

(2) 中药液的制备:

① 按原料配比称取各原料。

② 将①称取的黄芩、大黄、茯苓、艾草、穿心莲、知母、板蓝根放入搅碎机中搅碎,得中药粉,将所得中药粉与去离子水、纤维素酶按质量比 10∶100∶3 的比例混合后放入密闭容器中,将 pH 值调节至 4.5～5.5,温度控制在 50～60℃之间,采用功率 1kW、频率 60kHz 的超声波振荡机振荡水解 1～2h,水解时,加入适量的半胱氨酸。

③ 将②中振荡所得的混合液加热至沸腾,并持续 20～30min,而后转以余弦波方式持续加热 30～45min,自然冷却至 25℃,采用 3 层纱布过滤,得到滤液Ⅰ,放置备用。其中,余弦波加热方式的最高温度 75℃,最低温度 55℃,周期 15min。

④ 将①中称取的金银花和厚朴混合,加入混合物质量 8 倍的 45%乙醇和适量二氧化硅研磨剂,常温下研磨 30min,之后在密闭容器中利用余弦波的加热方式加热 30～45min,采用 3 层纱布过滤,得滤液Ⅱ,放置备用。

⑤ 将③制备的滤液Ⅰ和④制备的滤液Ⅱ混合,以 300r/min 的速度搅拌均匀,即得所需中药液。

(3) 植物精油稀释液的制备:将迷迭香精油、薰衣草精油、夜来香精油和天竺葵精油按质量比 2∶(2～3)∶(1～2)∶(0.5～1) 的比例混合,将所得植物精油混合液与其质量 50 倍的去离子水混合,即为所需植物精油稀释液。

(4) 将步骤 (1) 制备的益生菌液、步骤 (2) 制备的中药液、步骤 (3) 制备的植物精油稀释液、碳酸氢钠、食盐、大蒜精油和二甲基丙烷羧酸酯按原料配比混合,以 300r/min 的速度搅拌均匀,即得所述的猪舍消毒剂。

原料介绍

所述的培养基由牛肉膏和蛋白胨构成,利用 10%的氢氧化钠溶液调节 pH 值至 7.5～8,培养温度 32～36℃,培养至稳定期为止。

所述的发酵液由玉米粉、牛肉膏、蛋白胨、酪素、酵母提取物、食盐、葡萄糖、无菌水按质量比为 10∶1∶1∶2∶1∶0.05∶2∶50 的比例混合均匀。

产品应用 本品是一种无毒、安全,杀菌和抑虫效果良好,能够有效降低猪群发病率和猪舍异味的广谱猪舍消毒剂。

产品特性 本品能够有效地分解猪舍内残存的排泄物，抑制有害菌和寄生虫的生长。本品对猪痢疾杆菌、链球菌、魏氏梭菌、坏死杆菌、霍乱弧菌、胸膜炎放线杆菌、沙门氏菌、李斯特菌、铜绿假单胞菌均具有很好的抑菌和杀菌作用。对旋毛虫、兰氏类圆线虫、猪结节虫、猪鞭虫、猪蛔虫、猪螨虫的幼虫，本品稀释液同样能够有效地抑制其生长，同时还具有较好的杀灭作用。中药的独特芳香以及植物精油的天然芳香不仅能够舒缓压力、松弛神经、帮助睡眠、解除紧张焦虑，还能够有效地驱除蚊蝇的叮咬，减少疾病的传播。

配方 164 含有草药的猪舍消毒剂

原料配比

原料	配比(质量份)		
	1#	2#	3#
蒙脱石	40	50	60
活性炭	20	30	40
天然植物精油	3	6	10
香料	1	2	4
冰片	2	3	5
艾叶	10	12	15
苍术	15	18	20
金银花	10	18	20
野菊花	8	9	10
黄芩	10	18	20
大蒜	10	12	15
去离子水	适量	适量	适量

制备方法

(1) 按原料配比称取各药材混合，加入混合物20倍的水，在密闭容器中加热至沸腾，并保持沸腾30min，而后冷却至室温，采用纱布过滤，得到滤液；

(2) 称取蒙脱石、活性炭、天然植物精油、香料、冰片混合得到溶液；

(3) 将步骤 (1) 得到的滤液、步骤 (2) 得到的溶液混合，以300r/min的速度搅拌均匀，即得到此消毒剂。

产品应用 本品是一种猪舍使用的消毒剂，用量为30～40g/m^2。

产品特性

(1) 本品具有很好的杀菌、抑菌作用，能够有效地抑制和杀灭环境中的致病细菌、真菌和病毒，吸收氨气、二氧化硫等有害气体，调节改良猪舍环境，安全、无残毒、用量少、成本低。

(2) 本品易保存、使用简单、效果明显，可带畜禽喷撒使用。

配方 165 猪舍用杀菌消毒剂

原料配比

原料	配比(质量份)		
	1#	2#	3#
月桂	11	12	10
阿魏	7	6	8

续表

原料	配比(质量份)		
	1#	2#	3#
香樟叶	11	10	12
艾叶	9	10	8
黄柏	8	7	9
除虫菊	7	8	6
松果菊	6	5	8
蒲公英	4	3	5
栀子	7	6	8
苦楝	5	6	4
冬青	6	5	8
紫苏	9	10	8
薰衣草	5	6	4
溪黄草	5	4	6
60%～80%乙醇	适量	适量	适量
去离子水	适量	适量	适量

制备方法

(1) 将各原料粉碎至50～60目粉。

(2) 将月桂、阿魏、苦楝、香樟叶、紫苏加入60%～80%的乙醇中回流提取，合并提取液，离心，过滤，得滤液，将滤液浓缩为原液的10%～15%。

(3) 将剩余原料分别加8～10倍去离子水浸泡，再加热煎煮30～40min，提取2～3次，合并各煎煮液，过滤，静置后取上层滤液，得滤液。浸泡时间为10～12h，加热温度为80～90℃。

(4) 将步骤(2)中浓缩液与步骤(3)中滤液合并，混合均匀，静置过滤，滤液即为猪舍用消毒剂。所述静置时间为8～12h。

产品应用 本品是一种猪舍用消毒剂

使用时，将本品喷洒于猪舍即可，可根据情况进行适当稀释。夏日病菌严重时，稀释15～20倍后喷洒，每隔3天喷洒一次；冬日天气较为寒冷，稀释20～30倍，每隔5日喷洒一次。

产品特性 本品安全、无公害，可直接将其喷洒到猪舍，使用方便；含有多种常用植物原料，能够有效地抑制和杀灭致病菌，对于寄生虫也有一定的抑制和杀灭作用，对猪舍有很好的除菌消毒作用。本品既能有效地杀灭猪舍内的微生物，而又不会因为残留而损害猪的健康和影响消费者的健康，适合猪养殖过程中的猪舍消毒使用。

配方 166 猪舍专用消毒剂

原料配比

原料	配比(质量份)		
	1#	2#	3#
夏枯草	24	22	26
贯众	4	2	6
苍术	4	2	6
土牛膝	5	3	7

续表

原料	配比(质量份)		
	1#	2#	3#
板栗壳	2	1	3
石菖蒲	4	2	6
橘白	2	1	3
川贝	10	7	12
连翘	10	7	12
柳芽	1.5	1	2
千斤拔	5	4	6
合欢皮	7	5	9
芦根	12	9	15
菟丝子	12	9	15
香蕉皮	12	9	15
石见穿	12	9	15
南瓜花	20	17	24
女儿香	15	11	19
四季青	15	11	19
五味子	18	13	23
竹沥	16	12	20
甘蔗汁	16	12	20
苹果醋	20	18	22
柠檬酸	6	4	8
淘米水	适量	适量	适量
去离子水	适量	适量	适量
38°粮食白酒	适量	适量	适量
52°粮食白酒	适量	适量	适量

制备方法

(1) 用10～15倍量淘米水将夏枯草、贯众、土牛膝、石菖蒲、橘白、连翘、柳芽、千斤拔、合欢皮、芦根、菟丝子、香蕉皮、石见穿、南瓜花、女儿香、四季青浸泡30min，取出，用去离子水冲洗干净，然后加入2～4倍量38°粮食白酒渗漉30～50min，过滤，滤渣再加入52°粮食白酒渗漉30～50min，过滤，合并两次渗漉液，将渗漉液放入—20℃冷库冷冻1h，取出，减压回收乙醇，得浸膏，备用；

(2) 将苍术、板栗壳、川贝、五味子投入烘干机烘干2h，烘干温度维持在105～130℃，取出，自然冷却后磨碎成20～50目细粉；

(3) 将竹沥、甘蔗汁、苹果醋混合，放入－40℃冷库冷冻10min，取出，文火加热1～2h，再将柠檬酸加入其中，得酸性液；

(4) 将步骤(1)所得浸膏、步骤(2)所得细粉和步骤(3)所得酸性液混合，再加入混合液质量份15～20倍去离子水充分稀释混合，即得消毒剂。

产品应用 本品是一种猪舍专用消毒剂。

使用方法：本品无须兑水稀释，直接喷洒到猪舍内，每三天喷洒一次。

产品特性 本品无化学品，无刺激性气味，可以直接接触猪皮肤，被猪吸入不会造成猪的呼吸道疾病，具有非常好的杀菌作用；同时还有消炎作用，药效持续时间长，并有预防猪身长虱子的作用；本品还具有一定的催情作用，帮助猪的繁衍生殖。

配方 167 猪舍专用杀菌消毒剂

原料配比

原料	配比(质量份)		
	1#	2#	3#
夏枯草	4	5	3
连翘	6	5	8
菟丝子	2	3	1
金银花	12	10	15
麦芽	4	5	2
香附	5	4	6
山楂	4	2	6
佛手	7	8	6
紫珠草	20	15	25
白及	10	12	8
白头翁	18	20	15
半夏	6	5	8
丁香	2	3	1
黄连	4	3	5
五味子	4	5	3
75%～85%乙醇	适量	适量	适量
去离子水	适量	适量	适量

制备方法

(1) 取配方量的夏枯草、连翘、菟丝子、金银花、麦芽、香附、山楂，加 8～12 倍量的去离子水煎煮 2～3 次，每次 30～45min，合并煎液，过滤，得到滤液 A；

(2) 将配方量的其余原料药粉碎成粗粉，加 6～8 倍质量 75%～85%乙醇，浸泡提取 2～4 次，每次 5～8h，过滤，合并提取液，减压回收乙醇，得到滤液 B；

(3) 将滤液 A 和滤液 B 合并，浓缩至 2 倍量，使制剂内最终生药含量 50%（即生药 0.5g/mL)，即得。

产品应用 本品是一种猪舍专用消毒剂。

使用时，将本品兑水稀释 100 倍，直接喷洒至猪舍中，喷洒量为 0.1～0.3g/m^2，两天喷洒一次即可。

产品特性 本品对猪舍具有良好的杀菌作用，无化学品，不会刺激猪的皮肤，不会引起猪过敏。

配方 168 猪用外科消毒剂

原料配比

原料	配比(质量份)		原料	配比(质量份)	
	1#	2#		1#	2#
氯霉素	3	4	桉叶	3	4
苯氧乙醇	2	3	苦参	3	4
医用酒精	8	9	野菊花	3	4
十二烷基苯磺酸钠	6	7	丁香	4	4
椰子油酸二乙醇酰胺	6	7	红药水	15	18
蛇床子	3	4	去离子水	适量	适量

制备方法

(1) 将原料中的蛇床子、桉叶、苦参、野菊花和丁香进行充分切段后放入煎锅内，然后添加总质量2倍的去离子水，煎煮20～30min，去渣取汁；

(2) 将步骤 (1) 的汁液加入搅拌罐中，添加配方中的其他原料，充分混合均匀后，过滤，去除杂质，即可得到产品。

产品应用 本品是一种猪用外科消毒剂。

产品特性 本品稳定性较好，无刺激性，既可局部也可大面积应用，清创效果理想，疗效显著，降低感染率。

参考文献

CN—201810946313.4
CN—201910162929.7
CN—201710017158.3
CN—201310725345.9
CN—201410372595.3
CN—201510625788.X
CN—201710660638.1
CN—201410517639.7
CN—201910902063.9
CN—201710501711.0
CN—201711305349.6
CN—201510556974.2
CN—201410417273.6
CN—201810836836.3
CN—201711126933.5
CN—201710936360.6
CN—201610579491.9
CN—201810448399.8
CN—201810448397.9
CN—201410501930.5
CN—201610579311.7
CN—201510606726.4
CN—201811373689.7
CN—201710946833.0
CN—201910065620.6
CN—201510323236.3
CN—201610801925.5
CN—201510409775.9
CN—201810416672.9
CN—201710726297.3
CN—201510984268.8
CN—201510984241.9
CN—201510914093.3
CN—201510914105.2
CN—201510984254.6
CN—201510984251.2
CN—201510914104.8
CN—201510914101.4
CN—201510984242.3
CN—201510984252.7
CN—201510984250.8
CN—201510914102.9
CN—201510914109.0
CN—201510914092.9
CN—201510984269.2
CN—201510914103.3
CN—201510984248.0
CN—201510914099.0
CN—201510914110.3
CN—201510984266.9
CN—201710725221.9
CN—201710808347.2
CN—201410319228.7
CN—201711144149.7
CN—201710484693.X
CN—201810262974.5
CN—201810131796.2
CN—201710484684.0
CN—201510718828.5
CN—201910666974.6
CN—201710500246.9
CN—201610754940.9
CN—201610581922.5
CN—201810836835.9
CN—201711192131.4
CN—201510630470.0
CN—201711228445.5
CN—201510994103.9
CN—201410571841.8
CN—201711436327.3
CN—201510073110.5
CN—201910127360.0
CN—201510630637.3
CN—201510939180.4
CN—201410472623.9
CN—201810762144.9
CN—201510718224.0
CN—201510718398.7
CN—201510718083.2
CN—201510718082.8
CN—201510717919.7
CN—201510718945.1
CN—201510717802.9
CN—201710863425.9
CN—201410192614.4
CN—201711211540.4
CN—201410434284.5
CN—201710475706.7
CN—201811136528.1
CN—201811136570.8
CN—201811136498.9
CN—201811116599.X
CN—201610579306.6
CN—201811421664.X
CN—201610636577.0
CN—201810360116.4
CN—201610574887.4
CN—201910491379.3
CN—201410700595.1
CN—201610601129.7
CN—201710583803.8
CN—201410031232.3
CN—201410161192.4
CN—201410700722.8
CN—201610519944.9
CN—201710936621.4
CN—201811355044.0
CN—201710705944.2
CN—201510863552.X
CN—201610581400.5
CN—201410700912.X
CN—201811349420.5
CN—201811117200.X
CN—201610579382.7
CN—201510407743.5
CN—201711348251.9
CN—201710854064.1
CN—201811353977.6
CN—201510410076.6
CN—201410045136.4
CN—201610583198.X
CN—201410700241.7
CN—201510718096.X
CN—201811237584.9
CN—201710894524.3
CN—201710504045.6
CN—201610460587.3
CN—201510381793.0
CN—201510367034.9
CN—201410316077.X
CN—201810148554.4
CN—201510050389.5
CN—201610418109.6
CN—201810047280.X
CN—201510367031.5

CN—201510460420. 2
CN—201410342549. 9
CN—201410287454. 1
CN—201410616548. 9
CN—201710308647. 4
CN—201410340248. 2
CN—201510015187. 7
CN—201510076032. 4
CN—201410599951. 5
CN—201710543808. 8
CN—201410028271. 8
CN—201510382387. 6
CN—201710414011. 8
CN—201610101262. 6
CN—201410583686. 1
CN—201410831675. 0
CN—201510381760. 6
CN—201510969560. 2
CN—201410284481. 3
CN—201510826774. 4
CN—201610095410. 8
CN—201510039453. X
CN—201811154899. 7
CN—201710414798. 8
CN—201410270702. 1
CN—201711087557. 3
CN—201410017119. X
CN—201610450769. 2
CN—201711401332. 0
CN—201610160235. 6
CN—201710416775. 0
CN—201710415409. 3
CN—201510489796. 6
CN—201510697040. 0
CN—201610573961. 0
CN—201610608745. 5
CN—201810986136. 2
CN—201410128343. 6
CN—201410472897. 8
CN—201710825879. 7
CN—201710142258. 9
CN—201410488184. 0
CN—201810099476. 3
CN—201410016149. 9
CN—201610777036. X
CN—201610195114. 5
CN—201810066254. 1
CN—201510112402. 5
CN—201610101256. 0
CN—201510372141. 0
CN—201710790093. 6
CN—201510911776. 3
CN—201811116600. 9
CN—201410697155. 5
CN—201710478671. 2
CN—201811299381. 2
CN—201811353978. 0
CN—201510911768. 9
CN—201710859702. 9
CN—201710738405. 9
CN—201510972090. 5
CN—201810099429. 9
CN—201711305376. 3
CN—201510181825. 2
CN—201510704990. 1
CN—201611179055. 9
CN—201510378645. 3
CN—201610578484. 7
CN—201710584022. 0
CN—201810852283. 0
CN—201410436060. 8
CN—201811522589. 6
CN—201610583211. 1
CN—201610580642. 2
CN—201610629342. 9
CN—201410434524. 1
CN—201611209728. 0
CN—201410148967. 4
CN—201410260842. 0
CN—201410640465. 3
CN—201410292265. 3
CN—201510075130. 6
CN—201510074988. 0
CN—201510076927. 8
CN—201510076997. 3
CN—201510226050. 6
CN—201510704255. 0
CN—201410457879. 2
CN—201410534303. 1
CN—201510984540. 2
CN—201610579383. 1
CN—201610783221. X
CN—201711305547. 2
CN—201611035335. 2
CN—201611187869. 7
CN—201710563328. 8
CN—201610040547. 3
CN—201510226086. 4
CN—201810121664. 1
CN—201510704206. 7
CN—201410599604. 2
CN—201610941003. 4
CN—201710634234. 5
CN—201710660004. 6
CN—201811607284. 5
CN—201510150712. 6
CN—201810042864. 8
CN—201610928126. 4
CN—201510336432. 4
CN—201711103968. 7
CN—201710775731. 7
CN—201610226221. X
CN—201610995866. X
CN—201810502026. 4
CN—201610243579. 3
CN—201610243578. 9
CN—201610071471. 0
CN—201810636138. 9
CN—201710881009. 1
CN—201310729771. X
CN—201410797640. X
CN—201710327528. 3
CN—201610783648. X
CN—201510230372. 8
CN—201610919411. X
CN—201810458497. X
CN—201910321566. 7
CN—201610075150. 8
CN—201510030080. X
CN—201710780418. 2
CN—201710563359. 3
CN—201410237347. 8
CN—201810458496. 5
CN—201810841144. 8
CN—201710669107. 9
CN—201610943110. 0
CN—201511034835. X
CN—201610576853. 9
CN—201611089151. 4
CN—201710361522. 8
CN—201710634137. 6

CN—201611083004.6
CN—201611084868.X
CN—201610567492.1
CN—201611084865.6
CN—201611083005.0
CN—201611083904.0
CN—201611084867.5
CN—201611083016.9
CN—201610013196.7
CN—201710634500.4
CN—201610015964.2
CN—201410640161.7
CN—201510296376.6
CN—201810715589.1
CN—201510815905.9
CN—201711037555.3
CN—201510980401.2
CN—201511026387.9
CN—201711471316.9
CN—201510743070.0
CN—201710836072.3
CN—201811331791.0
CN—201810484332.X
CN—201510848222.3
CN—201810583770.1
CN—201810423071.0
CN—201810457344.3
CN—201810587287.0
CN—201610634907.2
CN—201510074247.2
CN—201710669109.8
CN—201610734361.8
CN—201610734503.0
CN—201610734363.7
CN—201410527763.1
CN—201510534375.0
CN—201410669739.1
CN—201610432535.5
CN—201811421544.X
CN—201410237366.0
CN—201810471926.7
CN—201810033674.X
CN—201410790021.8
CN—201910152922.7
CN—201910011570.3
CN—201610318922.6
CN—201710562152.4
CN—201910781975.5
CN—201810634699.5
CN—201510226290.6
CN—201710508099.X
CN—201610763875.6
CN—201711426627.3
CN—201810121804.5
CN—201710051392.8
CN—201610612310.8
CN—201811620733.X
CN—201711087765.3
CN—201511008162.0
CN—201610829137.7
CN—201610526070.X
CN—201810184968.2
CN—201710481910.X
CN—201810916097.9
CN—201910849848.4
CN—201510975399.X
CN—201710780886.X
CN—201610121916.1
CN—201810700218.6
CN—201710666003.2
CN—201610295689.4
CN—201410259466.3
CN—201510296191.5
CN—201410520073.3
CN—201610968860.3
CN—201810334973.7
CN—201611261056.8
CN—201610243577.4
CN—201710781268.7
CN—201710482464.4
CN—201410131219.5
CN—201710333438.5
CN—201510117072.9
CN—201810478251.9
CN—201810478162.4
CN—201810478163.9
CN—201710700488.2
CN—201810892192.X
CN—201811331524.3
CN—201910195059.3
CN—201810739109.5
CN—201410494176.7
CN—201610260970.4
CN—201410291212.X
CN—201510686588.5
CN—201710070185.7
CN—201610690852.7
CN—201610734371.1
CN—201410138945.X
CN—201610374906.9
CN—201710649675.2
CN—201810193292.3
CN—201810354882.X
CN—201510875593.0
CN—201610109168.5
CN—201510539498.3
CN—201610052030.6
CN—201610734494.5
CN—201410131832.7
CN—201710052299.9
CN—201610575247.5
CN—201510539505.X
CN—201710563327.3
CN—201810634700.4
CN—201710935075.2
CN—201611157056.3
CN—201710148037.2
CN—201811419342.1
CN—201610537548.9
CN—201610212266.1
CN—201410667063.2
CN—201610734488.X
CN—201610734493.0
CN—201710070198.4
CN—201511031380.6
CN—201710992799.0
CN—2017114 71317.3
CN—201710180775.5
CN—201610080611.0
CN—201610734490.7
CN—201610374893.5